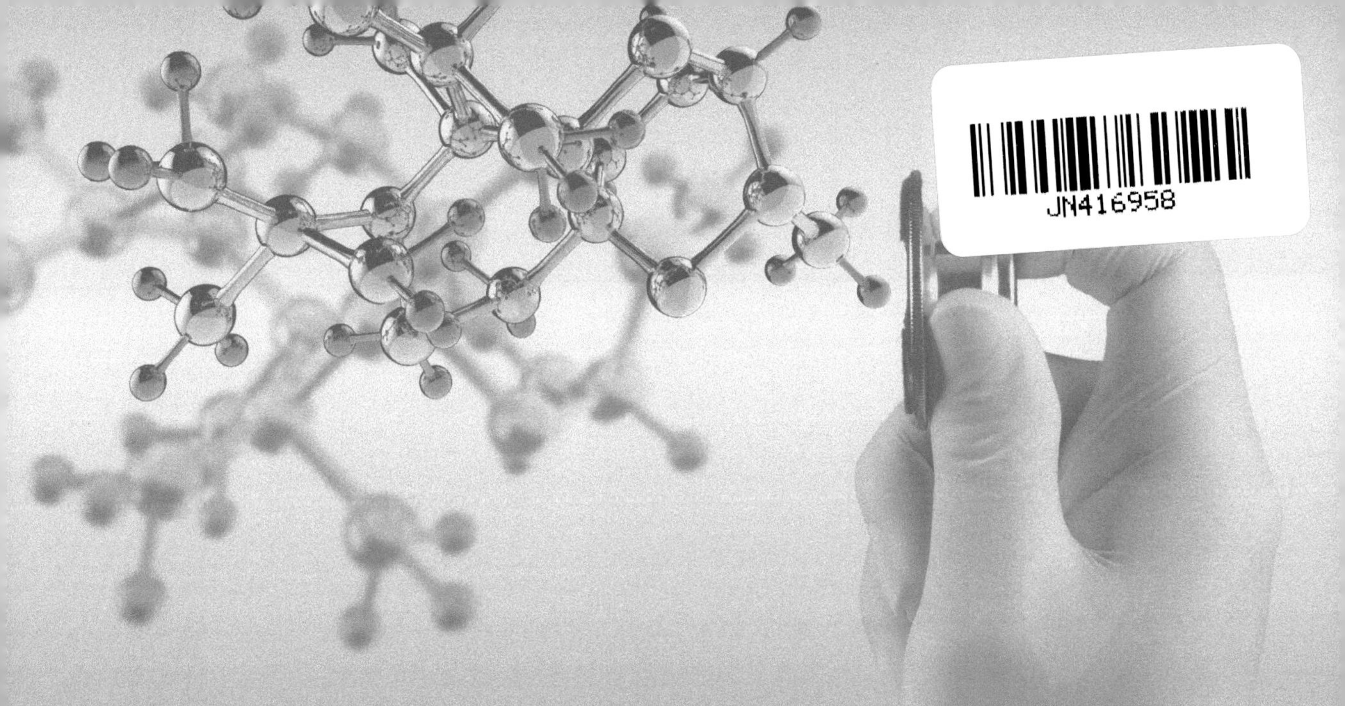

Unit Operations for Chemical Engineers

화공기술자를 위한 단위조작

2판

이재성 · 최진영 · 이화수 · 이주영 지음

HS 도서출판 한산

서문

이 교재는 정유 및 석유화학을 포함해서 화학공정이 사용되는 관련 분야에서 일하고 싶은 분들을 위해 작성되었습니다. 이 책에서는 크게, 유체의 수송, 열의 전달과 화학공정의 운영에 해당하는 부분을 다루고 있습니다. 암기 위주의 세세한 내용보다 이해 위주의 내용으로 구성하려고 하였으며, 개념적인 접근을 우선으로 하였습니다.

화학공정에서 주로 파이프라인을 통하여 이송되는 물질은 대부분 유체로서, 유체가 갖고 있는 특성과 물성을 깊이 이해하는 것이 중요합니다. 이것을 바탕으로 현장에서 유체의 수송이 어떻게 이루어지는지를 알아보고, 이와 관련된 장치들의 작동원리를 함께 이해하고자 합니다. 또한, 유체의 수송과정에서 발생할 수 있는 문제점을 유체의 열역학적인 특성과 함께 살펴보아 현장에서의 운전에 대한 이해를 돕고자 했습니다.

화학공정에서의 열교환은 주로 원통형관에서 발생하는 열의 전달방식에 기본을 두었습니다. 열전달에서 무차원수가 갖는 의미를 설명하여 일반적으로 사용되는 실험식이 어디에 기인한 것인가를 설명하였고, 이를 원통형관에서 적용하는 방법을 서술하였습니다. 또한, 열교환기의 두 가지 해석방법을 개념적으로 설명하였고, 그래프로 적용하는 일반화된 방법을 설명하였습니다.

화학공장에서의 지도와 같은 P&ID, 이를 운영하는 OTS등을 화공계장으로 설명하여, 실제 화학공정을 어떻게 표시하고 읽을 수 있는지를 설명하였습니다. 이를 통하여 현장을 준비하는 학생들이 현장에서 사용되는 언어에 익숙해지기를 바랍니다.

이 교재는 아직 미완성으로 보완이 많이 필요로 합니다. 폭넓은 보완이 이루어져서 현장에서의 화공기술자를 위한 좋은 교재가 되기를 바라고 있습니다.

2019년 7월

이재성, 최진영, 이화수, 이주영

사용기호

a 가속도

A 단면적 (A_D 원통형관에서의 단면적, A_{cs} 수직한 면의 단면적)

c 비열

C 열용량($=mc$) (C_p 정압열용량, C_v 정용열용량)

d 높이

D 지름 (D_i 안지름, D_o 바깥지름)

E 에너지 (E_k 운동에너지, E_p 위치에너지)

F 힘

f 마찰계수(f_L 마찰손실)

h_t 전양정

(h_s 흡입양정, h_d 토출양정, h_{ftL} 총손실양정, h_L 손실수두, h_T 동력수두)

h 열전달계수

H 엔탈피

g 중력가속도

k 열전도도

L 원통형관의 길이 (L_c 특성길이)

m 질량 ($\dot{m}$ 질량유량)

n 몰(mol)

N 수 (N_r 회전수, N_s 비속도(pump specific speed))

$NPSH$ 유효흡입수두(Net Positive Suction Head)

Nu 누셀트수(Nusselt Number)

p 압력 (p_a 절대압, p_v 증기압, p_s 포화압)

P_s 축동력(Shaft Power)

Pr 프란틀수(Prandtl Number)

q 시간당 열(J/s)

Q 열(Heat) (Q_s 현열, Q_L 잠열)

r 반지름 (r_i 안지름, r_o 바깥지름)

R 열저항(thermal resistance)

R_{gc} 기체상수

Re 레이놀즈수

SG 비중

T 온도

t_0 두께

t 시간

u 평균속도

U 내부에너지

v 속도

V 부피 ($\dot{V}$ 부피유량)

W 일(Work) (W_s 축일(shaft work))

Greek

α 열확산도 $(=k/\rho C_p)$

ϵ 압축비 또는 $\epsilon - NTU$법 (열교환기해석방법)

ρ 밀도

μ 점도

η 효율

$\nu(=\mu/\rho)$ 동점도

$\dot{\gamma}$ 전단속도

σ 응력 (σ_a 허용응력)

τ 전단응력

$\triangle_1 p$ 압력차$(p_1 - p_2)$

목차

제1장 단위조작의 기초

1.1 화학공학이란?

질문 1.1 화학공학자란 어떤 일을 하는 하는가?

화학산업은 우리의 실생활에 필요한 많은 산업용 화학물질과 제품들을 대량으로 공급되게 됨에 따라 발전되었다. 화학공학의 시작과 발전과정을 Wikipedia를 통해 간략히 그림 <1.1.1>로 정리하였다.

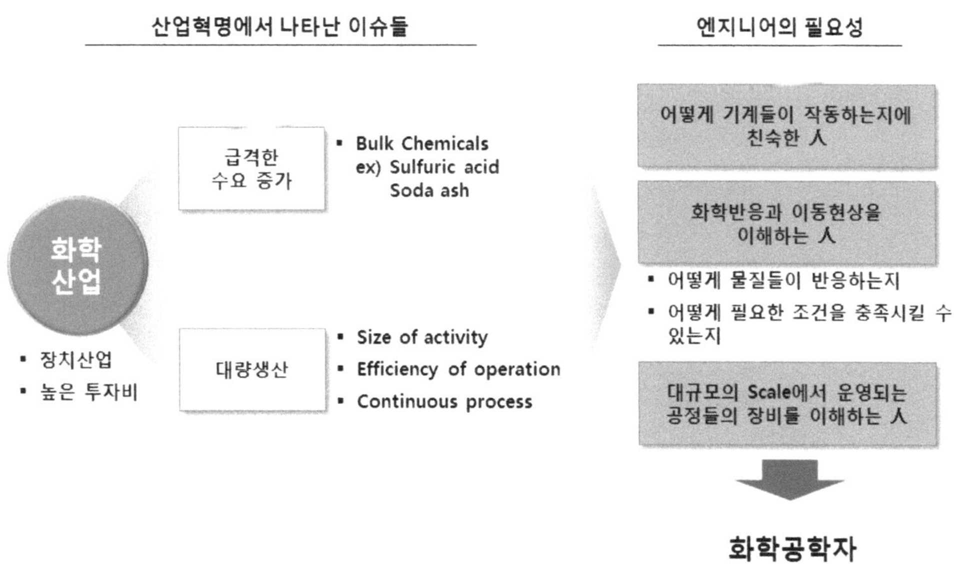

그림<1.1.1> 화학공학의 시작

화학 공학은 19세기 후반에 공업화학(industrial chemistry)이 성장하는 가운데 발전된 학문 분야이다. 18세기 산업혁명 이전에는 산업용 화학 물질 및 비누와 같은 소비재가 주로 회분식 공정(batch process)을 통해 생산되었다. 회분식공정은 원재료를 반응기 안에 넣고 가열과 가압 등의 공정조건에서 반응시켜 최종제품을 반응기에서 수거하여 분리 및 정제하는 과정을 거치게 된다. 산업혁명 과정을 거치면서 기존의 회분식 제조방식에서 더 많은 양의 화학물질을 안정적으로 제조할 수 있는 연속식 제조공정이 필요하게 되었다. 이는 대규모의 연속식 제조장치 속에서 여러 화합물들의 반응을 조절하며 안정적으로 제품을 얻어낼 수 있는 화학공학자가 등장하게 되는 배경이 되었다. 현재 석유화학제품 및 범용화학제품은 주로 연속식 제조공정을 통해 제조되고, 의약품 및 특수화학제품들은 여전히 회분식공정을 사용하여 제조하고 있다.

공학(Engineering)의 목표 또는 목적은 플랜트(Plant)의 디자인(Design) 설계와 효율적 운전(Operation)이다. 엔지니어링의 각 분야는 각 분야에 따른 플랜트를 실현 가능하게 디자인하고 경제성과 안전성을 가진 운전을 통해 원하는 목표를 이루게 된다. 그림 <1.1.2>에 여러 공학에 대한 플랜트에 대한 정리되어져 있다. 기계공학의 플랜트는 펌프, 터빈과 같은 기계장치이고, 토목공학의 플랜트는 구조물이며, 고전적인 전기공학의 플랜트는 회로이다. 화학공학의 플랜트는 화학물질을 생산할 수 있는 플랜트이고, 이를 주된 업무로 하는 사람이 화학공학자이다.

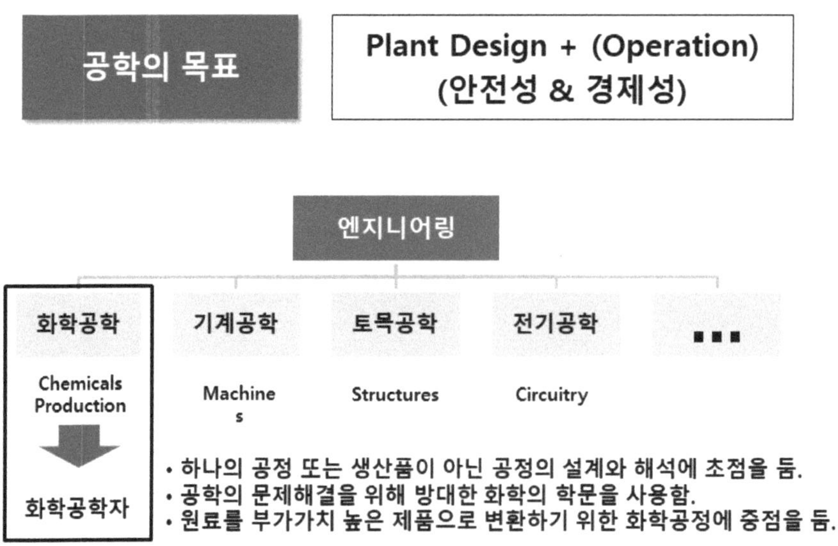

그림<1.1.2> 공학의 목표

질문 1.1의 답변)
화학공학자는 화학물질생산을 위한 플랜트를 디자인하며 이를 효율적으로 운전하는 일을 한다.

1.2 단위조작이란?

질눈 1.2 단위조작이란 어떤 것인가?

화학공학에 있어 단위조작의 개념의 살펴보자. 여러 화학제품의 생산에는 다양한 물질들이 사용되고, 저마다 다른 공정 과정을 거쳐 최종 제품까지 생산되어진다. 이에 대한 과정을 그림 <1.1.3>에 나타내었다. 원료(Raw materials)가 화학플랜트(Chemical Plant)라는 곳을 거치게 되면 최종 생산품(Product)으로 나오게 된다. 이 화학플랜트를 세분화하면, 화학적 조작(Chemical Treatment)과 물리적 조작(Physical Treatment)을 하는 여러 공정들로 구성되어지게 되는데, 각각의 공정들을 단위공정(Unit Process)라고 부른다. 화학제품의 종류는 다양하나, 제품생산에 있어서는 각 단위공정들은 유사성이 있음을 알게 되었다. 예로써, 발효기에서 물과 알코올의 분리공정과 석유를 정제하는 증류탑에서 가솔린, 등유, 경유등을 분리하는 것에는 증류라고 하는 동일한 원리가 적용된다. 이러한 동일한 원리가 적용되는 단위공정에 대한 것을 정리한 것이 단위조작(Unit Operation)이다. 간단히 말한다면, 이러한 단위조작의 원리와 응용성을 학문으로 정립한 것이 화학공학이다.

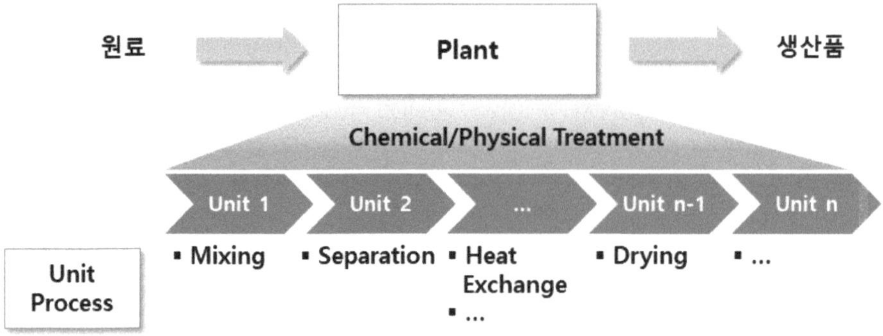

그림<1.1.3> 화학 플랜트와 단위공정사이의 관계

화학적 조작이 이루어지는 곳을 반응기라고 부르며, 이를 설계하고 운영하기 위해 반응물과 생성물의 속도 거동과 반응이 개시하거나 유지될 수 있는 공정 조건 등을 연구하며 이를 효과적으로 운전할 수 있는 반응기에 대한 지식이 필요하다. 반응공학에서는 이러한 내용을 다루게 되며, 다른 엔지니어링과 화학공학을 구분할 수 있는 중요한 영역이다.

물리적 조작으로는 혼합, 분리, 증류, 건조, 열교환, 수송, 저장등으로 구분할 수 있다. 수송에는 기체, 액체만의 유동과 고체를 포함한 유동화 등 다양한 형태가 있을 수 있다. 수송하는 과정에서 열교환을 통한 상변화가 수반되는 열전달과정을 거치게도 된다. 가스 흡수, 추출, 흡착 및 건조와 같은 공정을 거치되게 되며, 기체의 액화 및 기화와 같은 열역학 공정을 수반하며, 고체물질의 분쇄 또는 스크리닝과 같은 기계공정 등도 포함된다.

여러 화학적 및 물리적 조작들이 서로 연계되어 각 제품의 생산에 효율적으로 방안이 선택되어, 화학 플랜트의 전체적인 공정을 운영하게 된다. 이러한 운영의 과정은 공정제어를 통해 화학 플랜트를 전체적인 시스템으로 인식하여 운전하게 된다.

질문 1.2의 답변)

단위조작은 화학 플랜트에서 동일한 동일한 원리가 적용되는 단위공정에 대한 것을 정리한 것으로, 각 단위 공정들의 화학적 및 물리적 조작 원리의 이해를 통해 효율적은 단위 공정을 운영방법을 학습하는 것이다.

1.3 단위계

질문 1.3 단위계를 구분하는 기준은 무엇인가?

본문시간, 길이, 질량을 기본 물리량이라 하는데, 시간의 차원을 Time [T], 길이의 차원을 Length [L], 질량의 차원을 Mass [M]이라고 하자. 이 기본물리량을 어떤 것으로 선택하느냐에 따라 단위계가 구분이 된다. CGS단위계는 cm(Centi-meter), g(Gram), s(Second)를 기본물리량으로 하여 나타낸 것이고, MKS단위계는 m(Meter), kg(Kilo-gram), s(Second)를, FPS단위계는 ft(Feet), lbm(Pound), s(Second)를 기본물리량으로 사용한 것이다. 표 <1.3.1>에 각 단위계에 따른 물리량의 단위가 정리되어 있다.

표 <1.3.1> 단위계에 따른 물리량의 단위

	CGS	MKS	FPS	기타
길이[L]	cm	m(meter)	ft	in, mile
질량[M]	g(gram)	kg	lb_m	
시간[T]	s(second)	s	s	min, hr
부피[L^3]	cm^3	m^3	ft^3	gal, ℓ
속도[$v=L/T$]	cm/s	m/s	ft/s	
가속도[$a=v/T$]	cm/s^2	m/s^2	ft/s^2	
힘[$F=Ma$]	$dyne=g.cm/s^2$	$N=kg.m/s^2$	$pdl=lb_m \cdot ft/s^2$ $lb_f=lb_m \cdot g$	Kg, kg_f
압력[F/L^2] 응력[F/L^2]	bar $=10^6 dyne/cm^2$	$Pa=N/m^2$	psi$=lb_f/ft^2$	atm
에너지(&일) [$W=FL$]	$erg=g.cm^2/s^2$	$J=kg.m^2/s^2$	$pdl.ft$	cal
파워[$P=W/T$]	erg/s	$W=J/s$	$pdl.ft/s$	hp, kWh
밀도[M/L^3]	g/cm^3	kg/m^3	lb_m/ft^3	
점도[M/LT]	$P=g/cm.s$	$Pa.s=kg/m.s$		

속도는 길이를 시간으로 나눈 물리량으로 정의되며 $[v = L/T]$의 차원을 가지게 된다. 가속도는 속도를 시간으로 나눈 물리량으로 정의되고, $[a = v/T = L/T^2]$의 차원을 가진다. 힘은 질량과 가속도의 곱으로 정의되고, $[F = Ma = ML/T^2]$의 차원을 가진다. 압력은 면적당의 힘으로 정의되며, $[F/L^2]$의 차원을 가진다. 에너지(일)는 힘과 힘을 가해 이동한 거리의 곱으로 정의되며, $[FL = ML^2/T^2]$의 차원을 가진다. 밀도는 질량을 부피로 나눈 것으로 정의되며, $[M/L^3]$의 차원을 가진다. 각각의 물리량은 단위계마다 기본 물리량에 따른 표현을 사용하게 된다. 가속도, 힘, 압력 등도 모두 같은 방법으로 적용된다.

힘의 단위를 나타내는 뉴톤(N)에 대해 살펴보자. 뉴톤(N)은 MKS단위계에서 힘의 단위를 나타내며, 단위는 질량과 가속도의 곱으로 나타낸다. 그러나, 기본물리량의 조합을 매번 사용하는 번거로움을 덜기 위해 N으로 정의한 것이다. 동일하게, 파스칼(Pa)은 MKS단위계에서 압력의 단위로 정의되고, 주울(J)은 MKS단위계에서 에너지의 단위로 정의된다.

응력(σ)은 면적당 힘으로 정의되는 물리량이고, $[F/L^2]$의 차원을 가진다. 그런데, 압력 또한 면적당 힘으로 정의되는 물리량임을 알 수 있다. 응력은 면적당 가해지는 힘의 방향에 따라 수직응력과 전단응력 두 가지로 나뉜다. 수직응력은 면적에 가해지는 힘의 방향이 수직인 물리량이고 압력이 이에 해당한다. 전단응력은 면적에 가해지는 힘의 방향이 마찰력과 같이 면에 평행하게 작용한 물리량이다.

이 교재에서 일반적인 점도는 η로 나타내며, 뉴토니언 유체의 점도를 μ로 사용하며, $[M/LT]$의 차원을 가진다. 점도의 단위에 대해 살펴보면, 포아제($Poise, P$)는 CGS단위계에서 점도의 단위로 정의되며, 기본물리량으로 표현하면 $[g/cm.s]$로 나타내게 된다. MKS단위계로 표시하면 $Pa.s$로 나타내면 기본물리량으로 표현하면 $[kg/m.s]$로 나타내게 된다. 포아제와 $Pa.s$사이의 관계는 $1P = 0.1\,Pa.s$이고, $1cP = 1mPa.s$인 관계를 알 수 있다. 동점도($\nu = \mu/\rho$)는 점도를 밀도로 나눈 값으로 정의되고, $[L^2/T]$의 차원을 가진다.

중력단위는 힘을 나타내는 단위이고, 힘의 단위에서 뉴톤과의 차이는 중력가속도의 사용여부에 달려있다. $1N$은 $1kg$의 물체가 $1m/s^2$의 가속도로 움직일 때 가지는 힘이라면, $1Kg(\text{or } kg_f)$는 $1kg$의 물체가 중력가속도인 $9.8m/s^2$의 가속도로 움직일 때 가지는 힘이다. 즉, $1Kg(\text{or } kg_f) = 9.8N$이다.

질문 1.3의 답변)
각 단위계는 길이, 질량, 시간에 대한 물리량을 어느 단위로 하느냐를 기준으로 정한 것이고, MKS단위계가 SI단위계이다.

연습문제)

1.3.1) atm, $mmHg$, mH_2O, Pa은 압력의 단위이다. 이 단위들의 크기가 큰 순서대로 나열하시오.

1.3.2) $1cP = 1mPa.s$임을 보이시오.

1.3.3) $1Pa$를 Kg/cm^2으로 나타내시오.

1.3.4) $1Kg/cm^2$를 atm으로 나타내시오.

1.4 단위 찾기

질문 1.4 1 + 1 = 2인가?

등호는 좌변과 우변의 두 가지 사항이 정확히 같아야만 한다. 그 두 가지가 무엇인지를 살펴보자. 1과 0.9는 0.1의 차이가 존재한다. 그렇다면, 0.9다음에 9를 몇 자리까지 추가해야 1과 같다고 할 수 있을까? 정답은 0.9이하의 9를 무한개를 더한다해도 등호는 사용할 수 없다는 것이다. 왜냐하면, 1에서 0.999...의 숫자를 뺀다면 그 차이는 작더라도 0보다 큰 어떤 수로 존재하게 된다. 따라서, 등호는 좌우변의 값이 정확히 같을 때 사용할 수 있다. 이것이 첫 번째로 값이 정확히 같아야 한다.

두 번째는 단위이다. 1($) + 1(g) = 2(?) 인가? 여기서 알 수 있는 + 또는 - 연산에 대한 중요한 사실이 있다. 즉, 같은 단위만이 더하거나 뺄 수 있다는 것이다. 1$와 1g이 더할 수가 없는 이치와 같다. 그러므로, 좌변과 우변의 정확히 같다는 등호를 사용하려면 양변의 단위가 같아야 한다. 정리하면, 등호가 존재한다면 반드시 양변의 값과 단위는 같아야 한다는 것이다.

예제 1.4.1)

식 $y = ax + b$가 있다고 할 때, y의 단위는 $[m]$이고, x의 단위는 $[s]$라고 하자. 이 때, a와 b의 단위는 무엇인가?

풀이)

식에서 등호가 존재하기에 양변의 단위는 같아야 한다. 좌변의 단위가 $[m]$로 정해졌으므로, 우변의 단위 또한 $[m]$이다. 같은 단위만이 더하거나 뺄 수 있으므로 $[ax]$와 $[b]$의 단위는 $[m]$이다. 그러므로, $[a]$의 단위는 $[m] = [a][s]$이므로 $[a] = [m/s]$임을 알 수 있다.

예제 1.4.2)

이상기체상태방정식 $pV = nR_{gc}T$가 있다고 할 때, p의 단위는 $[atm]$이고, V의 단위는 $[l]$, n의 단위는 $[mol]$, T의 단위는 $[K]$라고 하자. 이 때, 기체상수 R_{gc}의 단위는 무엇인가?

풀이)

식에서 등호가 존재하기에 양변의 단위는 같아야 한다. 좌변의 단위가 $[atm \cdot l]$이다. 그러므로, $[R_{gc}] = \frac{[atm \cdot l]}{[mol][K]}$로 주어진다. 아보가드로의 법칙에 따르면, 표준상태 $(0℃, 1atm)$에서 모든 기체 1몰은 $22.4l$의 부피를 가진다. 이것을 이상기체 방정식에 대입하면, $R_{gc} = \frac{1atm \cdot 22.4l}{1mol \cdot 273K} = 0.082\left[\frac{atm \cdot l}{mol \cdot K}\right]$의 값을 가짐을 알 수 있다.

예제 1.4.3)

실제기체의 상태방정식중 van der Waals식은 $\left(p + \frac{n^2 a}{V^2}\right)(V - nb) = nR_{gc}T$가 있다고 할 때, p의 단위는 $[atm]$이고, V의 단위는 $[l]$, n의 단위는 $[mol]$, T의 단위는 $[K]$라고 하자. 이 때, a와 b의 단위는 무엇인가?

풀이)

같은 단위만이 더하거나 뺄 수 있으므로, p와 $\frac{n^2a}{V^2}$의 단위는 같아야 한다. 그러므로, $[atm]=\frac{[a][mol^2]}{[l^2]}$ 이므로, $[a]=\left[\frac{atm \cdot l^2}{mol^2}\right]$이다. 같은 접근방식으로 V와 nb의 단위는 같아야 함으로, $[l]=[mol][b]$이다. 그러므로, $[b]=\frac{[l]}{[mol]}$로 주어진다.

질문 1.4의 답변)
등호는 양변의 값과 단위가 정확히 같을 때 사용할 수 있다. 따라서, 단위가 모호할 때, 등호를 사용할 수 없으며, 같은 단위를 갖는 것만이 더하거나 뺄 수 있다.

연습문제)

1.4.1) 식 $y=ax^2+bx+c$가 있다고 할 때, y의 단위는 $[m]$이고, x의 단위는 $[s]$라고 하자. 이 때, a, b, c의 단위는 무엇인가?

1.4.2) 기체상수 R의 값을 $cal/gmol\,K$, $J/gmol\,K$의 단위를 가질 때의 값은 무엇인가?

1.4.3) 이상기체 1몰에 대한 압축인자를 $Z=pV_m/RT=1+B/V_m+C/V_m^2+\ldots$로 정의할 때, B와 C의 단위는 무엇인가? (단, p의 단위는 $[atm]$이고, V_m의 단위는 $[l/mol]$, T의 단위는 $[K]$임.)

1.5 온도

질문 1.5 절대온도와 상대온도의 차이는 무엇인가?

온도(T)는 대기압하에서 물의 끓는점과 어느점을 기준으로 하는 상대온도 스케일에는 섭씨온도(℃)와 화씨온도(℉)가 있는데, 그 차이점은 물과 끓는점과 어는점 사이의 눈금을 100등분 하는 것이 섭씨온도(℃)이고, 180등분을 한 것이 화씨온도(℉)이다. 따라서, 이 둘 사이에는 그림<1.5.1>와 같이 다음의 관계가 성립한다.

$$\Delta ℃ = 1.8\Delta ℉ \text{ or } \frac{\Delta ℃}{\Delta ℉} = 1.8. \quad (1.5.1)$$

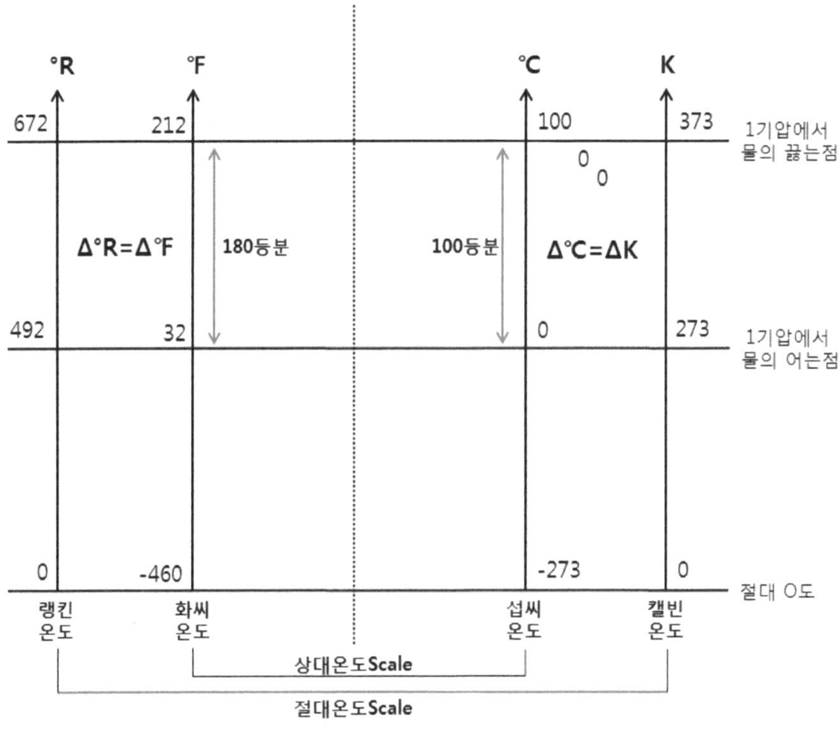

그림 <1.5.1> 4가지 온도스케일의 비교

일반적으로, 100℃의 의미는 △℃가 100개가 있다는 의미이다. 즉, 100℃는 △가 생략되어 있지만, 그 의미는 100△℃이다. 섭씨온도(℃)와 화씨온도(℉) 사이의 관계는 물의 어는점과 끓는점의 값과 스케일의 차이로 관계를 구할 수 있다.

$$(1.5.2)\quad T(°\mathrm{F}) - 32 = \left(\frac{1.8\Delta°\mathrm{F}}{\Delta℃}\right) T(℃) \quad \text{or} \quad T(℃) = (T(°\mathrm{F}) - 32)\left(\frac{\Delta℃}{1.8\Delta°\mathrm{F}}\right).$$

위 식을 간략히, $T(°\mathrm{F}) = 1.8\,T(℃) + 32$ 라고 사용한다. 하지만, 1.8안에는 두 온도스케일의 단위(△°F/△℃)가 생략되어 등호를 중심으로 양변의 단위를 같게 만들어 준다. 32의 단위는 △℉이며, 간략히 ℉라고 쓴다.

절대온도는 절대 0도를 기준으로 하는 절대온도 스케일인 캘빈온도(K)와 랭킨온도(°R)인데, 캘빈온도(K)는 섭씨온도(℃)의 스케일을 사용($\Delta℃ = \Delta K$)하고, 랭킨온도(°R)는 화씨온도(℉)의 스케일을 사용($\Delta°R = \Delta°\mathrm{F}$)하는 것이다. 즉,

$$(1.5.3)\quad \Delta℃ = \Delta K,\ \ \Delta°R = \Delta°\mathrm{F}.$$

캘빈온도(K)와 랭킨온도(°R)는 각각 섭씨온도(℃)와 화씨온도(℉)로부터 구할 수 있다.

$$(1.5.4)\quad T(K) = T(℃)\left(\frac{\Delta K}{\Delta℃}\right) + 273.15(K)$$

$$(1.5.5)\quad T(°R) = T(°\mathrm{F})\left(\frac{\Delta°R}{\Delta°\mathrm{F}}\right) + 460(°R)$$

단위환산이란 한 단위에서의 값을 다른 단위로 변환하는 것이다. 단위환산에서 중요한 온도의 환산에 대해 살펴보자. 온도의 환산은 크게 두 가지를 구분해야 한다. 첫 번째는 온도스케일에 대한 변환이고, 두 번째는 온도 그 자체에 대한 변환이다.

예를 들어 보자. 모든 물성 값은 온도에 따라 변하는데, 0.01℃에서 물의 열전도도는 0.55575 W/mK이다. 표 <1.5.1>은 온도에 따른 물의 열전도도 값이 정리되어 있다. 첫 번째에 대한 예는 W/mK의 단위를 $W/m℃$로 변환에 대한 것이다.

$$(1.5.6)\quad \frac{W}{mK}=\frac{W}{m\Delta K}\frac{\Delta K}{\Delta ℃}=\frac{W}{m\Delta ℃}=\frac{W}{m℃}.$$

위 식에서 보듯이, W/mK 안의 K는 온도스케일 ΔK를 나타내는 것이기에, 식(1.5.3)의 관계가 적용됨을 알 수 있다. 즉, 어느 단위 안에 포함된 온도는 온도스케일이므로 식(1.5.1)과 식(1.5.3)을 사용해야 한다. 또 다른 예로, $Btu/hrft°F$인 단위로 변환해 보자. 단위환산표를 통해 유효숫자 4자리까지 구해보면,

$$(1.5.7)\quad \frac{W}{mK}=\frac{J}{m\Delta K}\frac{1Btu}{1{,}055J}\frac{1m}{3.38ft}\frac{3600s}{1hr}\frac{\Delta K}{1.8\Delta °F}=0.5609\frac{Btu}{hrft°F}.$$

표 <1.5.1>로부터, 0.01℃의 0.5558의 값에 식(1.5.7)의 값을 곱하면, 0.3117 $Btu/hrft°F$의 값을 얻을 수 있다. 다른 온도에서도 식(1.5.7)의 값을 사용하면, 해당 온도에서의 $Btu/hrft°F$ 단위의 값을 얻을 수 있다.

표 <1.5.1> 물의 비열

온도(℃)	$k(W/mK)^a$	$k(W/mK)^b$	$k(Btu/hrft°F)^a$	$k(Btu/hrft°F)^c$
0.01	0.5558	0.5693	0.3211	0.3193
10	0.5786	0.5821	0.3343	0.3265
20	0.5980	0.5948	0.3455	0.3336
30	0.6145	0.6075	0.3551	0.3408
40	0.6286	0.6203	0.3632	0.3479
50	0.6406	0.6330	0.3701	0.3550
60	0.6509	0.6458	0.3761	0.3622
70	0.6597	0.6585	0.3812	0.3693
80	0.6670	0.6713	0.3854	0.3765
90	0.6729	0.6840	0.3888	0.3836

[a] 물의 비열의 측정값 https://www.engineeringtoolbox.com/water-liquid-gas-thermal-conductivity-temperature-pressure-d_2012.html

[b] 물식(1.5.8)을 사용한 비열의 추정값

[c] 물식(1.5.10)을 사용한 비열의 추정값

두 번째 온도 변환의 문제인 온도 그 자체의 경우를 살펴보자. 물성 값은 온도에 따라 변화하는데, 표<1.5.1>의 $W/m℃$의 값을 온도에 따라 최소자승법에 적용하면,

$$(1.5.8)\quad k(W/m℃) = 0.5693 + 0.001274\,T(℃)\ .$$

인 관계를 얻을 수 있다. 여기에서, 첫 번째 예에서 설명한 바와 같이, W/mK과 $W/m℃$의 값의 변화는 없다는 점을 주의하자. 0.5693의 단위는 좌변의 단위가 결정되어져 있고, 같은 단위만이 더하거나 뺄 수 있으므로 좌변의 단위인 $W/m℃$이다. 0.001274의 단위는 좌변의 단위를 맞추어주기 위해 $W/m℃^2$가 된다. 이제, 식(1.5.8)의 $W/m℃$ 단위를 $Btu/hrft°F$로 변환해 보자. 식(1.5.7)의 값을 적용하기 전에, 식(1.5.8)안의 온도 그 자체인 $T(℃)$의 단위를 식(1.5.2)를 이용해 우선 $T(°F)$로 변환해야 한다.

$$(1.5.9)\quad k(W/m℃) = 0.5693 + 0.001274\frac{T(°F) - 32}{1.8} = 0.5467 + 0.0007080\,T(°F)\ .$$

우변의 온도를 $T(°F)$로 변환하였으나, 우변의 단위는 좌변의 단위인 $W/m℃$이므로 식(1.5.7)의 값을 사용하면,

$$\begin{aligned}(1.5.10)\quad k(Btu/hrft°F) &= (0.5467 + 0.0007080\,T(°F)) \times 0.5609 \\ &= 0.3066 + 0.0003970\,T(°F).\end{aligned}$$

위 식에 $T(°F)$의 값을 적용하여 얻은 값이 표<1.5.1>의 맨 오른쪽 열에 계산되었고, 이 값은 실제 측정값과 큰 오차를 보이지 않음을 확인할 수 있다.

연습문제)

1.5.1) 100℃를 K, °R, °F로 나타내시오.

1.5.2) 어느 물질의 열전도도가 $k(W/m℃) = 1 + 0.01\,T(℃)$ 일 때, $Btu/hrft°F$의 단위로 변환한다면, 1와 0.01의 값은 어떻게 바뀌는가?

1.6 유체

질문 1.6 고체, 액체, 기체를 구분하는 방법은 무엇이 있을까?

얼음, 물, 수증기는 동일한 H_2O의 분자구조를 가진 물질이고, 온도와 압력에 따른 다른 상(phase)을 가진다는 것은 잘 알려진 사실이다. 물이 아닌 다른 물질들 금속, 산소가스, 수은 등도 각 상에 따른 압력과 온도의 조건이 다를 뿐, 고체상, 액체상, 기체상이 모두 존재하게 된다. 그러나, 어떤 상태를 고체상인 얼음, 액체상인 물, 기체상인 수증기로 구분할 수 있을까?

흔히, 분자 또는 원자간의 거리가 아주 가까운 것을 고체, 어느 정도 떨어져 있는 것을 액체, 아주 멀리 떨어져 있으면 기체로 생각할 수도 있다. 또한, 어떤 밀폐된 용기에 집에 넣어보면, 고체상은 형태가 변하지 않는 성질을 가지고 있다. 액체는 용기에 맞게 형태를 변형하나 중력에 의해 아래부터 채워지게 된다. 기체는 용기 전체에 고루 퍼져있다. 즉, 용기에 담가 보았을 때 그 형태의 변형정도를 통해 상을 구분하는 방법도 있다.

과학자들은 상을 구분하고 그 특성을 파악하는 기준으로 힘을 가하여 변형된 정도를 통해 상을 구분하는 시도를 하게 되었다. 즉, 고체는 힘을 가하면 조금 변형을 하지만 어느 순간 부러지는 특성을 가지고 있다. 이와 달리, 액체와 기체는 힘을 가하는 한 끊임없이 변형하는 성질을 가지고 있다. 풍선에 물 또는 공기를 채운 다음 손으로 힘을 가해보면, 모양이 끊임없이 변하는 것을 관찰할 수 있다. 이와 같이, 힘이 가해지는 한 끊임없이 변형을 하는 물질을 유체라 정의하고, 액체와 기체가 이에 속하게 된다.

질문 1.6의 답변)
한 방법은 힘을 가했을 때 변형되는 정도의 차이로 구분하는 것이다. 여기에서, 힘이 가해지는 한 끊임없이 변형을 하는 물질을 유체로 정의하고, 액체와 기체가 여기에 속한다.

1.7 압력

질문 1.7 대기압의 힘의 크기는 어느 정도인가?

압력(p)은 수직응력으로 면적당의 힘으로 정의되는 물리량이다. MKS단위계에서 압력의 단위는 Pa이다. 대기압은 대기가 누르는 압력으로 보통 $1atm$으로 표현된다. 이것은 또한 토리첼리실험(그림 <1.7.1>)에 의해 $1\,atm = 760\,mmHg = 10.3\,mH_2O = 101,325Pa$임을 알 수 있다. 이 의미는 대기압은 수은을 $760mm$를 높일 수 있고, 물은 $10.3m$를 높일 수 있다는 것이다. 이 의미를 좀 더 자세히 살펴보도록 하자.

토리첼리의 실험은 무한히 긴 시험관을 수은이 담아있는 용기에 넣고 수직으로 세운 뒤 위로 잡아당겼을 때, 표면을 지나 $760mm$이하에서는 시험관에 수은이 가득 채워져 있으나, $760mm$를 지나서는 $760mm$를 넘어서는 공간은 채워지지 않고, 수은의 높이는 $760mm$에 머물러 있다는 것이다. 이것으로 대기압은 수은 $760mm$를 높일 수 있는 크기라는 의미이다. 이것이 왜 대기압의 크기일까?

뉴턴의 운동 제2법칙이 나타내는 것은 "질량이 m인 물체의 움직임(위치 x)은 그 물체에 작용하는 힘들의 합($\sum F$)에 의해 결정된다"는 것이다. 이를 수식으로 표현하면 다음과 같다.

$$(1.7.1)\quad ma = m\frac{dv}{dt} = m\frac{d^2x}{dt^2} = \sum F.$$

여기에서, 가속도 ($a = dv/dt = d^2x/dt^2$)는 위치와 관계됨을 알 수 있다. 만약, 물체가 움직이지 않고 정지해 있다면, 물체의 위치가 시간에 따라 변화가 없거나 물체의 속도가 시간에 따라 변화가 없다는 것으로 해석될 수 있다. 이 때, 위 식에서 좌변이 0이므로 물체가 움직이지 않는 정역학에서는 $\sum F = 0$ 인 관계가 성립한다.

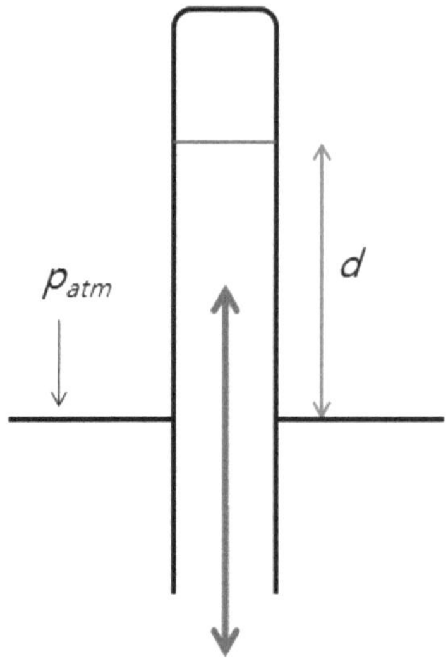

그림 <1.7.1> 토리첼리의 실험으로 본 대기압의 크기

그림 <1.7.2>과 같이 공기 중에 가상의 원기둥이 있다고 상상해 보자. 이 원기둥이 정지해져 있다면, 정역학의 관계가 중력과 같은 수직한 방향으로 적용된다. 원기둥의 무게를 W_g, 윗면에 작용하는 힘을 F_T이라 하고, 밑면에 작용하는 힘을 F_B라고 하면, W_g와 F_T은 같은 힘의 방향이고, F_B는 반대방향임을 알 수 있다.

(1.7.2) $\sum F = F_T + W_g - F_B = 0.$

면에 작용한 F은 힘의 정의에 따라 압력과 면적의 곱으로 표현할 수 있으므로, $F_T = p_T A_T$, $F_B = p_B A_B$이다. 윗면과 밑면의 면적이 동일함으로 $A_T = A_B = A$이다. 원기둥의 높이를 d라고 하면, 원기둥의 무게 $W_g = \rho A d g$로 나타낼 수 있다. 이 관계를 위 식에 대입하여 정리하면,

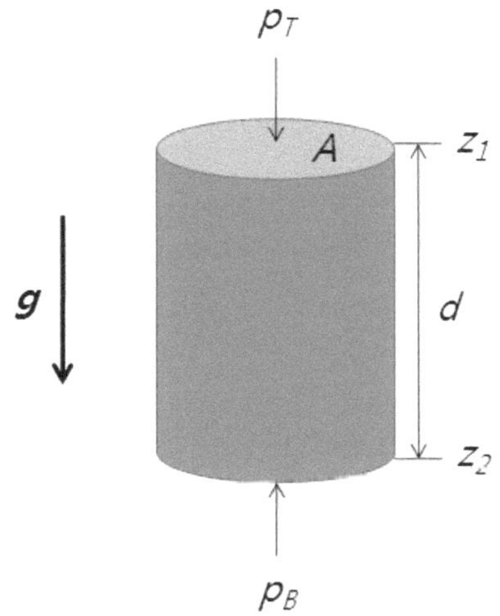

그림 <1.7.2> 정역학에서의 압력차

(1.7.3) $p_T A + \rho A d g - p_B A = 0$ 또는 $p_B = p_T + \rho g d.$

위 식의 의미는 동일한 유체로 채워져 있을 때 밑면에서의 압력은 윗면에서의 압력에 $\rho g d$를 더한 것으로 주어진다는 것이다.

또한, 정역학에서 중요한 사실은 동일한 높이에서의 압력은 같다는 것이다. 물이 채워져 있는 접시를 흔든 뒤 가만히 놓고 안정화될 때까지 기다리면, 수면이 평평해짐을 알 수 있다. 수면의 높이가 다를 때는 옆 방향으로 압력의 차이가 발생하게 된다. 수면이 평평해질 때까지 유체의 이동이 유발되어 동일한 높이로 안정화 될 때까지 진행이 된다. 따라서, 정역학에서 동일한 높이에서는 압력이 같다는 것을 알 수 있다.

다시 토리첼리의 실험으로 돌아오자. 수은이 760mm에서 움직이지 않고 멈추어져 있다면, 이것은 정역학이 성립한다는 의미이다. 멈추어져 있을 수 있는 이유는 시험관 밖의 공기가 수은을 누르고 있는 힘이 시험관안의 수은이 중력에 의해 밑으로 내려오려고 하는 힘과 평형을 이루고 있기 때문이다. 대기가 누르고 있는 수은의 표면과 수은주의 밑면은 같은 높이에 있다. 즉, 대기압은 중력에 의한 수은주의 무게를 떠받치고 있는 힘과 같은 것이다. 여기에서 중요한 한 가지는 시험관 속 수은 위에 있는 공간은 진공이라는 것이다. 따라서, 수은의 윗면에 작용하는 압력은 0이다. 토리첼리 실험의 중요성은 바로 진공의 공간을 만들었다는 것이다. 그러므로, 위에 정리된 식을 적용하여 수은 $760mm$에 해당하는 압력차를 계산해보자.

(1.7.4) $$p_{B,\,Hg} = \rho g d = \frac{13,700kg}{m^3} \times \frac{9.8m}{s^2} \times 0.76m = 102,038Pa\ .$$

이 값에서 밀도와 중력가속도의 값을 보정하면, 대기압은 $1atm = 101,325Pa$ 이 된다. 따라서, 대기압인 $1atm$의 크기는 수은이 $760mm$에서 누르는 무게와 같은 것임을 토리첼리는 밝혀낸 것이다. 동일한 원리로 수은이 아닌 물의 경우는 밀도가 수은보다 작기에 $10.3m$의 높이를 올리게 된다는 것이다. 동일하게 적용을 해보면,

(1.7.5) $$p_{B,\,H_2O} = \rho g d = \frac{1,000kg}{m^3} \times \frac{9.8m}{s^2} \times 10.3m = 100,940\,Pa\ .$$

질문 1.7의 답변)

1기압의 크기 $1atm = 760mmHg = 10.3mH_2O = 101,325Pa$이다.

위에서 정리된 정역학의 관계를 원통형관에서의 마노미터에 적용해보자. 그림 <1.7.3>와 같이 유체(밀도 ρ_A)가 오른쪽방향으로 흘러가고 있을 때, 양단에 걸리는 압력차($p_a - p_b$)를 마노미터를 통해 알아보자. 여기에서, 마노미터에 채워져 있는 유체의 밀도는 ρ_B이다. 정역학에서 같은 높이에서의 압력은 같으므로, ②와 ③지점에서의 압력은 같음을 이용한다. 우선, ②지점에서의 압력을 구하면, $p_2 = p_a + \rho_A g(d_1 + d_2)$이다. ③지점에서의 압력은 $p_3 = p_b + \rho_A g d_1 + \rho_B g d_2$임을 알 수 있다. 그러므로, $p_2 = p_3$를 사용하여 양단에 걸리는 압력차를 다음과 같이 구할 수 있다.

(1.7.6) $$p_a - p_b = (\rho_B - \rho_A)\,g\,d_2.$$

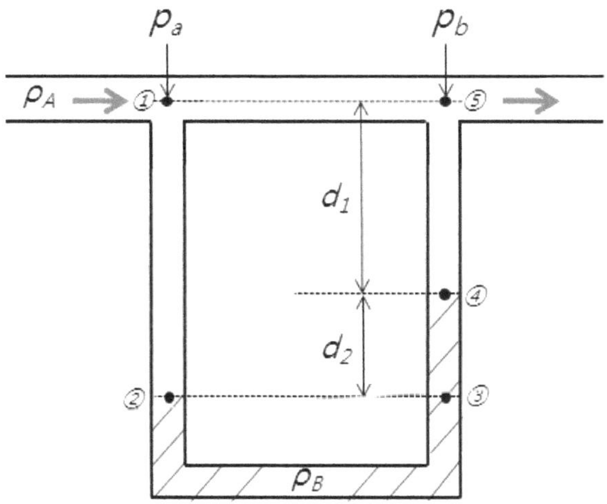

그림 <1.7.3> 마노미터에서의 압력차

다으므로, 절대압과 게이지압에 대해 생각해보자. 속이 빈 탱크가 있다고 생각해보자. 탱크의 밸브를 열어 대기와 연결을 시킨다면, 탱크내의 압력은 대기의 압력과 같게 된다. 이 때 밸브를 닫아 밀폐를 시킨 후에, 어느 가스를 탱크에 채우려고 한다. 이 때, 가스의 충전량을 압력으로 알기 위해, 탱크내의 압력게이지의 값을 0으로 가정한 압력을 게이지압(Gauge pressure)이라고 한다. 이 때, 가스를 채우게 되면, 가스에 의한 탱크의 압력변화를 알게 된다. 그러나, 실제 탱크 내 기체의 압력은 이 게이지압에 대기압을 더한 값으로 절대압이라고 한다. 가압이 아닌 진공을 잡을 때도 같은 원리가 적용된다. 진공압은 대기압을 기준으로 대기압 이하의 압력을 말한다. 이 관계를 정리하면,

(1.7.7) 절대압 = 대기압 + 게이지압 = 대기압 - 진공압.

연습문제)

1.7.1) 어느 액체의 비중이 0.8이라면, 토리첼리 실험에 의한 높이는 얼마인가?

1.7.2) 그림 <1.7.3>에 물이 흐르고 있을 때, 비중이 10인 액체가 마노미터에 채워져있고, 높이차가 $50cm$일 때, 양단의 압력차(atm)는 얼마인가?

1.7.3) 어느 탱크의 게이지압이 $760mmHg$일 때, 절대압(atm)은 얼마인가?

1.7.4) 해수면으로부터 위와 아래로 각각 $0.1atm$의 차이를 가지는 높이(m)는 얼마인가?

1.8 밀도

질문 1.8 비중이 1인 기체와 비중이 0.1인 액체 중 어느 것이 더 무거울까?

밀도(ρ)는 질량을 부피로 나눈 물리량으로, MKS단위계에서는 kg/m^3의 단위를 갖고, CGS단위계에서는 g/cm^3의 단위를 갖는다. 이상기체법칙에서 밀도가 $\rho = n/V$로 표현될 때, $p = \rho R_{gc} T$ 로 나타낼 수 있다.

비중(SG, Specific Gravity)이란 해당유체의 밀도를 기준유체의 밀도로 나눈 값으로 단위가 없다.

(1.8.1) $SG = \frac{\rho}{\rho_{ref}}.$

여기에서, 기준유체의 밀도인 ρ_{ref}는 기체의 경우는 공기의 밀도 ρ_{air}이고, 액체의 경우는 물의 밀도 ρ_{water}이다. 보통 물의 밀도는 $1000kg/m^3$이고, 공기의 밀도는 1 kg/m^3로, 밀도차이는 대략 1000배이다.

질문 1.8의 답변)
MKS단위계를 기준으로 할 때, 비중이 1인 기체(A)의 밀도는
$\rho_A = 1 \times 1kg/m^3 = 1kg/m^3$이다.
비중이 0.1인 액체(B)의 밀도는
$\rho_B = 0.1 \times 1000kg/m^3 = 100kg/m^3$이다.
그러므로 액체(B)가 기체(A)보다 100배 더 무겁다.

연습문제)

1.8.1) 어느 기체(A)의 비중이 100이고, 어느 액체(B)의 비중이 0.01이라면, 어느 것이 더 무거운가?

1.9 전단응력과 점도

질문 1.9 지하철이나 버스가 지나갈 때, 몸이 쏠리는 이유는?

지하철 승강장의 노란색 안전선에서 지하철을 기다리고 있다고 하자. 지하철이 지나 갈 때 보통 몸이 쏠리는 것을 경험할 수 있다. A4용지의 한 쪽 끝을 위에서 가볍게 잡고 수평방향으로 바람을 일으켜보면 종이가 앞으로 다가옴을 알 수 있다. 무엇이 종이를 앞으로 쏠리게 하는 것일까? 지하철도 동일한 작용을 하고 있는 것이다.

지하철과 사람사이에 가상의 판이 무수히 존재한다고 생각해보자. 지하철의 표면이 속도 U로 그림 <전단응력>와 같이 움직인다고 생각할 때, 지하철표면에 바로 이웃한 표면은 지하철 표면에 의해 마찰력과 같이 한쪽 면에 미는 힘이 작용하게 된다. 이 힘에 의해 변형이 되며 움직이게 된다. 이 면은 바로 아래쪽에 있는 다른 면에 동일한 방식으로 변형이 되며 힘을 미치게 된다. 이것이 시간이 지남에 따라 전파되어 사람에까지 닿게 되면 이 힘에 의해 몸이 앞으로 쏠리는 것이다. 손으로 일으킨 바람 또한 동일한 방식으로 종이 표면까지 힘을 전달하게 되고, 그 힘에 의해 종이를 끌어당기게 된다.

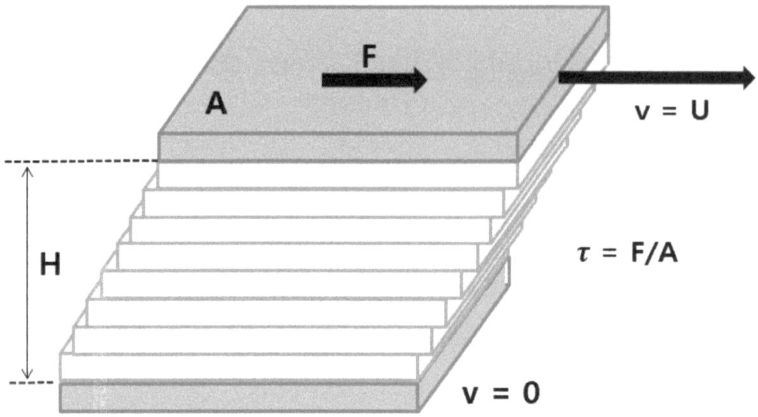

그림 <1.9.1> 전단응력이 유체에 미치는 개념

응력(Stress, σ)이란 임의의 표면적(A)를 가진 물체의 표면에 가해진 힘(F)으로 정의된 물리량이다. 이 때, 가해진 힘의 방향이 표면에 수직하면 수직응력(Normal Stress), 표면에 평행하면 전단응력(Shear Stress, τ)이라고 정의된다.

$$(1.9.1)\quad \tau = \frac{F}{A}.$$

일반적으로 언급되는 유체의 압력(p)은 수직응력의 크기에 해당하고, 전단응력(τ)은 마찰력과 같은 개념이다. 전단응력의 단위는 압력과 같은 단위로 MKS단위계에서는 $[Pa]$이다.

그림 <1.9.1>의 두개의 판 사이에 있는 유체는 윗면의 속도는 U로 움직이며 전단응력을 아래 방향으로 전달하게 되며 두께 H인 바닥면에 이르면 유체의 속도는 정지하게 된다. 전단속도(Shear rate, $\dot{\gamma}$)는 전단응력이 전달되는 방향으로의 속도의 변화량을 나타내는 물리량으로,

$$(1.9.2)\quad \dot{\gamma} = \frac{U}{H}.$$

속도에 대한 기울기를 나타냄으로 MKS단위계로 단위는 $[s^{-1}]$이다.

질문 1.9의 답변)
지하철이 가한 전단응력이 유체 내에 전달되어 사람에게까지 전달되어 이 힘이 사람의 몸을 쏠리게 한다.

점도(η)는 일반적으로 전단응력과 전단속도사이의 기울기로 정의되는 물리량이다.

$$(1.9.3)\ \mu = \frac{\tau}{\dot{\gamma}} \text{ 또는 } \tau = \mu\dot{\gamma}\ .$$

유체는 점도의 변화에 따라 뉴토니언유체(Newtonian Fluid)와 비뉴토니언유체(Non-Newtonian Fluid)로 구분할 수 있으며, 자세한 사항은 3장에서 다루도록 한다. 점도의 차원은 정의에 의해 $[F/vL]$의 차원을 가지며, 이는 $[M/LT]$의 차원으로 정리됨을 확인할 수 있다. 해당유체의 점도를 밀도로 나눈 값을 동점도(Dynamic Viscosity)라고 하며, $[L^2/T]$의 차원으로 가진다. 특히, cm^2/s 의 단위를 가지는 동점도를 Stoke라고 한다.

$$(1.9.4)\ \nu = \frac{\mu}{\rho}\ .$$

질문 1.10 여름철과 겨울철에 화학공장 또는 제조공장에서는 배관에서의 유체의 흐름이 달라 어려움을 겪기도 한다. 석유화학공장에서는 겨울철에 배관을 가열하는 장면을 종종 볼 수 있는데, 배관을 왜 가열하는 것일까?

물과 공기의 온도에 따라 따른 점도의 변화가 표<1.9.1>에 정리되었다. 점도의 변화는 온도가 증가함에 따라 물과 같은 액체는 일반적으로 감소하는 경향을 가지고, 기체는 일반적으로 증가하는 경향을 가짐을 알 수 있다.

표 <1.9.1> 물과 공기의 점도

	물(액상)[a]		공기(기상)[b]	
온도(℃)	점도(cP)	동점도(cm^2/s)	점도(cP)	동점도(cm^2/s)
0	1.7914	0.017918	0.01715	0.1328
20	1.0016	0.010035	0.01813	0.1506
40	0.6527	0.006579	0.01907	0.1692
60	0.4660	0.004740	0.01999	0.1886
80	0.3540	0.003643	0.02088	0.2088
100	0.2816	0.002938	0.02174	0.2297

a https://www.engineeringtoolbox.com/water-dynamic-kinematic-viscosity-d_596.html

b https://www.engineeringtoolbox.com/air-absolute-kinematic-viscosity-d_601.html

질문 1.10의 답변)

유체의 점도는 온도에 따라 크게 변화가 된다. 특히, Non-Newtonian의 경우는 변화가 더 큰 종류도 많다. 겨울철은 온도가 낮아 배관 내 유체의 점도가 높아지기에 기존의 설치된 펌프의 용량으로 수송이 되지 않을 수 있고, 여름철보다 유량속도가 낮아지게 된다. 이를 보완하기 위해 배관을 국부적으로 가열해주어 유체의 점도를 낮추어 운송을 용이하게 하는 것이다. 배터리를 만드는 전극제조공정에서도 활물질과 여러 물질이 혼합되게 되는데 슬러리와 같은 형태는 Non-Newtonian의 특성을 가지며 온도에 따른 점도변화에 의해 계절별로 차이를 보일 수 있다.

연습문제)

1.9.1) 공기와 물의 점도가 온도에 따라 다른 방향성을 가지는 이유를 설명하시오.

1.10 정유 및 석유화학공업의 역사

우리나라의 정유 산업의 시작은 1962년 7월 대한석유공사(약칭, 유공)가 설립되고 1963년에 미국 걸프석유회사와 25% 지분투자를 포함한 제휴를 맺었으며 1964년 4월 일일 3만 5천 배럴의 정유공장을 울산에 가동하게 되었다. 그 후 유공은 1972년 7월 년산 10만 톤 규모의 나프타분해공장을 준공하였다. 1971년 7월에는 석유화학 지원공단이 공업용수 및 전기를 공급하는 시설을 완공하였으며 울산석유화학단지에서는 한양화학(현, 한화석유화학)이 다우(Dow)의 기술을 도입하여 비닐의 원료인 염화비닐단량체(VCM), 저밀도폴리에틸렌(LDPE) 생산 공장을 준공하였다. 대한유화는 폴리프로필렌(PP) 공장, 동서석유화학은 아크릴로니트릴(AN)공장을 가동하였다. 1973년 5월 한국합성고무(현, 금호석유화학)는 SBR(Styrene Butadiene Rubber) 공장을 준공하였으며 한국카프로락탐은 1974년 4월 나일론의 원료인 카프로락탐 공장을 가동하면서 나프타를 원료로 하는 석유화학시대를 시작하였다.

나프타 이외의 기타 계열의 생산 공장은 대성목재에서는 1971년 6월에 메탄올 공장을 완공하였으며 삼경화성은 1972년 10월 무수프탈산(PA) 공장을 준공하였으며 이수화학은 1973년 2월 알킬벤젠 공장을 완공하였다. 한남화학은 1973년 12월에 폴리스틸렌(PS) 공장을 완공하였다. 한국포리올은 1975년 11월 폴리프로필렌글리콜(PPG)공장을 준공하였으며 대농유화는 1976년 12월 무수말레산(MA) 공장을 준공하였고 울산석유화학은 1978년 10월 전량 수입에 의존하던 스틸렌모노머(SM) 공장을 완공하였다. 삼성석유화학은 1980년 1월에 텔레프탈산(TPA) 공장을 완공하였다. 여천석유화학단지는 1975년 4월 호남에틸렌을 시작으로 활성화 되었으며 대산석유화학단지는 1990년부터 사업추진을 본격화하기 시작했다. 각 제품별 특성 및 용도는 다음과 같다.

o 염화비닐단량체(VCM)는 2염화에틸렌(EDC)을 열분해하여 제조되는 무색의 기체로서 PVC의 원료로 사용된다. 저밀도폴리에틸렌(LDPE)은 에틸렌을 중합하여 제조

하며 밀도가 0.91-0.94 로 결정화가 낮아 가공성, 유연성 및 투명성이 우수하여 투명 필름(농업용, 포장용),전선피복, 각종 랩(Wrap)의 원료가 된다.

o 폴리프로필렌(PP)은 열가소성 수지로 프로필렌을 중합하여 제조되며 인장강도와 충격강도, 표면강도가 우수할 뿐 아니라 내열, 내약품성이 뛰어나 포대용 백, 필름, 섬유, 자동차 및 전기·전자부품 등에 사용된다.

o 고밀도폴리에틸렌(HDPE)은 에틸렌을 중합하여 제조되며 밀도가 0.94이상인 것으로 강도가 우수하나 유연성과 가공성이 떨어져 일회용 쇼핑백, 각종 용기, 파이프 등의 원료로 사용된다.

o 아크릴로니트릴(AN)은 달콤한 냄새를 지닌 액체로서 프로필렌, 산소, 암모니아 혼합가스를 합성(SOHIO공법)하여 제조되며 아크릴섬유, ABS(Acrylonitrile, Butadiene, Styrene) 수지, NBR(Nitrile-butadiene rubber)고무 등의 원료가 된다.

o SBR(Styrene Butadiene Rubber)은 스티렌모노머(SM)와 부타디엔을 중합(重合)하여 제조된다. 천연고무에 비하여 내마모성, 내노화성, 내열성이 우수하여, 주로 타이어생산에 사용된다.

o 카프로락탐(Caprolactam)은 벤젠과 수소를 반응시켜 얻어진 싸이클로헥산을 산화시켜 싸이클로헥사논을 만든 후 암모니아와 합성하여 제조된다. 나일론 섬유와 나일론수지의 원료로 의복이나 타이어 코드, 어망, 카펫 등에 사용된다.

o 메탄올(Methanol)은 산화시켜 포름알데히드를 만들고 이를 37%로 희석시켜 포르말린(Formalin)을 생산한다. 살균·소독제, 방부제, 합판용 접착제의 원료로 사용된다.

o 무수프탈산(PA)은 올소크실렌(Ortho-Xylene)을 기화시킨 후 공기의 산소와 반응시켜 제조된다. 플라스틱 가소제, 폴리에스터 수지, 염료 및 안료 중간체 등의 원료로 사용된다.

o 알킬벤젠은 무색무취한 투명의 액체로서 노말파라핀과 벤젠을 합성하여 제조된다. 계면활성제의 원료로 합성세제와 농약유화제 등으로 사용된다.

o 폴리스틸렌(PS)은 스티렌모노머(SM)를 중합하여 제조하는 열가소성 수지로서 가전제품의 케이스 및 부품, 유제품 용기, 단열재나 발포포장재, 충격완충제 등의 원료로 사용된다.

o 텔레프탈산(TPA)은 파라크실렌(para-Xylene)을 산화시켜 제조되는 백색 분말로 에틸렌글리콜(EG)과 함께 폴리에스터 섬유, 페트 병, 폴리에스터 타이어코드 등의 원료로 사용된다.

o 스틸렌모노머(SM)는 벤젠과 에틸렌을 합성한 에틸벤젠을 반응시켜 제조하는 무색의 액체로서 폴리스틸렌(PS), SBR(합성부타디엔고무), ABS(Acrylonitrile, Butadiene, Styrene)수지, 도료 등의 원료로 사용된다.

o 폴리프로필렌글리콜(PPG) 휘발성이 없는 무색의 액체로서 주로 산화프로필렌(PO)을 중합(重合)하여 만든다. 폴리우레탄, 계면활성제, 브레이크유(油), 부동액, 알키드수지 등의 원료로 사용된다.

o 무수말레산(MA)은 벤젠을 접촉 산화시켜 제조하거나 C4유분(부탄 또는 부타디엔)을 산화시켜 제조하는데, 불포화폴리에스터의 원료로 대부분 사용되며, 고강도플라스틱(FRB)을 만드는 중요한 원료이다.

우리나라 석유화학제품의 총괄도와 울산, 여수, 대산의 석유화학단지의 석유화학제품 계통도가 부록 A.에 수록되어져 있다. 이를 통해 각 석유화학단지에 있는 관련회사와 제품을 확인해 볼 수 있다.

제2장 열역학과 수지식

2.1 열역학의 기본개념

열역학(Thermodynamics)은 열과 온도 및 이들 사이의 관계가 에너지 및 일과 어떻게 연결되는지를 다루는 물리학의 한 분야이다. 열역학은 열역학 법칙(Thermodynamic Laws)에 의해 설명되어진다. 열역학 제1법칙은 에너지는 열과 일로 물리적인 계 사이에서 서로 교환될 수 있다는 것이고, 열역학 제2법칙은 엔트로피란 양을 정의하여 물리적인 계가 자발적으로 진행되는 방향성과 계로부터 얻어낼 수 있는 유용한 일을 알아보는데 사용된다.

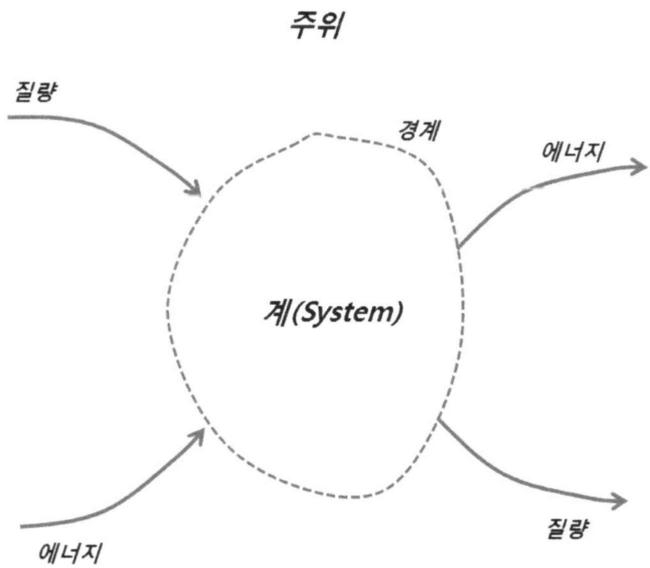

그림 <2.1.1> 계와 주위

열역학에서 **계(System)**란 관심의 대상이 되는 덩어리 또는 영역이다. 이 계는 경계(Boundary)를 통해 주위(Surrounding)와 분리된다(그림 2.1.1). **주위**란 계가 아닌 나머지 모든 영역을 말한다. 경계를 통해 계는 질량과 에너지의 출입이 가능하다. 열역학은 계가 어떻게 주위의 변화에 따라 반응하는지를 설명해 준다. 계는 입자들로 구성되며, 입자들의 평균운동이 계의 **열역학적 특성**(Thermodynamic Properties)인 온도, 압력, 부피 등을 정의하게 된다. 이러한 열역학적 특성을 **성질**(Property)이라고 하는데, 이는 관찰하거나 계산할 수 있는 계의 특성이다. **상태**(State)란 계의 열역학적 특성들의 갖는 조건을 말하는 것으로, 이 열역학적 특성들은 **상태방정식**(Equation of State)을 통해 서로서로 영향을 주고받게 된다. 즉, 열역학적 특성들은 평형상태나 자발적 과정에 대한 조건을 결정하는데 유용한 내부에너지(Internal Energy)를 포함한 열역학적 포텐셜(Thermodynamic Potentials)을 표현하는데 사용되어진다.

열역학에서 계는 크게 세 가지로 구분될 수 있다. 경계를 통한 물질과 에너지의 유출입의 가능여부에 따라 고립계(Isolated System), 닫힌계(Closed System), 열린계(Open System)로 표<2.1.1>와 같이 구분된다. 계와 주위와의 에너지의 전달은 열역학에서는 일과 열의 형태로 가능하다. **고립계**는 에너지와 질량의 출입이 없는 계이다, 에너지의 출입을 완전히 차단할 수는 없어 현실적으로 고립계는 존재할 수 없다. **닫힌계**는 물질의 출입은 가능하지 않고, 에너지의 출입은 가능한 계이다. **열린계**는 물질과 에너지의 출입이 모두 가능한 계이다. 화학공장에서는 주로 연속적으로 운전이 이루어지므로 파이프내의 시스템은 대부분 열린계라고 볼 수 있다. 또한, 열적으로 고립된 계는 열의 출입은 불가능하나 일의 출입은 가능하고, 기계적으로 고립된 계는 열의 출입은 가능하나 일은 불가능한 것을 말한다.

표 <2.1.1> 계의 구분

	물질의 출입	에너지의 출입	예
고립계	X	X	보온병안의 물
닫힌계	X	O	밀폐된 용기안의 물
열린계	O	O	열교환기 파이프안의 물

열역학의 계는 또한 정상상태와 비정상상태로 구분될 수 있다. 이러한 구분은 계의 상태를 설명하기 위한 열역학적 특성들의 시간에 따른 변화 유무로 결정된다. **정상상태**(Steady State)는 열역학적 특성들이 시간에 따라 변화하지 않는 상태를 말하고, **비정상상태**(Unsteady State)는 시간에 따라 변하는 상태를 말한다. 수지식에서 비정상상태를 다룰 경우 축적량이 시간에 따른 미분 항으로 표현되고, 정상상태의 경우는 시간에 무관하기에 축적량이 나타나지 않는다.

열역학적 **평형상태**(Equilibrium State)는 계의 성질이 변하지 않는 상태로 계 내의 열역학적 특성들이 일정하게 유지가 되는 상태를 말한다. 이러한 평형상태에는 열적평형, 기계적 평형, 상평형, 화학평형 등을 들 수 있다.

표 <2.1.2> 열역학 공정의 예

열역학 공정	의 미
등압공정 (Isobaric Process)	일정한 압력에서 일어난 공정
등적공정 (Isochoric Process)	일정한 부피에서 일어난 공정
등온공정 (Isothermal Process)	일정한 온도에서 일어난 공정
정상상태공정 (Steady State Process)	내부에너지의 변화가 없이 일어난 공정
단열공정 (Adiabatic Process)	열에 의한 에너지의 증가 또는 감소가 없는 공정
등엔탈피공정 (Isenthalpic Process)	일정한 엔탈피에서 일어난 공정
등엔트로피공정 (Isentropic Process)	일정한 엔트로피에서 일어나는 가역 단열공정

계가 초기 상태에서 최종 상태로 이동하는 것을 **열역학적 공정**(Thermodynamic Process)라고 하는데, 각각의 중간과정이 평형상태를 유지하면서 천천히 진행되는

과정을 **가역과정**(Reversible Process)라고 한다. 가역과정에서는 최종상태에서 초기상태로의 이동 과정이 가능하다. 그러나 **비가역과정**(Irreversible Process)에서는 각각의 중간과정이 평형상태를 유지할 수 없어 최종상태에서 초기상태로 되돌아갈 수 없는 열역학적 과정을 말하는 것이다.

열역학에서 계의 상태를 기술하기 위해 사용하는 열역학 특성(성질)들에서 역학적 변수로 압력과 부피, 통계적 변수로 온도와 엔트로피를 고려하게 된다. 또한, 계를 구성하는 입자 수나 화학포텐셜(Chemical Potential)을 고려하기도 한다. 열역학 변수는 계가 만족해야 하는 조건에 따라 다르게 사용한다. 이들 열역학 변수들 사이의 관계식을 나타내는 것이 상태방정식이다. 예로써, 가장 단순하며 중요한 상태방정식이 이상기체 상태방정식을 들 수 있다.

열역학적인 변수들은 크게 **시강변수**(세기성질)와 **시량변수**(크기성질)로 구분될 수 있다. 시량변수는 질량과 관계된 특성으로 계의 크기에 따라 변하는 특성들이다. 즉, 더하기의 성질이 있는 것으로, 대표적인 예로는 질량, 부피, 엔탈피, 엔트로피 등이다. 시강변수는 질량과 무관하며 계의 크기가 변하더라도 변화가 없는 것으로, 온도, 압력, 밀도, 녹는점, 끓는점 등이 해당한다. 이러한 시강변수는 서로 더할 수가 없다.

한 상태에서 다른 상태로 변화할 때 그 변화량이 과정의 경로에 따라 총량이 변하는 함수를 **경로함수**라 한다. 일과 열 등이 대표적인 경로함수에 속한다. 이와 달리 과정의 경로에 어떻게 변하든지 처음과 나중의 상태에 따라 총량이 결정되는 함수를 **상태함수**라 한다. 온도, 압력, 내부에너지, 엔탈피 등과 같은 시강변수들이 상태함수에 해당한다. 이 함수들의 특징은 두 상태 사이의 값의 변화는 계의 상태가 결정되면 일정한 값을 가진다.

2.2 에너지와 열역학 법칙

에너지란 일을 할 수 있는 능력을 나타내는 물리량이다. 열역학에서 계와 주위사이의 에너지의 전달은 열과 일을 통해서 가능하다. 에너지의 종류로는 운동에너지, 위치에너지, 내부에너지, 엔탈피, 열, 일등이 있으며 동일한 단위인 $J(Joule)$을 사용한다. 동력은 단위 시간당의 일로써, 와트($W=J/s$)의 단위를 가진다. 표<2.2.1>에 주로 사용되는 에너지의 종류에 대해 정리하였다.

표 <2.2.1> 에너지의 종류

	기호	정의
위치에너지	$E_p = mgz$	질량이 m인 유체가 기준면으로부터 높이 z에 있을 때 갖는 에너지
운동에너지	$E_k = \frac{1}{2}mu^2$	질량이 m인 유체가 속도 u로 이동할 때 갖는 에너지
내부에너지	U	어떤 물질을 구성하는 모든 분자의 운동 및 위치에너지와 관계된 에너지의 합
엔탈피	$H \equiv U+PV$	내부에너지와 압력 P에서 부피 V를 갖기 위한 추가적인 에너지를 합한 것
열	Q	정해진 시간동안 계로 전달되거나 계에서 방출되는 순 열량
일	W	$W= W_m + W_s + W_f$
기계적일	W_m	기계적 힘에 의해 계의 경계가 움직이는데 필요한 일
축일	W_s	펌프나 압축기내의 축을 회전시켜 유체를 이동시키는데 드는 일
흐름일	W_f	계와 주위사이에서 유체를 통과시킬 때 하게 되는 일

열(Heat)이란 계와 주위 또는 두 계 사이의 온도차로 인해 계의 경계를 통과하는 에너지를 말한다. 열은 경로함수이고, 열이 전달되지 않는 공정을 단열공정(Adiabatic Process)라고 한다. 열은 언제나 높은 온도에서 낮은 온도로 흐르게 되며, 두 계 사이에 더 이상 열이 흐르지 않는 상태를 열적평형이라고 한다. 열의 전달 방법은 전도, 대류, 복사에 의한 세 가지 있으며, 이는 열의 수송이란 장에서 다루기

로 하자.

일(Work)이란 열과 같이 경계를 통하여 전달되는 에너지의 한 형태로 기계적 일(Mechanical Work), 축일(Shaft Work), 흐름일(Flow Work)등으로 구분될 수 있다. **기계적 일**은 기계적 힘에 의한 일로 정의되며, 힘과 거리의 곱으로 표현된다. 힘은 압력과 면적의 곱이므로, 일은 압력 곱하기 부피로 나타나게 되는 것이다. 흔히 사용되는 예로 마찰이 없는 피스톤으로 갇혀진 실린더를 생각해 보자. 등온과정 또는 등압과정을 통해 기체의 부피가 동일한 양만큼 증가되었다면 계가 한 일은 경로가 다르기 때문에 일의 양은 다르다. 하지만 증가한 부피만큼 피스톤은 밀려나가게 된다. 주위에 대해 일정한 압력으로 누르고 있는 피스톤을 증가한 부피만큼 밀어냈으므로 계는 주위에 일을 하게 된 것이다. **축일**이란 펌프나 압축기내의 축을 회전시켜 유체를 이동시키는데 드는 일을 말한다. **흐름일**이란 주위에서 계 내부로 유체를 밀어 넣을 때나 계에서 주위로 유체를 밀어 낼 때 하게 되는 일을 말한다.

일과 열은 물질이 가지고 있는 에너지는 아니었다. 물질 자체가 가지고 있는 에너지로 운동에너지, 위치에너지, 내부에너지가 있다. 이것을 다른 말로 표현하면, 물질은 저장할 수 있는 에너지의 종류가 세 가지의 에너지 형태란 의미이다. **운동에너지(Kinetic Energy)**는 거시적으로 계나 물질 자체의 운동과 관련된 에너지를 말한다. 주의해야할 것은 개별 분자의 운동에너지는 내부에너지에 속한다는 것이다. **위치에너지(Potential Energy)**는 중력장 또는 자기장과 같은 장속에 질량을 가진 물체가 기준면에 대하여 상대적으로 갖게 되는 에너지이다. 지구상에 존재하는 모든 질량을 가진 물체는 중력장의 영향을 받는데, 지구 중심을 향하는 수직한 방향으로의 힘이 작용한다.

내부에너지(Internal Energy)는 계 전체가 운동하고 있을 때 갖고 있는 운동에너지와 위치에너지를 제외한 질량을 가진 계 자체가 갖고 있는 에너지로 그림 <2.2.1> 에서 보듯이 어떤 물질을 구성하는 모든 분자의 운동 및 위치에너지와 관계된 에너지의 합을 의미한다. 내부에너지는 주로 무질서한 계의 분자운동으로 발생하고, 주로 온도의 함수이다. 이 때문에 내부에너지를 열에너지(Thermal Energy)로 불린다. 내부에너지는 직접적인 측정이 불가능하기에 처음상태에서 나중상태로의 경로와 과정을 통해 그 차이만을 결정할 수 있고, 압력, 부피, 온도, 조성 등의 열역학적 성질들과 같이 거시적으로 측정할 수 있는 변수로부터 계산해 낼 수 있다. 시량변수인 엔트로피와 부피 및 몰수로도 표현된다. 한 성분 이상으로 구성된 계의 내부에너지는 각각의 성분의 내부에너지의 합으로 표현될 수 있다.

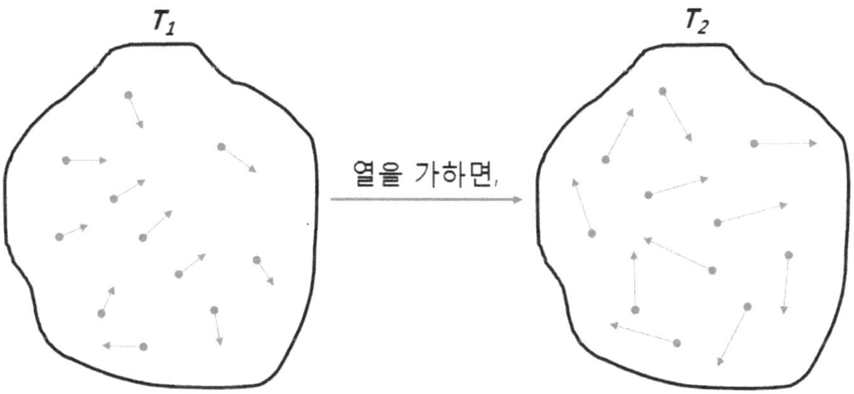

그림 <2.2.1> 분자운동과 내부에너지

엔탈피(Enthalpy)는 내부에너지와 부피와 압력의 곱을 합한 에너지이다. 여기에서, 부피와 압력의 곱에 해당하는 에너지는 계가 부피를 차지함으로부터 얻을 수 있는 에너지를 말한다. 엔탈피는 화학공정에서 유체의 흐름과 관계된 문제에 특히 유용하게 사용된다. 부피 V를 가진 유체의 에너지를 계산하고자 할 때, 유체는 그 자체 부피를 가지기 위해 주위 압력 P에 대해 일을 해주어야 한다. 그 일의 값이 PV가 되는 것이다. 그러므로, 한 유체의 덩어리가 가진 에너지는 그것의 내부에너지와 PV에 해당하는 여분의 에너지를 합한 것이다. 이것이 바로 엔탈피이다. 엔탈피(Enthalpy)는 계에서 얻어낼 수 있는 에너지에 해당하는 개념이다. 엔탈피 또한 내부에너지와 마찬가지로 처음과 나중상태의 엔탈피변화에 주목하게 된다. 나중에 살펴보겠지만, 열역학 제1법칙을 통해 주위의 압력이 일정한 계에서 계와 주위가 주고받은 열량이 엔탈피의 변화이다. 엔탈피 변화를 나타내기 위해 주로 기준 상태를 사용하게 된다. 이 기준상태의 엔탈피 값이 0이라는 의미가 아니라, 이 상태의 엔탈피 값이 0이라고 가정하는 것이다. 열의 전달이라는 장에서 다루게 되는 상전이와 관계된 잠열과 단일상에서 온도변화에 따른 에너지인 현열도 엔탈피이다. 내부에너지와 마찬가지로, 한 성분 이상으로 구성된 계의 엔탈피는 각각의 성분의 엔탈피의 합으로 표현될 수 있다. 열용량에 대한 설명도 열의 전달이란 장에서 다루도록 하겠다.

내부에너지와 엔탈피는 열역학 포텐셜이다. 열역학 변수들을 사용하여 4가지 중요한 **열역학 포텐셜(**Thermodynamic Potential)을 나타낼 수 있다.(표<2.2.2>) 열역학 포텐셜과 열역학 변수 사이의 관계식은 계에 상관없이 성립한다.

표 <2.2.2> 열역학 포텐셜

열역학포텐셜	정의	미분식
내부에너지	$U = H - PV = A + TS$	$dU = TdS - PdV$
엔탈피	$H \equiv U + PV = G + TS$	$dH = TdS + VdP$
헬름홀츠자유에너지	$A \equiv U - TS = G - PV$	$dA = -PdV - SdT$
깁스자유에너지	$G \equiv A + PV = H - TS$	$dG = VdP - SdT$

열역학은 4가지의 법칙에 기반을 두고 있는데, 각각의 표현들은 조금씩 다르게 나타나기도 한다. 간략히 정리해보면,

1) 열역학 제0법칙 : 두 개의 계(A와 B)가 세 번째 계(C)와 열적 평형상태에 있다면, 세 개의 계(A, B, C)는 서로서로 열적 평형상태에 있다. 즉, 온도가 같다.

2) 열역학 제1법칙 : 에너지는 형태가 변할 수 있으나 새롭게 만들어지거나 없어지지 않는다. 계의 에너지 변화는 계에 가해진 열과 계가 행한 일 사이의 차이와 같다.

3) 열역학 제2법칙 : 열은 자발적으로 차가운 곳에서 뜨거운 곳으로 흐를 수 없다.

4) 열역학 제3법칙 : 계가 절대 0도에 가까이 접근할 때 모든 공정은 정지하고 계의 엔트로피는 최솟값에 접근한다.

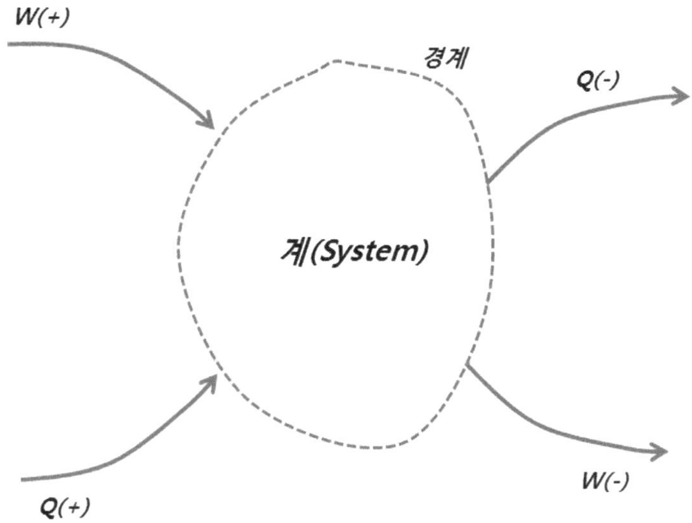

그림 <2.2.1> 열과 일의 부호
(계에 들어가는 것을 (+)로 삼고, 계가 주위로 해주는 것을 (-)로 정함.)

열역학 제1법칙을 좀 더 자세히 설명하면, 계의 내부에너지의 변화는 계에 주어진 일과 열의 합과 같다는 것이다. 에너지 보존의 법칙에 기반을 둔 것은 에너지의 형태는 일과 열, 내부에너지등과 같이 변할 수 있으나, 새로운 에너지가 만들어지거나 사라지는 것은 아니라는 것을 의미한다. 이것을 수식으로 나타내면 다음과 같다.

(2.2.1) $\Delta U = \delta Q + \delta W.$

여기에서, 일과 열을 그림 <2.2.1>과 같이 기술할 때, 계에 들어가는 것을 (+)로 삼고, 계가 주위로 해주는 것을 (-)로 정하였다. 일과 열의 변화량에 δ를 사용한 것은 일과 열이 경로함수이기 때문이다.

단열공정의 경우, 열의 출입이 없으므로, $\Delta U = \delta W$, 즉, 내부에너지의 변화는 계가 행한 일의 변화량과 같다. 여기에서 $\delta W = P_2 V_2 - P_1 V_1$이므로,

(2.2.2) $U_2 + P_2 V_2 = U_1 + P_1 V_1$

좌우변의 내부에너지 U와 PV의 일을 더한 값을 새로운 열역학포텐셜 엔탈피로 정의했으므로, 이는 $H_1 = H_2$로 정의되고, 초기와 최종상태에서 엔탈피의 값이 같음을 알 수 있다.

사이클 공정과 같이 초기 상태에서 출발해 여러 경로를 거쳐 최종상태가 초기상태와 같다면, 내부에너지의 변화는 $\Delta U=0$이므로, $\delta Q+\delta W=0$이 됨을 알 수 있다. 즉, 전체 열과 일의 변화량의 합이 0이 된다.

열역학 제2법칙을 통해 가역공정에서 $\delta Q= TdS$, $\delta W=-PdV$를 사용하면,

(2.2.13 $dU= TdS-PdV$.

엔트로피의 변화가 없는 단열팽창 공정의 경우, $d(U+PV)=dH=0$이 되어, 등엔탈피 공정이 됨을 알 수 있다.

열역학 제1법칙과 제2법칙은 열역학 변수와 열역학 포텐셜로 표현하여 사용하게 된다. 열역학 포텐셜이란 계에 저장된 에너지를 다르게 측정하는 자와 같다. 열역학 포텐셜은 계가 초기에서 최종 상태로의 변화할 때 계 안의 에너지 변화를 측정하는데 사용된다. 어떤 열역학 포텐셜을 사용할 지를 결정하는 것은 계에 부과된 제한조건들이다. 예를 들어, 깁스자유에너지와 헬름홀츠자유에너지는 모두 계가 유용한 일을 하는데 사용할 수 있는 에너지를 말하는데, 깁스자유에너지는 압력과 온도가 일정한 조건의 경우이고, 헬름홀츠자유에너지는 온도와 부피가 일정한 조건에서의 에너지변화이다.

2.3 상평형도

상(Phase)이란 거시적으로 균일한 계의 전체 또는 부분으로 액상, 고상, 기상을 생각할 수 있다. 상평형도(Phase Diagram)란 시강변수(크기성질)의 조건에 따라 물질의 상 사이의 평형관계를 나타낸 도표를 말한다. 제일 대표적인 것이 그림 <2.3.1>에 도시된 순수한 물질의 $P-T$선도로, 이 선도는 밀도가 일정한 한 집에서의 2차원 그림이다. 삼중점과 임계점을 연결하는 증기압선도는 기상과 액상이 공존하는 구간을 나타내며, 고상과 기상이 공존하는 승화곡선과 고상과 액상이 공존하는 융해곡선 또한 선으로 표시된다. 액상과 고상 및 기상은 면적으로 표시가 된다. 이 상평형도에서는 압력과 온도가 결정되면 물질의 상이 바로 결정되는 것을 알 수 있다.

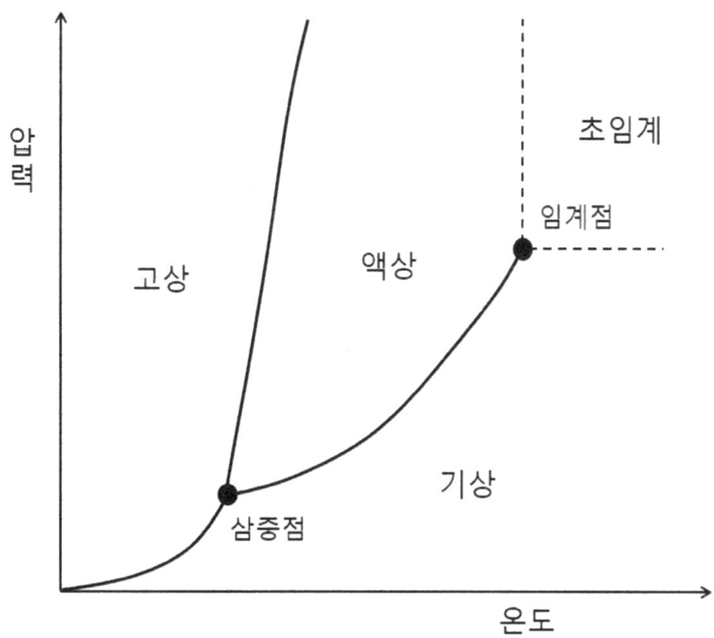

그림 <2.3.1> 순수한 물질의 $P-T$선도

상규칙(Phase Rule)은 닫힌계에서 평형상태에서의 자유도(F)를 결정해 주는 것으로 성분수(N_C)와 상의 수(N_P)와 관계된다. 자유도가 의미하는 것은 물질의 상을 결정하기 위한 최소한으로 필요한 열역학 변수의 개수를 의미한다.

(2.3.1) $F = N_C - N_P + 2$

순수한 성분의 삼중점의 경우, 상의 수는 3개이고, 성분의 개수는 1이므로, 자유도 $F = 1 - 3 + 2 = 0$ 임을 알 수 있다. 즉, 삼중점은 열역학 조건에 따라 변하는 것이 아니라 한 조건으로 이미 결정되어져 있다는 것이다. 임계점의 상은 2개이나, 임계점의 자유도 또한 0이다. 그림 <2.3.1>에서 선으로 표시된 곳의 자유도를 살펴보면, 성분은 하나이나 상의 수는 2개이므로, 자유도 $F = 1 - 2 + 2 = 1$ 임을 알 수 있다. 즉, 압력이나 온도 중 하나의 변수만 정해지면, 다른 하나의 변수는 이미 결정되어져 있음을 알 수 있다. 물의 끓는점은 1기압에서의 100 ℃임을 알고 있다. 1기압이 결정되면 물의 끓는점은 100 ℃로 바로 결정되며, 반대로 100 ℃가 결정되면, 물의 증기압은 1기압임이 결정된다는 것이다. 액상, 고상, 기상의 경우의 자유도 $F = 1 - 1 + 2 = 2$ 이므로 두 개의 변수가 결정이 되어야 함을 알 수 있다. 자유도는 혼합물의 경우에도 동일하게 적용된다.

내부에너지는 계의 상태의 함수이다. 순수한 물질의 액상, 고상, 기상의 자유도가 2이므로, 계의 상태는 2개의 열역학적 변수에 의해 결정된다. 따라서 내부에너지는 $U = U(P, T)$, $U = U(P, \hat{V})$, 또는 $U = U(\hat{V}, T)$등과 같이 나타낼 수 있다.

순수한 물질의 3차원 $P-\hat{V}-T$선도는 그림 <2.3.2>에 도시하였다. 삼중점은 $P-T$선도에서는 점으로 표시되나, $P-\hat{V}-T$선도에서는 선으로 표시된다. $P-T$선도에서의 증기압곡선도 $P-\hat{V}-T$선도에서는 면으로 나타남을 알 수 있다. 승화곡선과 융해곡선 또한 면적으로 보임을 확인할 수 있다.

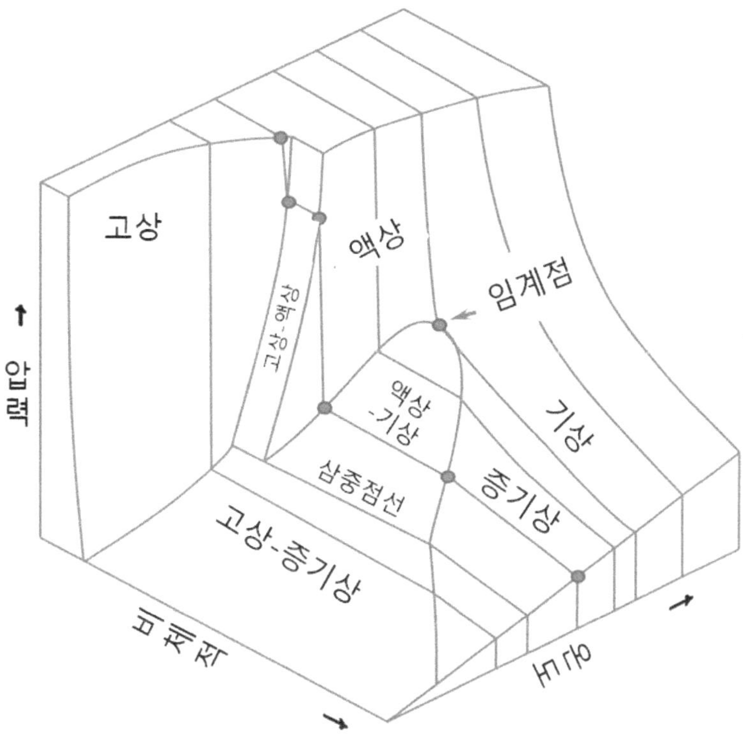

그림 <2.3.2> 순수한 물질의 $P-\hat{V}-T$선도

물질의 증기압선도를 이해하기 위해 증기압에 대해 살펴보자. 증기압이란 끓는점에서의 기상의 압력을 말한다. 물이 액상에서 기상으로 되는 방법은 증발(Evaporation)과 끓음(Boiling)의 두 가지가 있다. 증발은 액상의 표면에서 일정에너지를 가진 물 분자가 기상의 수증기로 넘어가는 것이고, 끓음은 액상의 내부에서 고르게 기상으로의 전이가 발생하는 것이다. 끓는점은 증발이 아니라 끓을 때의 온도를 말한다. 뚜껑이 열린 용기 내 20℃의 물을 가열한다고 가정해보자. 물은 1기압 하에서 100℃에서 끓는다는 것을 알고 있다. 20℃의 물도 증발에 의해 기상으로의 갈 수는 있으나, 끓지는 못한다. 즉, 액상 내부에서 기상으로 갈 수 있을 만큼의 에너지가 충족이 되어야 가능한 것이다. 두더지 게임을 예로 들어보자. 기상에서의 압력이란 기상에서의 분자들이 액상 표면의 분자들과 충돌하는 것이라고 상상해보자. 증발이란 일부 물 분자들이 기상의 충돌을 피해 기상으로 넘어가는 것이나, 대부분은 기

상의 분자들의 충돌에 의해 액상내부에 머물게 된다. 열을 가해 온도가 증가한다는 것은 기상으로 넘어 갈 수 있을 만큼의 에너지를 액상 분자들에게 공급한다는 것이다. 끓는점 100℃의 의미는 액상의 분자들이 기상의 분자들의 영향을 충분히 이겨낼 만큼의 에너지를 소유했다는 의미이다. 그러므로, 끓는점이란 기상의 압력에 따라 액상이 받는 힘이 다르기에 변할 수 있는 것이다. 따라서, 기상의 압력이 낮아지면 끓는점은 낮아지는 것이고, 반대로 기상의 압력이 높아지면 끓는점은 높아지는 것이다. 초기의 대기압에서의 밀폐된 용기내 물이 100℃가 되어 끓더라도 기상으로 넘어간 수증기로 인해 기상의 압력이 증가함으로 액상은 더 높은 온도가 되어야 끓을 수 있는 것이다. 이러한 증기압(P^*)과 온도(T)의 관계에 대한 실험데이터로 두 관계의 보정식을 만든 것이 증기압선도의 Antoine 식이다.

(2.3.2) $\log_{10} P^*(mmHg) = A - \dfrac{B}{C + T(℃)}$ or $P^*(mmHg) = 10^{A - \frac{B}{C+T(℃)}}$.

여기에서, 증기압 P^*는 $mmHg$, 온도 T는 ℃의 단위일 때, A, B, C는 실험데이터를 기반으로 한 물질마다의 고유한 상수 값으로 표<2.3.1>에 대표적 물질의 상수 값이 나타나있다.

표<2.3.1> Antoine 식의 상수 값

	A	B	C	T_{min}(℃)	T_{max}(℃)
물	7.967	1730.6	233.4	1	100
물	8.140	1810.9	244.5	99	374
에탄올	8.204	1642.9	230.3	-57	80
에탄올	7.681	1332.0	199.2	77	243

(출처 : https://en.wikipedia.org/wiki/Antoine_equation)

예제 2.3.1) Antoine 식의 상수 A, B, C의 단위는 무엇인가?

해설) 식(2.3.2)을 살펴보면, $\log_{10} P^*(mmHg) = A - \dfrac{B}{C + T(℃)}$, 좌변의 단위는 없으므로, 우변의 단위 또한 없어야 한다. 또한, 같은 단위만이 더하거나 뺄 수 있으므로, A의 단위는 없어야 한다. $B/(C+T(℃))$전체의 단위는 없어야하고, $T(℃)$와 C의 단위는 같으므로 C의 단위는 ℃이고, B의 단위 또한 ℃이다.

예제 2.3.2) 물의 100℃에서의 증기압($mmHg$)은 얼마인가?

해설) 물의 경우, 100℃에서 두 번째의 값을 사용하면,

$P^*(mmHg) = 10^{8.140 - \frac{1810.9}{244.5+100}} = 764.5\,mmHg$. 이 값은 대기압인 1기압인 760$mmHg$와 유사함을 확인할 수 있다.

2.4 수지식(Balance Equation)

수지식의 개념에 대해 알아보기 위해 일반화학에서 다루는 간단한 화학 반응식을 생각해보자. 화학반응식은 반응물과 생성물사이의 관계를 설명해주는 것으로, 반응물의 원자수와 생성물의 원자수가 일치하는지를 확인해 볼 수 있다. 질량보존의 법칙에 의해 반응이 일어날 경우, 생성물의 질량은 반드시 반응물의 질량과 같아야 한다. N_2와 H_2가 만나 NH_3를 생성하는 반응을 살펴보면, 다음과 같은 여러 반응식이 존재할 수 있다.

$$N_2 + H_2 \rightarrow NH_3,\ \ N_2 + H_2 \rightarrow 2NH_3,\ \ N_2 + 2H_2 \rightarrow 2NH_3,\ \ N_2 + 3H_2 \rightarrow 2NH_3$$

그러나, N과 H의 원자수가 생성물과 반응물의 경우 일치하기 위해서는 마지막 식인 $N_2 + 3H_2 \rightarrow 2NH_3$이 되어야 함을 알 수 있다. 이와 같이 수지식이란 것은 어떤 사건의 전과 후의 양은 균형이 맞아야 함을 말해 주는 것이다.

질량보존의 법칙을 수지식에 적용할 경우 물질 수지식은 유입되는 물질과 유출되는 물질의 균형을 의미한다. 물질 수지식을 통해 필요한 물질의 양이 얼마인지와 생산되는 물질의 양이 얼마인지를 계산하는 것을 물질수지 계산이라고 한다. 에너지 보존의 법칙을 적용할 경우는 에너지 수지식은 유입되는 에너지와 유출되는 에너지의 균형을 의미하는 것이다. 에너지 수지식을 통해 필요한 에너지의 양 또는 생산되는 에너지의 양이 얼마인지를 계산하는 것을 에너지수지 계산이라고 한다.

시간 t_1과 t_2동안에 벌어지는 사건에 대해 일반적인 수지식을 정리해보자. 여기에서, Δt는 $t_2 - t_1$을 나타낸다.

$$(2.4.1)\quad \left[\begin{array}{l}\Delta t\text{사이에}\\ \text{계 내부에}\\ \text{축적되는 양}\end{array}\right]=\left[\begin{array}{l}t_2\text{에서}\\ \text{계 내부의}\\ \text{최종 양}\end{array}\right]-\left[\begin{array}{l}t_1\text{에서}\\ \text{계 내부의}\\ \text{초기 양}\end{array}\right]$$

$$=\left[\begin{array}{l}\Delta t\text{사이에}\\ \text{계로}\\ \text{유입되는}\\ \text{총누적 양}\end{array}\right]-\left[\begin{array}{l}\Delta t\text{사이에}\\ \text{계로부터}\\ \text{유출되는}\\ \text{총누적 양}\end{array}\right]+\left[\begin{array}{l}\Delta t\text{사이에}\\ \text{계 내부에서}\\ \text{생성되는}\\ \text{양}\end{array}\right]-\left[\begin{array}{l}\Delta t\text{사이에}\\ \text{계 내부에서}\\ \text{소모되는}\\ \text{양}\end{array}\right]$$

위 식에서 마지막 두 항은 반응이 있는 경우에 해당한다. 그러므로, 반응이 없는 경우에는 마지믹 두 힝은 무시힌다. 또힌, 정싱상태의 경우는 시긴에 따른 변화량이 0이기에, Δt사이에 계 내부에 축적되는 양은 0임을 알 수 있다. 따라서, 반응이 없고 **정상상태의 열린계에 대한 수지식**은 다음과 같이 정리될 수 있다.

$$(2.4.2)\quad \left[\begin{array}{l}\Delta t\text{사이에}\\ \text{계로 유입되는 총누적 양}\end{array}\right]=\left[\begin{array}{l}\Delta t\text{사이에}\\ \text{계로부터 유출되는 총누적 양}\end{array}\right].$$

이를 물질에 적용한 **물질 수지식**은

$$(2.4.3)\quad \left[\begin{array}{l}\Delta t\text{사이에}\\ \text{계로 유입되는}\\ \text{총누적 물질의 양}\end{array}\right]=\left[\begin{array}{l}\Delta t\text{사이에}\\ \text{계로부터 유출되는}\\ \text{총누적 물질의 양}\end{array}\right].$$

이를 에너지에 적용한 **에너지 수지식**은

$$(2.4.4)\quad \left[\begin{array}{l}\Delta t\text{사이에}\\ \text{계로 유입되는}\\ \text{에너지의 양}\end{array}\right]=\left[\begin{array}{l}\Delta t\text{사이에}\\ \text{계로부터 유출되는}\\ \text{에너지의 양}\end{array}\right].$$

2.5 질량수지(Mass Balance Equation)

화학공장은 수많은 파이프로 구성되어져 있으며, 파이프내로 유체가 흐르고 있다. 연속공정으로 이루어져있어 유량의 조절을 통해 생산량이 조절된다. 파이프 내를 흐르는 흐름의 평균속도, 부피유량, 질량유량등의 관계에 대해 먼저 알아보자.

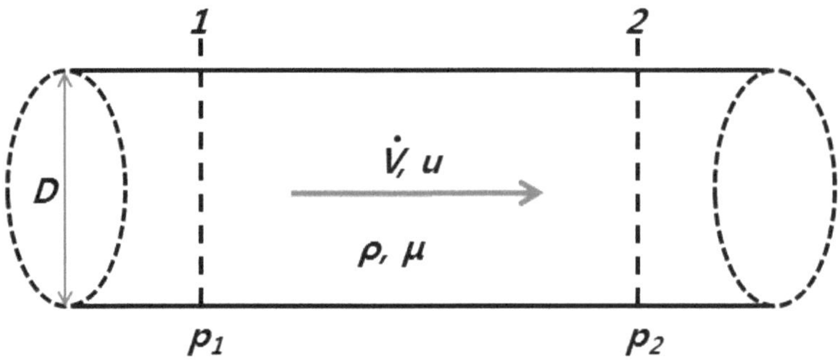

그림 <2.5.1> 원통형관(파이프)에서의 흐름

그림 <2.5.1>을 통해, 내경 $D(m)$인 원통형 관내를 밀도 $\rho(kg/m^3)$, 점도 $\mu(Pa.s)$인 유체가 평균속도 $u(m/s)$와 부피유량 $\dot{V}(m^3/s)$로 흐르고 있다. 길이 $L(m)$의 구간에서 1지점의 압력을 p_1, 2지점의 압력을 p_2하면, 압력차는 $\Delta p(=p_2-p_1)$는 항상 0보다 작은 값을 가지게 된다. 왜냐하면, 모든 유체는 항상 압력이 큰 곳에서 작은 곳으로 흐르기 때문이다. 이 때, 새로운 양의 값을 갖는 압력차를 $\Delta_1 p(=p_1-p_2)$로 정의하자.

여기에서 평균속도 $u(m/s)$는 부피유량 $\dot{V}(m^3/s)$을 관의 단면적(Cross-Sectional Area) $A_{CS}(m^2)$으로 나눈 값으로 정의된다.

(2.5.1) $u = \dfrac{\dot{V}}{A_{CS}}$ 또는 $\dot{V} = uA_{CS}$, 여기에서 $A_{CS} = \dfrac{\pi D^2}{4}$.

부피유량은 평균속도와 단면적의 곱으로 주어짐을 또한 알 수 있다. 내경이 주어지면, 단면적이 주어진 것과 동일한 의미를 가짐을 알 수 있다. 밀도는 질량을 부피로 나눈 값으로 정의되는 물리량이므로, 질량유량 $\dot{m}(kg/s)$과 부피유량 $\dot{V}(m^3/s)$과의 관계는

(2.5.2) $\dot{m} = \rho\dot{V} = \rho u A_{CS}$ 또는 $\dot{V} = \dfrac{\dot{m}}{\rho}$.

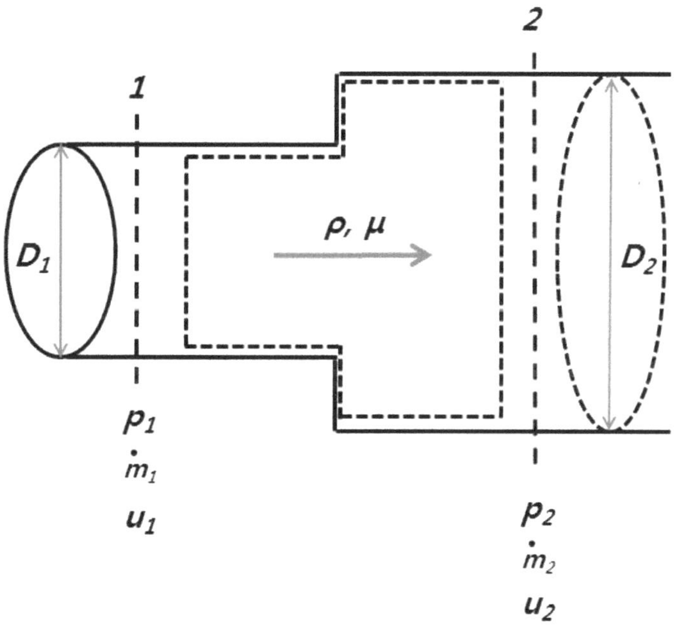

그림 <2.5.2> 내경이 다른 원통형관(파이프)에서의 흐름

정상상태의 열린계에 대한 질량 수지식 (2.4.3)을 적용하기 위해 일반적인 시스템인 그림 <2.5.2>를 고려해 보자. 1과 2지점 사이의 원통형관내를 시스템으로 한다면, 질량보존의 법칙에 따라 1지점에서 들어가는 질량흐름과 2지점에서 나가는 질량흐름

은 같으므로 유도되는 다음 식을 연속방정식(Continuity equation)이라 부른다.

$$(2.5.3)\ \dot{m}_1 = \dot{m}_2 \text{ 또는 } \rho_1 u_1 A_{CS1} = \rho_2 u_2 A_{CS2}.$$

물과 같이 대부분의 온도에서 밀도가 변하지 않는 비압축성유체의 경우에는 $\rho_1 = \rho_2$이고, 단면적에 대한 표현을 적용하면,

$$(2.5.4)\ u_2 = u_1 \frac{A_{CS1}}{A_{CS2}} = u_1 \frac{D_1^2}{D_2^2}.$$

상기 식은 단면적(또는 내경)이 변화하는 경우, 출구의 평균속도를 알아낼 수 있다. 내경이 2배로 증가하면 속도는 4배 줄어들고, 내경이 2배로 감소하면 속도는 4배 증가함을 알 수 있다. 이것은 수도꼭지에 연결된 호스의 끝을 눌렀을 때 물줄기의 속도가 높아지면 더 멀리 나가는 원리와 같은 것이다.

2.6 에너지수지식(Energy Balance Equation)

정상상태의 열린계에 대한 에너지 수지식 (2.4.4)을 적용하기 위해 일반적인 유체수송 시스템인 그림 <2.6.1>을 고려해 보자. "1"지점과 "2"지점사이를 유체가 흐르고 있을 때, 유체는 관 내부와 열교환기, 펌프와 같은 회전체등을 통과하게 된다. 이때, 흐름을 통해 유체는 기본적으로 운동에너지(E_k), 위치에너지(E_p), 내부에너지(U) 등을 가지고 있다. 여기에, 열교환기를 통해 열(Q)을 주고받을 수 있다. 또한, 펌프와 터빈 같은 기계를 통과함으로 일을 받기도 하고, 해주기도 한다. 예를 들면, 펌프를 통해 에너지를 받으며, 터빈을 통해서는 일을 해주는 것이다. 이러한 일을 축일(Shaft work, W_s)이라고 한다. 또 하나의 일은 흐름일(Flow work, W_f)이라고 하며, 시스템으로 정의된 영역 안으로 또는 밖으로 나갈 때 유체가 한 일로 정의된다.

이곳에서는 정해진 구간 내를 유체가 들어가고 나옴을 고려함으로, 고려하는 시스템(계)은 열린계임을 알 수 있다. 흐르는 유체가 갖고 있는 에너지는 내부에너지(U)와 흐름일(W_f)을 더한 엔탈피(H)를 사용하는 것이 편리하다.

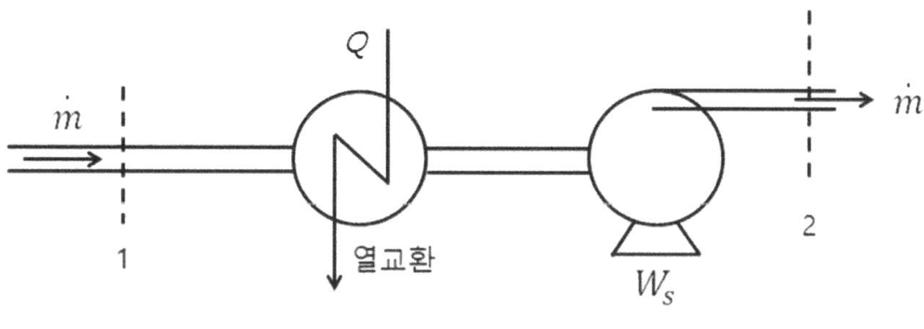

그림 <2.6.1> 유체수송의 에너지전달

열역학 제 1법칙이 말해주고 있는 것은 에너지는 생성되거나 소멸되지 않고 보존되는 것으로, 수송 또는 저장되거나 다른 형태의 에너지로 변화될 뿐이라는 것이다. 이 책에서는 흐르는 유체를 시스템으로 생각할 때, 시스템에 들어가는 것을 "+"로, 시스템에서 나가는 것을 "-"사인으로 정의한 것을 주의하자.

에너지 수지식을 적용하기 전에 1) 에너지는 시량변수(크기성질)이므로 단위 질량당의 에너지를 나타내기 위해 기호 위에 ∧를 사용할 것이다. 또한, 2) 그림 <2.5.2>과 <2.6.1>연속식 공정을 주로 취급하기 때문에 질량[kg]이 아닌 질량유량[kg/s]을 사용하여 시간당 에너지인 동력[$J/s = W$]을 사용할 것이다. 예를 들어, 1지점에서의 내부에너지는 $U_1 = \dot{m}_1 \hat{U}$, 운동에너지는 $E_{k1} = \dot{m}_1 \hat{E}_k$, 축일은 $\dot{W}_s[W]$ 이다.

식(2.4.4)의 에너지 수지식을 적용하기 위해 유출입된 에너지를 살펴보면,

1) Δt사이에 도입된 시간당 에너지의 양 = $\left[U + E_k + E_p\right]_1 = \dot{m}_1\left[\hat{U} + \hat{E}_k + \hat{E}_p\right]_1$

2) Δt사이에 유출된 시간당 에너지의 양 = $\left[U + E_k + E_p\right]_2 = \dot{m}_2\left[\hat{U} + \hat{E}_k + \hat{E}_p\right]_2$

3) Δt사이에 열에 의한 시간당 에너지 전달량 = $\dot{Q}$

4) Δt사이에 축일에 의한 시간당 에너지 전달량 = $\dot{W}_s$

5) Δt사이에 흐름일에 의한 시간당 에너지 전달량 = $\dot{W}_f = \dot{m}_1 P_1 \hat{V}_1 - \dot{m}_2 P_2 \hat{V}_2$

여기에서, 일에 의한 에너지 전달량 중 기계적 일과 전기적 일은 고려하지 않았다.

연속방정식을 통해 $\dot{m}_1 = \dot{m}_2$ 이므로, 질량유량을 $\dot{m}$을 사용하여 위 식을 정리하면,

(2.6.1) $\dot{m}\left[\hat{U} + \hat{E}_k + \hat{E}_p\right]_1 - \dot{m}\left[\hat{U} + \hat{E}_k + \hat{E}_p\right]_2 + \dot{Q} + \dot{W}_s + \dot{m}[P_1 \hat{V}_1 - P_2 \hat{V}_2] = 0.$

위 식을 $H = U + PV$ 와 $\Delta = [\ ]_2 - [\ ]_1$ 를 사용하여 정리하면,

(2.6.2) $$\Delta\left[\hat{H} + \hat{E}_k + \hat{E}_p\right] = \frac{\dot{Q} + \dot{W}_s}{\dot{m}}.$$

반응기, 증류탑, 증발기, 열교환기 같은 장치들에서는 운동에너지(E_k), 위치에너지(E_p), 축일(W_s)등은 무시할 만하지만, 탱크, 저장조, 공정 유닛(Unit), 수송조들 사이에서 유체의 유동과 관련된 조작의 경우는 운동에너지(E_k), 위치에너지(E_p), 축일(W_s)등이 중요한 경우이다.

등온공정이라는 한 가지 가정을 추가하면, 온도에 따른 변화가 없으므로 $\Delta[\hat{U}] = 0$이 되고, $\dot{Q}$ 또한 사라지게 된다. $\hat{V} = 1/\rho$ 를 사용하면, 식(2.6.2)는

(2.6.3) $$\Delta\left[\frac{P}{\rho} + \hat{E}_k + \hat{E}_p\right] = \frac{\dot{W}_s}{\dot{m}}.$$

운동에너지와 위치에너지를 표<2.2.1>를 사용하여 적용하면, 에너지수지식은

$$(2.6.4)\quad \Delta\left[\frac{P}{\rho}+\frac{u^2}{2}+gz\right]+f_L=\frac{\Delta P}{\rho}+\frac{\Delta u^2}{2}+g\Delta z+f_L=\frac{\dot{W}_s}{\dot{m}}.$$

여기에서, 외부와의 열교환이 없더라도 관의 입구와 출구에서는 미미한 온도차이가 존재하는데, 그 이유는 운동에너지와 위치에너지의 일부가 시스템 내에서의 유동흐름으로 인해 열로 전환이 되었기 때문이다. 이러한 것을 **마찰손실**(f_L)이라고 한다. 식(2.6.3)에서 위치에너지 항에서 z는 기준 위치에서의 높이를 뜻한다.

정리해보면, 열린계에서 등온공정에서의 에너지보존법칙을 고려한 식(2.6.4)를 **기계적에너지수지식**이라 하고, Δ를 풀어쓰면 다음과 같이 표현된다.

$$(2.6.5)\quad \frac{p_2-p_1}{\rho}+\frac{u_2^2-u_1^2}{2}+g(z_2-z_1)+f_L=\frac{W_s}{\dot{m}}.$$

식(2.6.5)을 중력가속도 g로 나누어주면, 다음과 같이 정리된다.

$$(2.6.6)\quad \frac{\Delta P}{\rho g}+\frac{\Delta u^2}{2g}+\Delta z+h_L=h_T.$$

첫 번째 항은 압력수두($P/\rho g$)의 차, 두 번째 항은 속도수두($u^2/2g$)의 차, 세 번째 항은 위치수두(z)의 차이고, h_L은 f_L/g로 정의된 손실수두이고, h_T는 $\dot{W}_s/\dot{m}g$로 정의된 동력수두라 한다. 여기에서, 수두(Hydraulic head)는 비압축성유체에서 에너지를 길이로 나타낸 개념이다. 즉, 위에 표현된 압력수두, 속도수두 등의 단위는 모두 길이의 단위를 가진다.

기계적에너지수지식에서, 마찰을 무시할 만큼 점도가 작은 유체의 흐름이라는 가정(즉, $f_L=0$)과 축일이 없다는 가정($\dot{W}_s=0$)을 통해 **베르누이식**을 유도할 수 있다.

$$(2.6.7)\quad \frac{\Delta p}{\rho}+\frac{\Delta u^2}{2}+g\Delta z=0 \text{ 또는 } \frac{P_1}{\rho}+\frac{u_1^2}{2}+gz_1=\frac{P_2}{\rho}+\frac{u_2^2}{2}+gz_2.$$

베르누이의 정리는 유체가 유선을 따라 흘러갈 때, “1”에서의 에너지와 “2”에서의 에너지가 같음을 의미하는 것으로 이상적으로 마찰이 없는 유동에서 적용된다. 베르누이의 정리로부터, 어느 한 점에서 유체가 가지고 있는 총에너지는 유체의 운동과 관계된 에너지와 유체의 정압과 관련된 에너지와 임의의 상대적인 높이차에 의한 유체의 위치에너지의 합이다.

제3장 유체의 수송

3.1 유체의 점도에 의한 분류

질문 3.1 사람은 액체 위를 걸을 수 있을까?

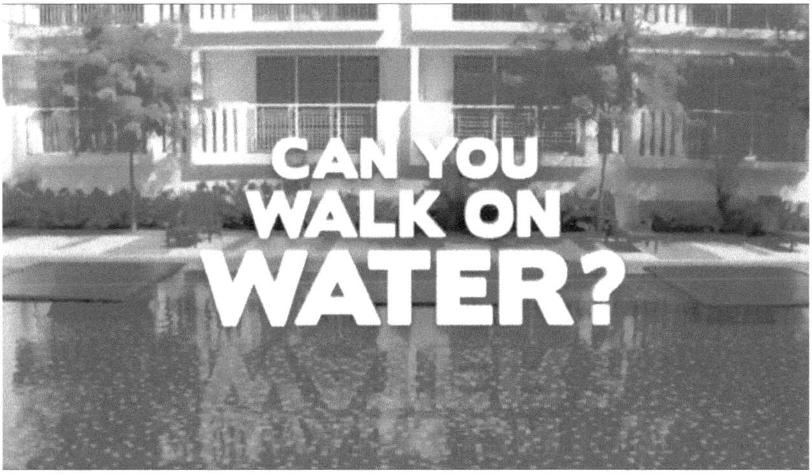

(출처: https://www.youtube.com/watch?v=EYIPYzpx4-U)

세상에 존재하는 모든 유체에 힘을 가하여 변형하는 정도를 일정한 온도에서 실험한 결과를 정리한 결과(그림 <3.1.1>)를 보면, 크게 4가지 종류로 구분됨을 알 수 있다. 세로축인 전단응력과 가로축인 전단속도에 대한 개념은 1.9장에서 다루었다. 여기에서, 전단응력을 가해진 힘, 전단속도를 변형된 정도라고 생각해보자. 점도란 가해진 힘과 변형된 정도사이의 기울기, 즉, 전단응력/전단속도로 정의된다.

Newtonian(뉴토니언) 유체는 가해진 힘과 변형된 정도의 관계가 비례관계인 것으로 기울기가 일정한 유체이다. 즉, 점도가 일정한 유체를 말하며, 가해진 힘만큼 변형된 정도가 비례하는 유체이다. 다른 3가지 유체는 모두 힘이 가해짐에 따라 점도가 일정하지 않은 유체로 **Non-Newtonian(비뉴토니언) 유체**라고 한다. Pseudoplastic

유체는 힘이 가해질수록 점도가 작아지는(shear-thinning) 유체이고, Dilatant유체는 힘이 가해질수록 점도가 커지는(shear-thickening) 유체이다. Bingham Plastic유체는 일정한 힘에 도달할 때까지는 변형이 일어나지 않다가 그 이상의 힘이 가해지면 변형하는 유체이고, 치약이 여기에 속한다.

예제 3.1)

각 유체별로의 예를 3가지 이상 조사하시오.

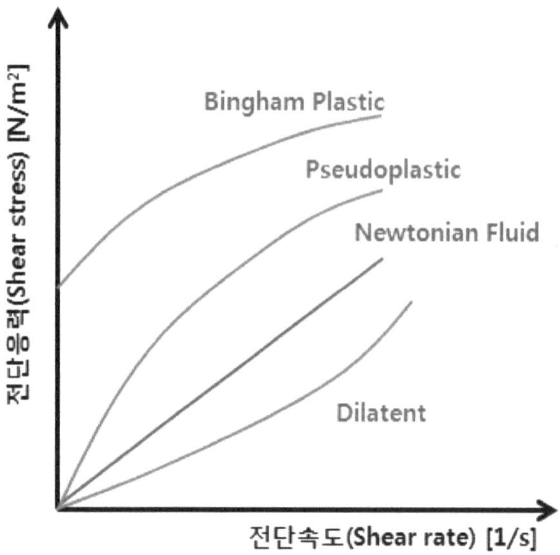

그림 <3.1.1> 변형에 따른 유체의 분류

Newtonian유체를 통해 점도의 특징(그림 <3.1.2>)을 알아보면, 기울기가 큰 유체는 점도가 크고, 기울기가 작은 유체는 점도가 작은 유체임을 알 수 있다. 동일한 힘이 주어졌을 때, 점도가 작은 경우는 변형된 정도가 더 크다. 이를 통해, 점도의 물리적의미를 흐름에 대한 저항이라고 생각할 수 있다. 즉, 고점도의 유체는 흐름에 대한 저항이 커서 변형이 작은 유체를 말하는 것이다. 저점도의 경우는 흐름에 대한 저항이 작아 변형이 큰 특징을 가지는 것이다. 대부분의 물성은 온도에 따라 변하게 되는데, 점도는 온도에 따라 감소하는 경향을 가지고 있다. 그림 <3.1.2>에서 동일한 물질일 경우를 가정하면, 고점도의 경우는 온도가 낮을 때, 저점도의 경우는 온도가 높을 때임을 알 수 있다.

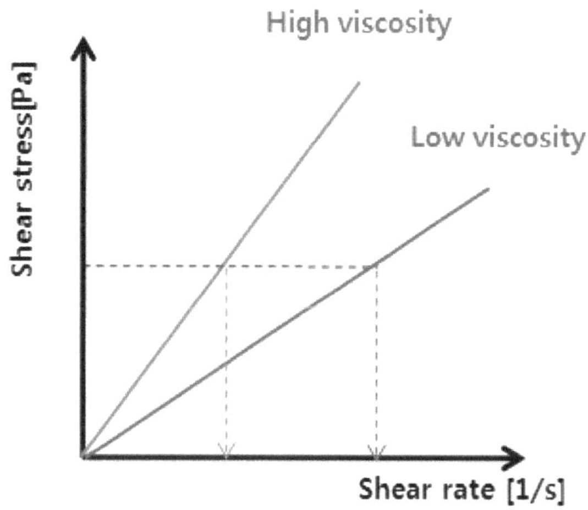

그림 <3.1.2> Newtonian유체 점도의 특징

질문 3.1의 답변)

사람은 물 위를 걸을 수는 없다. 그러나, 물에 어떤 것을 첨가하여 만든 새로운 물질은 사람이 움직이는 한 빠지지 않고, 걷거나 뛸 수 있다. 그림 3의 동영상을 보면, 사람이 유체의 표면 위를 뛰어다니는 것을 확인할 수 있는데, 이와 같은 특성을 가진 유체가 Dilatant유체이다. Dilatant 유체는 그림 1.에 따라 해석해보면, 힘이 가해질수록 처음에는 변형이 크게 이루어지나 힘이 더 가해질수록 변형되는 정도가 작아짐을 알 수 있다. 즉, 점도가 처음에는 작아지지만 나중에는 커지는 특성을 가지고 있다. 사람이 표면 위를 처음 내디딜 때 몸무게에 의해 유체에 힘을 가하지만, 어느 정도 들어간 순간부터 변형이 줄어들어 그것을 지탱하게 해주는 것이다. 그 때, 반대 발을 옮겨놓으면, 동일한 과정의 반복으로 빠지지 않는 것이다. 그러나, 뛰지 않고 가만히 멈추어 서 있으면, 작지만 끊임없이 변형되기에 결국 빠지게 된다.

3.2 유체의 흐름특성

질문 3.2 화학공장을 이루는 파이프 내에서 유체는 어떤 형태로 흘러가는가?

영국의 과학자 Orsbonne Reynolds가 염료를 이용하여 관내에서의 유동의 흐름을 조사한 결과, 그림 <3.2.2>와 같이 파이프 내에서의 유체의 유동은 층류와 난류로 구분되어지는 것을 발견하였다.

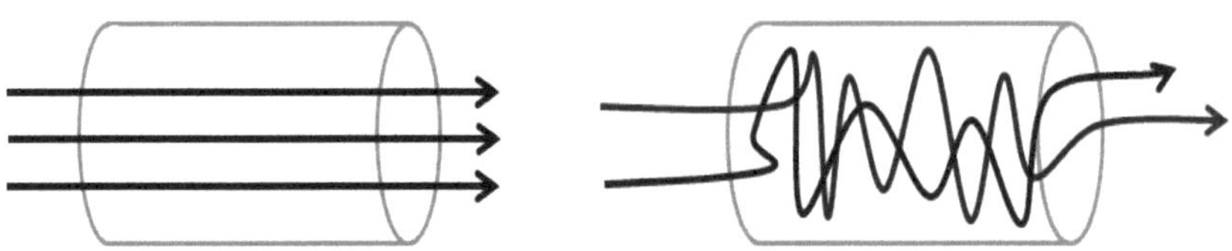

그림 <3.2.2> 파이프 내에서의 층류와 난류

층류란 염료를 유체흐름의 어느 한 부분에 놓았을 때, 마치 층(laminar)을 지어 흘러가는 흐름을 보이는 것이고, 혼합이 잘 이루어지지 않는다. 이와 달리, 난류는 염료를 유체흐름 중에 놓았을 때, 어디로 갔는지 알 수 없게 사라져버리듯이 복잡하고 어지럽게 흘러가는 흐름이다. 이 때문에 혼합이 활발히 이루어지는 특징을 가지고 있다. Reynolds는 이러한 흐름의 변화를 관찰한 끝에 어떤 조건에서 층류와 난류의 흐름을 구분하는 방법을 찾아내게 되었다. Reynolds의 이름을 따서 이것을 Reynolds수(Re)라고 명명하였다.

(3.2.5) $$Re = \frac{\rho u D}{\mu} = \frac{uD}{\nu}.$$

여기에서, $\nu(=\mu/\rho)$는 kinematic viscosity로 불리며, $[m^2/s]$의 단위를 가진다.

Re의 단위를 구해보면, 단위가 없다. 이러한 수를 무차원수라고 한다.

$$(3.2.6)\quad Re = \left[\frac{kg}{m^3}\frac{m}{s}m\frac{m \cdot s}{kg}\right] = [\ ]\ .$$

Re의 중요성은 1) 층류와 난류를 구분하는 기준이 된다는 것과 2) 기준이 되는 범위는 유체의 종류에 관계없이 적용 가능하다는 것이다. 원통형관의 경우, 기준이 되는 범위는 다음과 같다.

$$(3.2.7)\quad \begin{cases} Re < 2{,}100 & : \text{층류} \\ 2{,}100 < Re < 4{,}000 & : \text{전이영역} \\ Re > 4{,}000 & : \text{난류} \end{cases}$$

여기에서, 전이영역은 층류과 난류로 구분할 수 없는 영역을 말한다. 만약, 원통형관이 아닌 다른 경우라면, 층류와 난류에 해당하는 기준범위는 다른 값을 가지게 된다. 예를 들면, 구(sphere)를 지나는 흐름의 경우는 다음과 같은 기준범위를 가진다.

$$(3.2.8)\quad \begin{cases} Re < 1 & : \text{층류} \\ 1 < Re < 1{,}000 & : \text{전이영역} \\ Re > 1{,}000 & : \text{난류} \end{cases}$$

즉, 시스템이 달라지면, 즉 원통형관이 아닌 다른 유동의 경우는, 층류와 난류의 기준이 되는 레이놀즈수의 범위가 달라진다.

연습문제)

3.2.1) 내경이 $1cm$인 원통형관을 비중(SG)이 0.8인 액체가 평균속도(u)가 $1m/s$로 흐르고 있다.

-. 원통형관의 단면적(A_{CS})$[m^2]$은 얼마인가?

-. 부피유량($\dot{V}[m^3/s]$)은 얼마인가?

-. 질량유량($\dot{m}\,[kg/s]$)은 얼마인가?

3.2.2) 부피유량($\dot{V}$)이 $0.001m^3/s$이고 내경이 $0.5cm$일 때, 평균속도(u)[m/s]는 얼마인가?

3.2.3) 부피유량($\dot{V}$)이 $0.001m^3/s$이고 평균속도(u)가 $0.7m/s$일 때, 내경[cm]은 얼마인가?

3.2.4) 비중(SG)이 0.9인 액체가 내경이 $1cm$인 원통형관을 $0.1kg/s$로 흐를 때, 평균속도(u)[m/s]는 얼마인가?

3.2.5) 평균속도 $0.5m/s$로 내경이 $1cm$인 원통형관을 흐르는 유체가, 내경이 $0.4cm$인 관으로 변경될 때 평균속도(u)[m/s]는 얼마인가?

3.2.6) 비중(SG)이 0.9인 액체가 관의 내경이 $5cm$(A), $20cm$(B), $10cm$(C)인 구간을 지나고 있다. A에서의 부피유량($\dot{V}$)이 $0.001m^3/s$일 때, A, B, C에서의 평균속도(u)[m/s]는 각각 얼마인가?

3.2.7) 내경이 $1cm$인 원통형관을 비중(SG)이 0.8인 액체가 평균속도(u)가 $1m/s$로 흐르고 있다. 점도가 $1cP$일 때, 레이놀즈수(Re)는 얼마인가? 또한, 층류인가 난류인가?

3.2.8) 내경이 $5m$이고, 높이가 $5m$인 원통형탱크에서 비중(SG)이 0.8인 액체가 가득 채워져 있다. 12시간 안에 내경 $20cm$인 원통형관을 통해 모두 이송하고자 한다면, 평균속도(u)[m/s]는 얼마여야 하는가?

3.2.9) 부피유량($\dot{V}$)이 $0.001m^3/s$일 때, 레이놀즈수가 2,000과 10,000에서의 관의 내경[cm]은 얼마인가?

3.3 채널에서의 유동: 마찰계수

질문 3.3 원통형관(파이프)내를 흐르는 유량을 통해 압력차를, 압력차를 통해 유량을 어떻게 구할 수 있는가?

공학에서 다루는 유동을 크게 두 가지로 분류하면, **채널에서의 유동**과 **물체 주위로의 유동**으로 구분해 볼 수 있다. 채널에서의 유동은 대표적으로 원통형관에서의 흐름과 같이 유체가 유체를 둘러싸인 구조물 내를 흐르는 것이다. 이러한 흐름에서의 구조물의 양단에 걸리는 압력차와 유량과의 관계를 이해하는 것이 필수적이다. 물체 주위로의 유동의 대표적인 예는 비행기와 같은 구조물 주위로 흐르는 유동이다. 이러한 흐름에서는 물체에 접근하는 속도와 마찰력(Drag force) 사이의 관계가 중요하게 된다. 표 <3.3.1>에 공학에서의 대표적 유동이 정리되어 있다.

표 <3.3.1> 공학에서의 대표적 유동

	채널에서의 유동	물체 주위로의 유동
예제	파이프에서의 오일 펌핑 관개수로에서의 물의 흐름 다이로부터 플라스틱의 인출 필터를 통한 유체의 흐름	비행기날개 주위의 공기 유동 침강에서의 입자 주위의 유동 열교환기에서의 유동
주요 이슈	압력차와 유량의 관계	물체에 접근하는 속도와 드래그 힘(Drag force)사이의 관계

엔지니어들이 유량과 압력차와의 관계를 설명하기 위해 많은 실험을 거친 결과, 레이놀즈수에 따른 마찰계수(f)를 도입하게 되었다. 마찰계수의 정의는 다음과 같다.

$$(3.3.1)\quad f = \frac{F_k}{AE_K},$$

여기에서, F_k는 유체가 물체에 미친 힘으로 정의되며, A는 특성면적이고, E_K는 단위부피당의 운동에너지를 나타낸다. 즉, 물리적으로는 일정 부피의 유체가 흐르면서 가지고 있는 에너지와 마찰력 등으로 소진하게 된 에너지의 비를 의미한다. 표 <3.3.2>에서 원통형관에서의 흐름에 대한 값을 식(3.3.1)에 적용하여 유명한 Fanning의 마찰계수에 관한 식을 얻게 된다.

$$(3.3.2)\quad f = \frac{D}{2L}\frac{\triangle_1 p}{\rho u^2}.$$

식(3.3.2)을 통해 단위 길이 당 압력차에 대한 관계가 다음 관계를 유도할 수 있다.

$$(3.3.3)\quad \frac{\triangle_1 p}{L} = \frac{2}{D}\rho u^2 f.$$

표 <3.3.2> 마찰계수의 적용

예제	원통형 채널에서의 유동	구 주위로의 유동
A (특성면적)	유체에 의해 젖은 면적 (πDL)	유체가 접근하는 방향에 수직한 면으로 물체를 투영했을 때의 면적 ($\pi D^2/4$)
E_k (단위부피당 운동에너지)	$\rho u^2/2$	$\rho u_\infty^2/2$
F_k (고체면에 미친 힘)	$(p_1 - p_2)\pi D^2/4$	$\frac{1}{6}\pi D^3 g(\rho_{sphere} - \rho)$

수많은 실험 끝에 레이놀즈수에 따른 마찰계수는 그림 2.6과 같은 관계로 정리될 수 있었다. 레이놀즈수가 2,100이하인 층류에서는 $f = 16/Re$의 관계를 보였으며, 난류의 영역에서는 관내부 거칠기에 따라 영향을 받게 된다. 노후가 될수록 관내에 스케일 등에 의한 내부 거칠기가 증가 할수록 마찰계수는 증가하는 경향을 가지게 된다. 레이놀즈수에 따른 마찰계수는 아주 매끈한 관의 경우는 다음과 같이 정리된다.

$$(3.3.4)\quad f = \begin{cases} 16/Re & :\text{층류} \\ \dfrac{0.0791}{Re^{1/4}} & :\text{난류} \end{cases}$$

식(3.3.4)로 인해, 레이놀즈수가 결정되면, 흐름에 따른 마찰계수를 알 수 있게 된다.

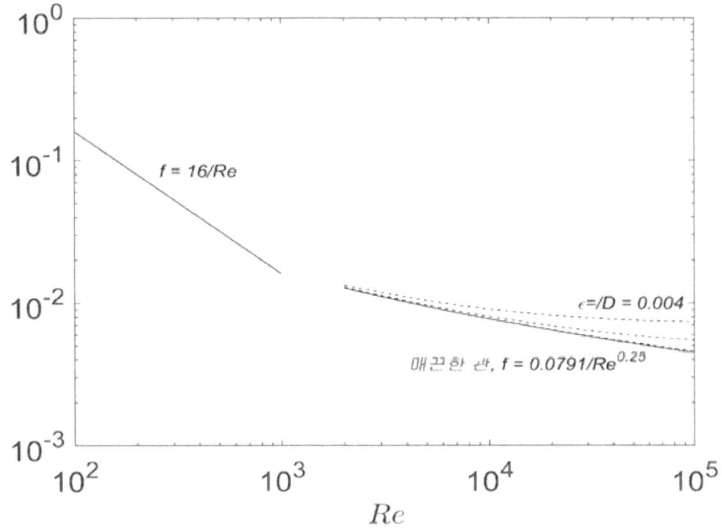

그림 <3.3.1> 원통형관에서의 마찰계수

질문 3.4 층류와 난류에서 부피유량과 압력차와의 관계는 비례관계인가?

식(3.3.3)을 통해 양단의 압력차가 마찰계수로 표현됨을 알 수 있었고, 식(3.3.4)을 통해 층류와 난류에서의 마찰계수는 레이놀즈수와 관계를 가짐을 알 수가 있었다. 이를 통해 층류의 경우를 살펴보자. 식(3.3.3)과 식(3.3.4)를 결합하면,

$$(3.3.5)\quad \frac{\Delta_1 p}{L} = \frac{2}{D}\rho u^2 \frac{16}{Re} = \frac{32\mu u}{D^2} = \frac{32\mu u A_D}{D^2 A_D} = \frac{128\mu \dot{V}}{\pi D^4}.$$

부피유량($\dot{V}$)에 대해 정리하면, 잘 알려진 하겐-포아줄리(Hagen-Poiseuille)식이 유도된다.

$$(3.3.6)\quad \dot{V} = \frac{\pi D^4}{128\mu}\frac{\Delta_1 p}{L} = \frac{\pi R_0^4}{8\mu}\frac{\Delta_1 p}{L}.$$

이를 통해 층류에서 부피유량은 양단의 압력차에 선형적으로 비례함을 알 수 있다. 즉, 압력차가 2배가 되면, 유량은 2배 증가함을 알 수 있다.

층류에서의 동일한 방법으로 난류에서의 마찰계수 값을 적용해보면,

$$(3.3.7)\quad \frac{\Delta_1 p}{L}=\frac{2}{D}\rho u^2\frac{0.0791}{Re^{1/4}}=\frac{0.158\rho u^2}{D}\frac{\mu^{1/4}}{(\rho u D)^{1/4}}=0.158\left(\frac{\rho^3 u^7\mu}{D^5}\right)^{1/4}.$$

이를 부피유량에 대해 정리하면,

$$(3.3.8)\quad \frac{\Delta_1 p}{L}=0.158\left(\frac{\rho^3\dot{V}^7\mu}{D^5A_D^7}\right)^{1/4}\quad \text{또는}\quad \dot{V}=\frac{\pi D^{19/7}}{1.394\rho^{3/7}\mu^{1/7}}\left(\frac{\Delta_1 p}{L}\right)^{4/7}.$$

층류의 경우와는 달리 부피유량은 압력차의 4/7(~0.57)승에 비례하고 있다. 단지, 난류에 대해 적용한 마찰계수는 스케일이 없는 매끈한 관의 경우일 때를 가정한 것임을 고려해야 한다. 실제 난류에 대한 실험에서도 선형적으로 비례하지 않는다. 그러기에, 난류로 흐를 때, 압력차를 2배 증가한다고 해서 부피유량이 꼭 2배 증가하지는 않음을 알 수 있다. 위 사항을 실제 실험을 통해 확인해 보자.

실험. 난류에서 압력차와 부피유량관의 관계

1. 실험조건 및 측정

-. 내경이 $0.0137m$인 관에 물(밀도 $1000kg/m^3$, 점도 $1cP$)이 흐르고 있을 때 길이 $1m$에서의 압력차 $\Delta_1 p$와 부피유량을 측정함.

2. 실험결과

표 <3.3.3> 난류에서의 압력차와 부피유량 실험 데이터

($D = 0.0137m$, $\rho = 1{,}000 kg/m^3$, $\mu = 1cP$, $L = 1m$)

NO.	$\dot{m}(kg/s)$	$\dot{V}(m^3/s)$	$\Delta_1 p(Pa)$	$u(m/s)$	Re	f(식3.3.2)
1	0.084	0.00008369	511.5	0.568	7778	0.01087
2	0.171	0.00017064	1711.7	1.158	15859	0.00875
3	0.237	0.00023732	2951.2	1.610	22056	0.00780
4	0.309	0.00030927	4820.3	2.098	28742	0.00750
5	0.083	0.00008348	511.5	0.566	7758	0.01093
6	0.136	0.00013640	1200.2	0.925	12677	0.00960
7	0.345	0.00034496	6217.2	2.340	32059	0.00778
8	0.376	0.00037640	7063.2	2.553	34981	0.00742
9	0.323	0.00032250	6492.7	2.188	29973	0.00929
10	0.260	0.00026040	3541.5	1.766	24201	0.00777
11	0.203	0.00020327	2479.0	1.379	18891	0.00893
12	0.094	0.00009428	590.2	0.640	8762	0.00988
13	0.237	0.00023666	2852.8	1.605	21995	0.00758
14	0.232	0.00023236	2833.2	1.576	21595	0.00781
15	0.230	0.00023034	2852.8	1.563	21407	0.00800
16	0.233	0.00023302	2911.9	1.581	21656	0.00798
17	0.231	0.00023062	2911.9	1.564	21433	0.00815
18	0.343	0.00034313	6138.5	2.328	31889	0.00776
19	0.291	0.00029078	5076.1	1.973	27024	0.00894
20	0.225	0.00022517	3462.8	1.527	20927	0.01017

3. 실험해석

-. $\dot{V}$ vs $\Delta_1 p$의 관계를 최소자승법을 통해 확인해 보면, 난류에서 두 관계는 선형의 관계를 만족하지 않음을 알 수 있다. 이 때, $\dot{V} = \beta \Delta_1 p^{\alpha}$로 가정하고, 양변에 log를

취하면, $\ln \dot{V} = \alpha \ln \Delta_1 p + \ln \beta$ 로 정리된다. 최소자승법을 통한 결과는 아래 그림과 같다. 이 때, 직선의 상관계수는 0.996으로 직선의 관계를 만족함을 알 수 있다.

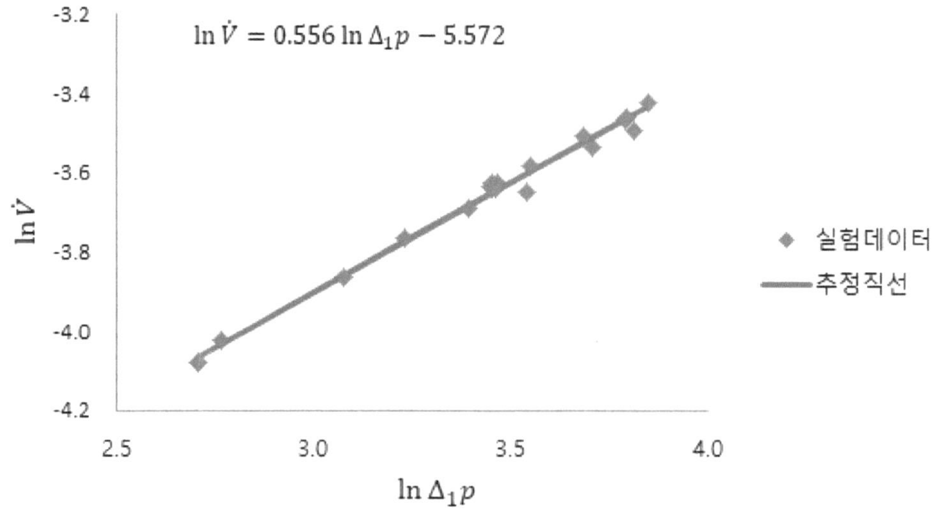

이 결과로서, 실험적으로 구한 $\alpha = 0.556$ 임을 확인할 수 있는데, 이는 이론적으로 구한 $\alpha(=4/7 \approx 0.57)$에 가까움을 알 수 있다. 데이터에서 확인할 수 있듯이 유체의 흐름은 모두 난류의 구간이다. 실험적으로도 압력차와 부피유량과의 관계는 선형이 아님을 확인할 수 있다. 즉, $\dot{V} \propto \Delta_1 p^{0.56}$ 이므로, 펌프를 통한 압력차를 무작정 크게 높이더라도 부피유량은 이에 따라 비례하지 않음을 확인할 수 있다. 이론으로 구한 값은 스케일이 없는 매끈한 관의 경우임을 주지해야 한다.

이제부터 유량과 압력차와의 관계를 좀 더 알아보도록 하자. 크게 두 가지 문제로 나누어 볼 수 있는데, Case 1) 부피유량이 주어졌을 때, 압력차를 구하는 것과 Case 2) 압력차가 주어졌을 때 부피유량을 구하는 것이다. 여기에서 압력차는 펌프의 용량으로 생각해보자. 이 방법을 표 <3.3.4>에 정리하였다.

표 <3.3.4> 압력차와 유량과의 관계

	Case1	Case2
주어진 것	부피유량($\dot{V}$)	압력차($\Delta_1 p$)
구할 것	압력차($\Delta_1 p$)	부피유량($\dot{V}$)
풀이과정	1) 평균속도 ($u = \dot{V}/A_D$) 2) 레이놀즈수를 통해 층류와 난류 결정 ($Re = \rho u D/\mu$) 3) 마찰계수 결정(식(3.3.4)) 4) 압력차 계산(식(3.3.3))	1) $fRe^2 = \rho D^3 \Delta_1 p / 2\mu^2 L = C$ 2) 레이놀즈수 결정 난류일 때, $Re = \left(\frac{C}{0.0791}\right)^{1/1.75}$ 층류일 때, $Re = \frac{C}{16}$ 3) 평균속도 결정 ($u = \mu Re / \rho D$) 4) 부피유량 계산 ($\dot{V} = uA_D$)

Case 1의 유량이 주어졌을 때 단위 길이당의 압력차를 구하는 방법을 요약해보면, 1) 부피유량이 주어졌으므로, 단면적으로 나누어 평균속도를 구한다. 2) 레이놀즈수의 정의식에 대입하여 레이놀즈수를 구하고, 층류와 난류를 결정한다. 3) 층류와 난류에 대한 마찰계수와 레이놀즈수의 관계식(3.3.4)으로부터 마찰계수를 결정 한다. 4) 마찰계수의 정의식으로부터 유도된 단위 길이당의 압력차 식인 식 (3.3.3)에 대입하면 압력차를 구할 수 있다.

예로써, 길이 $1m$의 압력차 $\Delta_1 p$가 $0.1\,atm$이라고 하자. 길이 $100m$인 곳까지 필요한 압력차는 $10\,atm$이 된다. 갖고 있는 펌프의 용량이 $1\,atm$이라면, 최소 10개의 펌프가 필요함을 알 수 있다. 펌프의 용량이 $4\,atm$이라면, 최소 3개의 펌프가 필요함을 알 수 있다.

Case 2는 파이프 양단의 압력차가 주어졌을 때 부피유량을 구하는 방법이다. 압력차가 주어졌으므로, 평균속도와 레이놀즈수에 대한 정보를 바로 얻을 수 없다. 그래서, 수학적인 트릭을 사용하여 fRe^2 을 계산하게 된다. 그 이유는 마찰계수는 정의식에는 분모에 u^2이 있고, 레이놀즈수의 식에는 분자에 u가 있어, fRe^2 을 구하면, 모르는 평균속도가 상쇄되기 때문이다. 이 값을 C 라 하자.

$$(3.3.9)\ fRe^2 = \frac{D}{2L}\frac{\Delta_1 p}{\rho u^2}\times\frac{\rho^2 u^2 D^2}{\mu^2} = \frac{\rho D^3 \Delta_1 p}{2\mu^2 L} = C.$$

흐름의 형태를 난류로 가정한다면, 식(3.3.4)의 마찰계수와 레이놀즈수와의 관계를 식 (3.3.5)에 넣어보자. $fRe^2 = \dfrac{0.0791}{Re^{-0.25}}Re^2 = 0.0791Re^{1.75} = C.$ 이 식을 레이놀즈수에 대해 정리하면,

$$(3.3.10)\ Re = \left(\frac{C}{0.0791}\right)^{1/1.75}.$$

이 값이 4,000보다 크다면, 흐름을 난류로 가정한 것이 맞으므로 레이놀즈수의 값으로 사용할 수 있다. 하지만, 이 값이 4,000보다 작다면, 가정이 틀렸으므로, 다시 층류로 가정하여 $f = 16/Re$ 관계를 사용하면,

$$(3.3.11)\ Re = \frac{C}{16}.$$

이 값이 2,100보다 작다면, 층류의 가정이 맞는 것이다. 레이놀즈수의 값을 구하면, 레이놀즈수의 정의식에 따라, 평균속도를 구할 수 있다.

(3.3.12) $u = \frac{\mu Re}{\rho D}$.

그리고, 부피유량은 평균속도에 단면적을 곱하면, 부피유량을 구할 수 있다.

예로써, 갖고 있는 펌프의 용량이 $1 atm$일 때, 보낼 수 있는 최대 부피유량 $0.001 m^3/s$이라고 하자. 공정조건상 공급되어져야 하는 부피유량이 $0.002 m^3/s$이라면, 최소 2개의 펌프가 필요함을 알 수 있다.

예제 3.3.1)

실험데이터 표<3.3.3>의 데이터 중 첫 번째 데이터를 사용하여 Case 1과 Case 2를 확인해보자.

NO.	$\dot{m}(kg/s)$	$\dot{V}(m^3/s)$	$\Delta_1 p(Pa)$	$u(m/s)$	Re	f(식3.3.2)
1	0.084	0.00008369	511.5	0.568	7778	0.01087

Case 1) $\dot{V} = 0.00003369 m^3/s$ 이 주어졌을 경우 구한 압력차를 $\Delta_1 p^*$라고 할 때, 오차를 구하시오. (오차(%) = $|\Delta_1 p - \Delta_1 p^*| / \Delta_1 p \times 100$).

Case 2) $\Delta_1 p = 511.5 Pa$이 주어졌을 경우 구한 부피유량 $\dot{V}^*$라고 할 때, 오차를 구하시오. (오차(%) = $|\dot{V} - \dot{V}^*| / \dot{V} \times 100$).

3.4 기계적에너지수지

실험 2.7 화학공장에서 관 내부를 흐르는 유체에 어떻게 에너지를 전달하는가?

에너지는 일을 할 수 있는 능력으로 $J(Joule)$의 단위를 가지고 있다. 내부에너지, 위치에너지, 운동에너지 등은 모두 에너지의 종류이고 같은 단위를 가진다. 일과 열 또한, 에너지의 한 종류이기에 같은 단위를 가지고 있다. 동력은 단위 시간당의 일로써, 와트($W = J/s$)의 단위를 가진다. 에너지보존의 법칙을 그림<2.6.1>에 적용하여 정리한 식을 기계적에너지수지식이라 하며, 이를 실제로 적용하는 문제를 살펴보자.

$$\frac{p_2 - p_1}{\rho} + \frac{u_2^2 - u_1^2}{2} + g(z_2 - z_1) + f_L = \frac{W_s}{\dot{m}} . \tag{2.6.5}$$

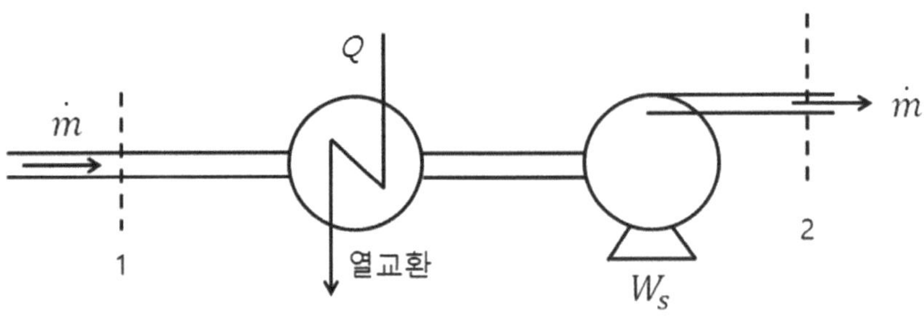

그림 <3.4.1> 유체수송의 에너지전달

예제3.4.1)

그림 <3.4.2>에서 물이 $20l/\text{min}$로 흐르고 있다. 마찰손실을 무시할 때, 1점에서 필요한 압력(atm)은 얼마인가?

풀이과정)

1점에서의 2점으로 유체를 이송하고자 할 때 1점에서 가해야하는 압력은 어느 정도인지를 알 수 있다. 주의 할 점은 관의 내경이 1점과 2점에서 다르다는 것과 2점의 높이가 더 높아 높이차가 "+50m"라는 것이다.

우선 기계적에너지수지식에서 사라지고 남는 항을 정리하는 것이다. 마찰손실은 무시할 만하고, 펌프 등이 없으므로, $\frac{p_2 - p_1}{\rho} + \frac{u_2^2 - u_1^2}{2} + g(z_2 - z_1) = 0$. p_1에 대해 식을 정리하면, $p_1 = p_2 + \rho\left[\frac{u_2^2 - u_1^2}{2} + g(z_2 - z_1)\right]$.

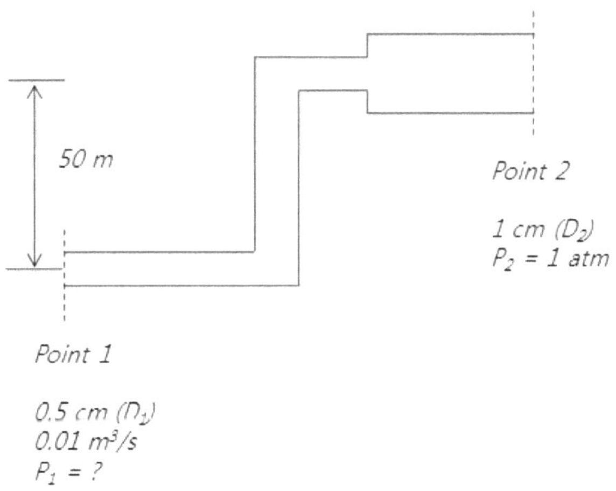

그림 <3.4.2> 예제1

예제3.4.2)

그림 <3.4.3>과 같이, 높은 곳에서 낮은 곳으로 관 내경의 변화가 없이 물이 흘러, 터빈에서 1,000 W의 출력을 얻어낼 때, 흐르는 물의 질량유량(kg/s)을 구하시오. (단, 마찰손실은 무시할 만함.)

풀이과정)

1점에서의 2점으로 유체가 이송될 때 관의 내경에 변화가 없으므로 1점과 2점에서의 평균속도값은 알 수 없으나 $\Delta u^2 = 0$임을 알 수 있고, 2점의 높이가 더 낮아 높이

차가 "-75m"라는 것이다. 또한, 터빈을 돌려 에너지를 생산했으므로, 시스템이 일을 해 준 것으로, $W_s = -1,500\,W$이다.

우선 기계적에너지수지식에서 사라지고 남는 항을 정리하고, 질량유량에 대해 정리하면, $\dot{m} = \dfrac{W_s}{\dfrac{p_2 - p_1}{\rho} + g(z_2 - z_1)}$.

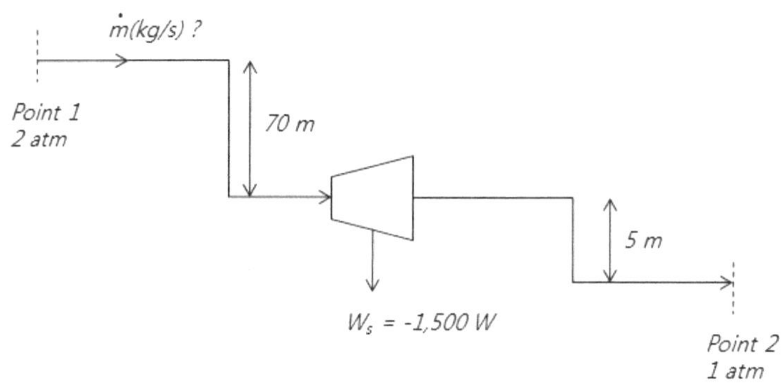

그림<3.4.3> 예제2

예제3.4.3)

원통형 관의 중간에 조리개와 같은 기구를 삽입하여 강제적으로 내경을 변경하여 평균속도를 변경하여 발생한 압력차를 통해 유량을 측정하는 것이 차압식 유량계이다. 차압식 유량계에는 구조에 따라 오리피스미터, 벤츄리미터, 노즐등이 있다. 그림<3.4.4>와 같은 벤츄리미터에서의 마찰손실을 무시할 경우, 이론 부피유량을 구하시오.

풀이과정)

기계적에너지수지식에서 수평관이므로 위치에너지는 사라지고, 축일 또한 없으므로, $\dfrac{p_2 - p_1}{\rho} + \dfrac{u_2^2 - u_1^2}{2} = 0$ 로 정리된다. 연속방정식을 통해 1지점에서의 평균속도를 2지점의 값으로 나타내면, $u_1 = u_2\beta^2$, 여기에서 $\beta = D_2/D_1$으로 정의된다. 이 식을

기계적에너지식에 넣어 정리하면,

$-\dfrac{\triangle_1 p}{\rho}+\dfrac{u_2^2(1-\beta^4)}{2}=0$ 또는 $u_2=\sqrt{\dfrac{2\triangle_1 p}{\rho(1-\beta^4)}}$. 그러므로, 이론유량은

$\dot{V}_{이론유량}=u_2 A_{CS2}=A_{CS2}\sqrt{\dfrac{2\triangle_1 p}{\rho(1-\beta^4)}}$ 로 정리됨을 알 수 있다.

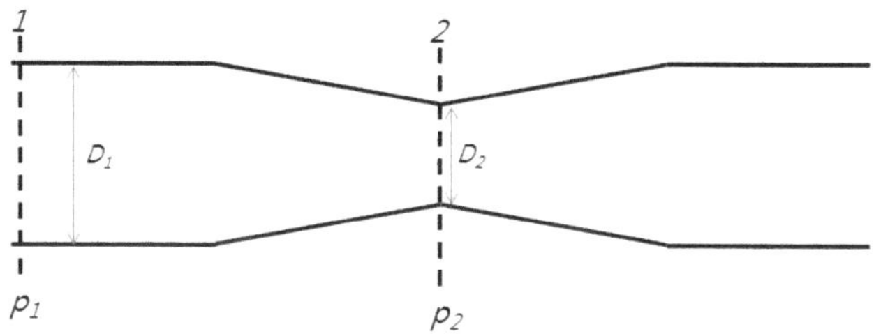

그림 <3.4.4> 벤츄리미터

제4장 유체의 수송장치

4.1 수송장치의 종류 및 작동원리

질문 4.1 주사기의 바늘을 액체에 담그고 밀대를 당기면 액체가 당겨오는 이유는? 또한, 주사기 밀대를 밀면 액체가 바늘 밖으로 밀려나가는 이유는?

액체와 기체와 같은 유체를 수송하는 장치에는 펌프와 압축기가 있다. 펌프는 액체의 수송에 사용되고, 압축기는 기체의 수송에 사용된다. 이러한 유체의 수송장치는 장치내부로 유체를 끌어당겨 고압으로 밀어내는 장치이다. 유체를 장치내부로 끌어당기는 능력을 흡상능력이라하고, 장치 밖으로 밀어내는 능력을 압상능력이라 한다. 흡상능력과 압상능력을 발휘하기 위해서 수송장치에 일을 해주어야 한다, 즉, 에너지가 필요하다.

흡상능력에 대해 실펴보사. 유리산에 담긴 콜라를 빨대를 이용하여 마실 수 있는데, 어떻게 콜라가 입에 들어오는지를 생각해 보자. 유리잔의 콜라를 빨대를 이용하여 빨면 콜라가 입에 들어오는 것은 입 속의 공기를 제거하여 진공으로 만든 후 상대적인 압력차를 이용하여 콜라를 마시는 것이다. 여기서 이 공기를 빨아내 진공을 만드는 것이 펌프의 제1 작용인 흡상의 원리인 것이다. 펌프를 이용하여 높은 진공도를 만들어 내기 위해서는 비용이 많이 소요된다. 토리첼리의 실험에 의해, 펌프앞단에 진공을 만들 때, 대기압 하에서 물을 10.3m까지 끌어당길 수 있음을 알 수 있다.

펌프의 다른 작용은 흡입한 액체를 높은 곳으로 밀어 올리는 압상능력이다. 펌프의 압상능력은 펌프에서 유체를 밀어내는 능력이고, 압상능력은 양정을 높이는 것과 유량을 증가시키는 데 사용된다. 예로, 펌프 후단의 토출 측 양정이 25m라고 한다면 그 펌프는 물을 25m 위로 올릴 수 있는 에너지를 가지고 있다는 것을 의미한다. 물론 동일 펌프로 많은 물을 올려 보낼 때와 적은 물을 보낼 때에는 유량이 다르므로 유량에 따라 양정도 다르게 나타난다. 수돗물을 고층 아파트 꼭대기의 저수조까지 올리기 위해서는 펌프의 도움을 받아야 한다. 이는 펌프에 가한 에너지가 액체에 높은 압력을 가하여 배관을 통해 먼 곳으로 이송하는 기능이다. 이를 펌프의 압상능력이라고 하며 압상능력은 장치 밖으로 유체를 높은 곳으로 밀어 올리고(토출양정) 장치 밖으로 일정 유량의 유체(토출량)를 수송할 수 있는 능력이다. 여러 대의 펌프를 이용하면 100m이상까지도 액체를 밀어 올릴 수 있다.

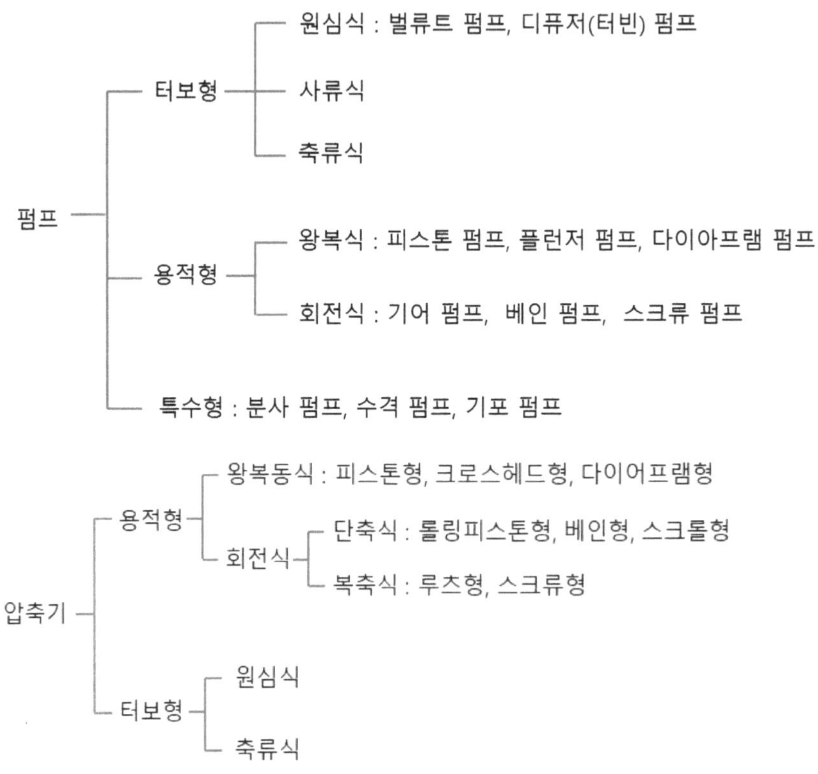

그림 <4.1.1> 펌프와 압축기의 종류

수송장치의 원리는 크게 두 가지로 나뉠 수 있다. 수송장치 내의 일정한 공간을 채우고 비우는 방식(용적형)과 회전체의 원심력을 이용하는 방식(터보형)으로 구분할 수 있다. 수송장치에 필요한 일은 용적형의 경우 공간을 유지하고 움직이는데 사용되고, 터보형의 경우는 회전력에 발생하고 유지하는데 사용된다.

액체를 수송하는 펌프는 작동원리에 따라 그림 <3.1.1>과 같이 구분할 수 있다. 기체를 수송하는 압축기 또한 작동원리에 따른 구분방법은 대부분 동일하게 적용된다.

터보형 펌프는 임펠러(impeller)의 회전을 통해 생성된 원심력을 이용한다. 회전하는 물체는 밖으로 힘을 받으며 중심에서 멀어질수록 속도가 빨라진다. 유체는 회전체인 갓에 의해 밖으로 밀려나면서 유체의 속도가 증가하게 된다. 즉, 회전체의 기계적인 에너지가 유체의 운동에너지를 증가시키는 것이다. 회전식이므로 용적형에 비해 맥동이 없이 연속 송출할 수 있으며 구조가 간단하고 취급이 용이하다는 장점이 있다. 따라서 대부분의 펌프는 터보형이며 일반적으로 펌프라고 하면 이 형식의 것을 의미한다. 터보형 펌프를 다시 액체의 흡입 방향과 토출 방향에 따라 세분하여 원심펌프, 사류펌프, 축류펌프로 구분된다.

원심펌프는 케이싱에 확산베인(diffuser)이 없는 볼루트 펌프(volute pump)와 확산베인을 가진 디퓨져 펌프(diffuser pump)로 구분되며 디퓨저 펌프가 고양정에 적합하다. 이들은 또한 단수에 따라 단단펌프와 다단펌프로 구분되며, 단단펌프는 임펠러의 형상에 따라 한쪽 흡입형과 양쪽 흡입형으로 구분된다. 펌프의 초기 가동 시 프라이밍(priming)을 하여야 하며 가동 정지 후 재가동시 프라이밍을 생략하기 위해서는 펌프의 흡입측에 체크밸브의 일종인 푸트밸브(foot valve)를 설치하여야 한다.

사류펌프는 액체가 회전축에 대하여 비스듬히 흐르므로 원심력을 받음과 동시에 축방향으로도 가속되는 펌프를 말한다. 원심펌프보다 고속으로 운전할 수 있기 때문에 소형, 경량이며 축류펌프에 비하여 높은 양정으로 사용해도 공동현상(cavitation)의 염려가 없다. 펌프가 물속에 설치되기 때문에 시동 및 조작이 용이하며 중양정, 중수량의 경우에 많이 사용된다. 양정이 5~30m의 관개배수용, 공업용수용, 응축기의 냉각수 순환용 등에 사용된다.

축류펌프는 유체가 축방향으로 흐르는 펌프이며 토출량은 매우 크고 양정이 10m 이하의 경우에 적용하므로 상하수도 펌프에 주로 이용된다. 구조가 간단하며 용량이 같은 원심펌프와 비교할 때 설치면적 절반으로 감소된다. 사류펌프와 같이 양수와 배수 및 공업용수용과 증기터빈 배수의 순환수 펌프에서도 사용되고 있다. 펌프의 날개는 고정식과 가동식으로 나눌 수 있는데 양정의 변화에 따라 날개의 설치각도를 바꿔 사용할 수 있다. 또한 입축형은 동공현상(cavitation)이 발생하지 않으며 프라이밍(priming)을 따로 하지 않아도 되는 이점이 있어 횡축형보다 더 많이 사용되고 있는 편이다.

용적형 펌프는 두 물체의 공간 또는 회전체가 갖고 있는 공간을 이용하여 액체를 이송하는 원리이며 왕복식과 회전식으로 분류된다. 왕복식은 원통형 실린더 안에서 피스톤 또는 플런저를 왕복 운동을 통하여 개폐하는 흡입밸브 및 토출밸브의 작동에 의해 피스톤의 행정(displacement) 만큼의 액체를 토출하는 것이다.

정변위펌프(positive displacement pump)는 왕복식 펌프로 알려져 있으며 유량과 압력에 맥동이 발생하며 펌프의 부피 및 중량이 커지는 등의 단점이 있으나 쉽게 고압을 형성할 수 있으며 이 형식으로는 피스톤펌프, 플런저 펌프, 다이어프램 펌프 등이 있다. 용적형 펌프 중 회전 펌프는 밀폐공간에 액체를 모아두고 회전하는 기어 또는 스크류를 이용하여 액체를 압송한다. 점도가 높은 고비점 유류 및 고형물이 포함된 슬러리(slurry) 등 특수액체 이송용으로 주로 사용된다.

특수형 펌프는 에너지 저감 등을 위하여 특수한 원리를 이용한 펌프이며 대표적으로 고압의 액체를 분출할 때 주변의 액체가 유인되어 송출되는 분사펌프(jet pump), 물의 낙차를 이용하여 관성을 발생시켜 일부의 물을 원래의 높이보다 더 높은 곳으로 자동으로 밀어 올리는 수격펌프(hydraulic ram), 압축공기를 수직 배관 속에 주입하여 물과 공기가 혼합된 후 밀도가 떨어지는 원리를 이용하여 무동력으로 배관 밖으로 이송되는 기포펌프(air lift pump) 등이 있다. 압축기에 대해서는 4.5장에서 다루도록 한다.

4.2 원심펌프의 구조

질문 4.2 원심식의 압축기와 원심펌프와의 차이는 무엇인가?

터보형 펌프(그림 <4.2.1>)는 회전운동에 의해 발생되는 원심력을 이용하여 물을 낮은 곳에서 높은 곳으로 이송하며 이들 중 가장 일반적인 형식은 원심펌프이다. 원심펌프는 임펠러(impeller)를 이용하여 액체를 축 방향으로 흡입(suction)하여 임펠러의 운동에너지에 의하여 반지름 방향으로 토출(discharge)한다. 또한 토출 측에 역류방지밸브(check valve)를 설치할 필요없으며 흡입구 측에 압력 손실이 급격히 발생하는 공동현상(cavitation)에 따라 액체의 흡입이 단속적으로 발생하면 임펠러(impeller)가 침식(erosion) 될 수 있으므로 주의 하여야 한다. 이 펌프는 비교적 점도가 낮은 액체의 이송에 적당하며 점도가 높은 액체에 사용할 경우 성능이 급격히 감소하므로 펌프의 선정에 주의하여야 한다.

원심펌프에는 액체에 직접 에너지를 공급하는 임펠러(impeller), 에너지를 유효하게 유도하는 와류실(volute casing), 동력을 전달하는 축(shaft), 그리고 축의 회전력을 유지하는 베어링(bearing) 등이 있다. 또한 원심펌프는 크게 회전부품과 고정부품으로 구성되어 있다. 회전부품은 임펠러(impeller) 및 펌프축(shaft)이 해당된다. 고정부품 중 케이싱은 펌프의 바깥 덮개로서 내부에 임펠러(impeller)가 설치되어 있다. 임펠러의 형상은 안내깃(vane)으로만 형성된 와류(volute) 형식과 확산되는 안내깃(vane)을 확산베인(diffuser)이 감싸는 형상의 순환(circular) 형식으로 구분한다. 고정부품은 케이싱(casing), 케이싱 덮개(casing cover) 및 베어링(bearing) 등이 있다.

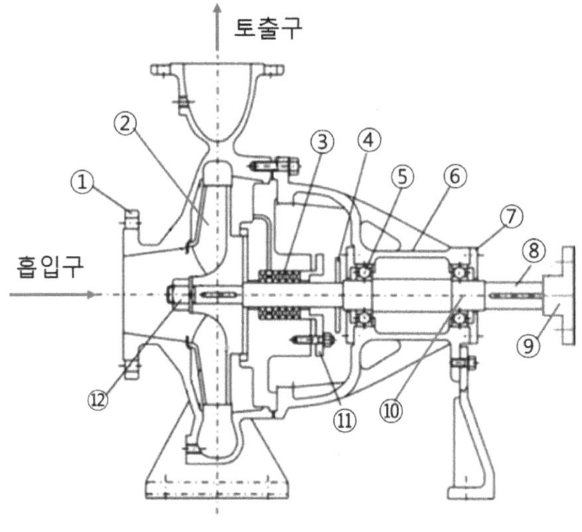

번호	설 명	번호	설 명
①	케이싱	⑦	베어링 커버
②	임펠러	⑧	회전축
③	패킹	⑨	커플링
④	디플렉터	⑩	축슬리브
⑤	베어링	⑪	패킹그랜드
⑥	베어링 하우징	⑫	임펠러 키

그림 <4.2.1> 원심펌프의 구조

임펠러(impeller)는 회전차라는 용어로도 사용되며, 원심력에 의하여 액체에 운동 에너지를 공급하는 주요한 회전부품이다. 흡입 형상에 따라 액체 흡입구가 1 개인 단흡입 구조와 임펠러에 대해 대칭되는 양쪽에서 액체가 흡입되는 양흡입 구조가 있다. 또한 기계적 구조에 따라 임펠러의 베인(vane)만으로 형성된 개방형과 반개방형 그리고 베인을 측벽으로 감싼 형태의 밀폐형이 있다. 임펠러의 개수에 따라 1개의 임펠러로 구성된 단단펌프는 저양정에 적합하며 다단펌프는 3개 이상의 임펠러를 갖는 펌프로 고양정에 적합하다.

축 슬리브(sleeve)는 펌프 축의 마모를 방지하기 위하여 교체 가능한 슬리브를 말한다. 축밀봉부, 누설 접합부, 내측 베어링, 액체 경로 등에서 부식, 침식 및 마모로부터 보호된다. 축 슬리브는 회전축을 보호하기 위해 마모, 부식 및 침식에 강한 재질을 사용하며 슬리브의 한쪽 끝단은 밀봉되어야 한다. 원심펌프의 회전축은 회전 토크를 전달하고, 임펠러와 회전부품을 지탱하는 역할을 한다. 회전축은 회전체와 고정부품간의 최소 간극보다는 항상 작은 편향도를 유지하여야 한다.

커플링(coupling)은 구동체의 회전축과 펌프의 회전축을 연결하여 임펠러에 토크를 전달하며 고정식(rigid)과 가변식(flexible)으로 분류된다. 고정식은 정렬상태(alignment)가 어긋날 가능성이 없는 곳에 사용되며, 가변식은 선택과 설치는 상대적으로 쉬우나 정비작업 시에 고도의 집중력이 필요하다. 가변식 커플링은 탄성식 및 비탄성식으로 구분된다. 탄성식 커플링은 고무 혹은 폴리머 재질을 사용하며 전단응력 또는 압축부하를 받는 곳에 사용할 수 있다. 비탄성식 커플링은 금속재질을 사용한다.

와류형 케이싱은 저양정에 적합하며, 순환형 케이싱은 고양정에 적합하다. 와류형 케이싱은 출구 측으로 갈수록 면적이 확대되는 형상을 갖는다. 단면적이 점차 증가되기 때문에 액체의 속도는 감소하고 반면 압력은 증가한다. 와류실형 케이싱을 채용하는 주된 목적은 펌프의 축에 가해지는 수력학적 압력을 균등하게 하기 위함이다. 순환형 케이싱은 임펠러에 고정된 확산베인(diffuser)이 부착되며 확산베인(diffuser)은 속도에너지를 압력에너지로 변환하는 역할을 한다. 전통적으로 확산베인은 다단펌프에 적용된다. 일반적인 형식은 토출구가 축에 직각 방향으로 구성되어 케이싱의 상부에 위치하며 흡입구는 펌프축의 끝단에 위치하고 임펠러의 눈(eye of impeller)을 통하여 직접 액체가 유입되기 때문에 유효흡입양정에 유리하다. 웨어링 링(wearing ring or mouth ring)은 케이싱과 임펠러 쉬라우드(shroud) 사이에 머물고 있는 고압수가 펌프의 흡입 측으로 역류하는 것을 방지하는 역할을 한다.

축봉장치(axial sealing device)란 펌프의 축(shaft)을 통한 누설을 방지하기 위한 부품이며 스터핑 박스(stuffing box)를 이용한 그랜드패킹(gland packing)과 메카니컬실(mechanical seal)이 있다. 그랜드패킹(gland packing)은 펌프의 축이 케이싱과 맞닿는 부분에 설치되며 윤활제를 흡수시킨 섬유를 정사각형 단면의 밧줄형태로 제작하여 축과 케이싱 사이의 스터핑 박스 내에 채워 넣어 누설을 방지한다. 그랜트패킹은 축의 회전에 따른 미끄럼 접촉이 있으므로 마찰과 마모가 발생하므로 조립 시에는 적절한 힘으로 조립하여야 한다. 일반적인 액체의 밀봉(sealing)에 적용 가능하며 완벽한 누설 방지는 불가능하다. 또한 마찰이 크고 마모되기 쉬운 단점은 있으나 비용이 저렴하며 취급이 용이하다. 패킹의 재질은 테프론, 합성섬유, 탄소섬유, NBR(acrylonitrile-butadiene rubber), ACM(advanced composite material), VMQ(vinyl-methyl-silicone) 등이 주로 사용된다. 메카니컬실(mechanical seal)은 그랜트패킹을 기계적으로 변환시킨 설비로 원리는 회전축(shaft)에 조립되어 회전축과 함께 회전하는 회전자와 정지된 고정자가 맞닿아 마찰이 발생하는 섭동면을 갖고 있으며 스프링, 패킹, 밀봉링 등으로 누설을 방지한다. 회전축의 누설방지는 스프링의 장력과 액체의 압력에 의하여 수행되며 섭동면에서는 자연적으로 형성되는 액체막(0.025μ-0.25μ)에 의해 밀봉이 이루어진다. 기타 누설방지를 해야 할 곳은 점검해 보면 회전부와 케이싱 사이는 일반 가스켓 또는 합성수지 오링(O-ring)을 사용하며 회전부와 축 슬리브 사이는 오링(O-ring), 벨로우즈(bellows) 또는 플렉시블 웨지(flexible wedge)를 사용한다. 메카니칼실의 형식 중 내장형은 액체가 회전부와 고정부를 서로 맞닿도록 힘이 작용하며 외장형의 경우는 서로 떨어트리는 힘이 작용한다. 외장형은 스프링부에 영향을 줄 수 있는 부식성이 강한 액체에 적합하며 액압이 높은 곳에는 부적당하다. 고압과 고속의 환경에서도 장기간 수명을 유지하며 가격이 비싼 단점이 있다.

베어링 하우징(bearing housing)이란 회전축에 장착된 베어링을 감싸는 부품이다. 베어링은 반경 및 축 방향 부하(load)가 작용하는 상태에서 고정부품과 가지런한 정렬상태를 유지함으로써 회전축(shaft) 또는 회전체(rotor)를 보호한다. 베어링 하우징에는 윤활을 위한 오일저장조, 냉각수를 순환하여 냉각시키는 열교환자켓 등도 포함된다.

4.3 펌프의 양정과 공동현상(Cavitation)

질문 4.3 캐비테이션이 펌프에서 발생하는 이유는 무엇인가?

양정(揚程, hydraulic head)이란 수두와 같은 개념이며, 토리첼리실험에서의 유체의 높이와 같은 크기의 힘 또는 에너지를 의미한다. 양정은 압력 에너지, 위치 에너지, 속도 에너지를 비중량으로 나누어 수두(水頭, hydraulic head)로 나타낸 것이기 때문에 길이의 단위로 나타나며, SI단위계에서는 "m"가 된다. Pa의 압력 단위를 양정에 해당하는 "m"의 단위로 나타내기 위해서는 해당유체의 밀도 ρ와 중력가속도 g를 사용하여 나타낼 수 있다. 이 장에서 나타내는 압력은 모두 수두로 표현된다.

(4.3.1) $p[m] = p[Pa]/\rho g$.

그림<4.3.1>에 펌프의 양정에 대한 구조가 도시되었다. 펌프를 기준으로 흡입 측 수조와 토출측의 수조가 존재한다. 흡입측 수조에서 유체의 표면에 미치는 압력을 $p_{suction}$이라 하고, 토출 측 수조에서 유체의 표면에 미치는 압력을 $p_{discharge}$라고 하자. 흡입수면에서 펌프까지 높이를 흡입양정(h_s, Suction Head), 펌프에서 토출수면까지 높이를 토출양정(h_d, Discharge Head)이라고 하며 흡입수면으로부터 토출수면까지의 수직거리를 실양정(h_a, Actual Head) 이라고 한다. 여기에서, 흡입탱크의 수면이 펌프보다 아래에 있으면 "$+h_s$", 위에 있으면 "$-h_s$"이다.

(4.3.2) $h_a = h_d \pm h_s$.

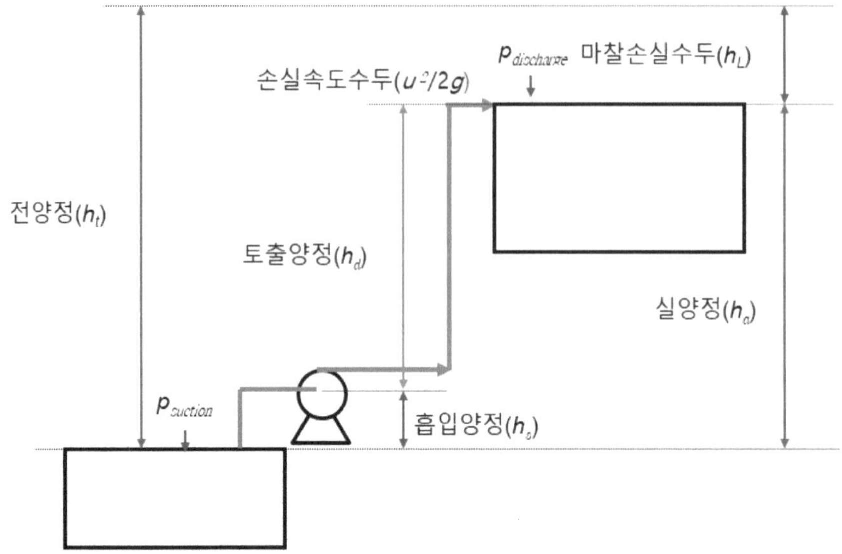

그림 <4.3.1> 펌프의 양정

유체가 배관 및 부속구를 통과할 때 발생하는 총손실양정(h_{tfl}, Total Friction Loss Head)은 마찰손실양정(h_L, Friction Loss Head)과 손실속도수두($h_v = u^2/2g$)를 합한 것이다. 실양정과 총손실양정으로 전양정(h_t)에 대한 관계는 다음과 같다.

(4.3.3) $h_t = h_a + h_{sd} + h_{tfl}$.

여기에서, h_{sd}는 수조의 압력차로 $p_{discharge} - p_{suction}$으로 정의된다. 따라서, 전양정($h_t$)은 흡입양정($h_s$), 토출양정($h_d$), 마찰손실수두($h_L$), 손실속도수두($h_v$)의 합이며, 여기에 흡입 측 수조의 압력($p_{suction}$)와 토출 측 수조의 압력($p_{discharge}$)의 압력차($h_{sd}$)를 고려해 주어야 한다.

펌프의 흡상능력은 진공을 만들 수 있는 능력에 기인한다. 주사기 바늘 끝을 막고 막대를 당기면 당기는 것이 힘든 이유는 바로 진공을 만들기 어렵기 때문이다. 그 진공의 힘이 유체를 당기는 것이다. 용적형 또는 터보형은 모두 일을 통해 진공을 만들게 된다. 원심펌프의 경우, 회전체에 의한 원심력으로 펌프내 유체를 밀어냄으로 펌프 입구에서 유체를 끌어 당기게 됨에 따라 유체의 속도가 증가하게 된다. 2장에서 논의한 베르누이의 정리를 통해 유체의 속도가 증가하면 유체의 압력이 작아지게 된다. 유체의 속도가 더욱 빨라져서 유체의 압력이 해당 온도에서의 증기압보다 작아지게 되면 유체는 끓게 되어 기포(bubble)가 발생되며, 발생된 기포와 이 기포가 펌프의 임펠러부분에 부딪혀 발생한 압력파로 인한 손상 모두를 캐비테이션(Cavitation)이라고 한다. 펌프 운전에 있어서 소음과 진동이 심해지면서 임펠러에 대하여 심각한 침식이 발생한다. 캐비테이션은 상변화로 액상에서 기상으로 생성된 버블에 의해 발생하기 때문에 액체를 수송하는 펌프에서 나타나게 되는 것이다. 요약하면, 저압에서 발생한 버블이 펌프내 고압의 영역에서 소멸하면서 발생하는 압력파로 인한 장치의 손상을 캐비테이션이라고 한다. 상온에서도 물이 끓을 수 있음은 순수한 물질의 $P-T$선도를 통해 알 수 있다. 증기압곡선은 온도에 따라 증기압이 감소함으로, 대기압보다 작은 압력이 주어지면, 물은 상온에서도 끓게 되는 것이다. 포화수증기압(p_v)에서 물의 경우 25℃에서 물의 포화 증기압은 약 23.5$mmHg$이다. 이것을 양정으로 환산하면, $p_v = \dfrac{23.5\ mmHg}{760\ mmHg} \times 10.3\,m$ 으로, $p_v = 0.32m$ 임을 알 수 있다.

펌프는 일반적으로 물을 중심부까지 흡입한 후 원하는 높이까지 기계적 에너지를 이용하여 밀어 올린다. 따라서 흡상능력이 대단히 중요하며 사용 조건이 이를 만족시키지 못할 경우에는 흡입 측 배관 내 급격한 압력 강하가 생기고 공동현상(cavitation)이 발생하여 펌프의 진동 및 임펠러 손상을 가져오게 된다. 펌프가 공동현상을 방지하고 안전하게 운전될 수 있는가를 나타내는 기준이 되는 흡입양정의 개념이 $NPSH$(Net Positive Suction Head)이고, 이것은 유효흡입양정($NPSH_{av}$, Available $NPSH$)와 과 제작업체(vendor)로부터 안전율이 요구되는 필요흡입양정($NPSH_{re}$, Necessary $NPSH$)로 구분된다. 필요흡입양정($NPSH_{re}$)은 펌프 제작시 펌프고유의 특성에 의해 결정되고, 펌프제조사가 제공하게 된다. 캐비테이션 방지를 위한 조건은 일정온도에서 펌프입구에서의 압력($p_{펌프입구}$)이 해당유체의 증기압보다 커야 한다는 것이고, 이것을 수식으로 나타내면, 다음과 같다.

(4.3.4) $NPSH_{av} = p_{펌프입구} - p_v > 0$.

$p_{펌프입구}$의 값은 흡입측 수조의 유체 표면을 "1지점"과 펌프입구를 "2지점"으로 보고 기계적에너지 수지식을 적용하여 구할 수 있다. 식(2.6.5)로부터, "1지점"의 유체의 속도는 무시할 만큼 작다고 가정하면, $\frac{p_2 - p_1}{\rho g} + \frac{u_2^2}{2g} + (z_2 - z_1) + h_L = 0$임을 알 수 있다. 압력을 수두로 변환하고, 높이차를 흡입양정으로 변환하면,

(4.3.5) $p_{펌프입구} = p_{suction} \pm h_s - h_v - h_L$.

여기에서, 흡입탱크의 수면이 펌프보다 아래에 있으면 "$-h_s$", 위에 있으면 "$+h_s$"이다. 위 식을 식(4.3.4)에 적용하면,

(4.3.6) $NPSH_{av} = p_{suction} \pm h_s - h_v - h_L - p_v$.

유효흡입양정($NPSH_{av}$)은 펌프 중심으로 유입되는 액체의 외부 압력을 절대압으로 나타낸 값에서 사용 온도에서의 포화 증기압(p_v), 흡입양정(h_s), 그리고 흡입측 총손실양정(h_{tfl})를 모두 뺀 값을 말한다. 흡입수조가 펌프보다 위에 있는 것이 캐비테이션을 방지하는데 유리하다는 것을 그림<4.3.2>으로 부터 확인할 수 있다. 이것이 대부분의 화학공장에서 배관보다 펌프를 아래쪽에 설치하는 이유이기도 하다.

캐비테이션을 방지할 수 있는 방법은 1) 흡입 실양정(h_s)를 증가하는 것이다. 즉, 펌프를 흡입수면보다 낮은 위치에 설치하는 것이 좋다. 2) 흡입측 손실수두(h_L)를 줄이는 것이다. 즉, 흡입관의 길이를 짧게 하고, 관경을 크게 하며, 배관 내 유속을 느리게 함(h_v)으로써 손실수두를 줄이는 것이다. 또한, 흡입 측 수조의 형상과 치수설계에

있어서 흐름에 과도한 편류 또는 와류가 생기지 않도록 한다. 3) 포화 증기압(p_v)은 온도가 증가할수록 증가함에 따라 운전되는 온도를 낮추는 것이 좋다. 4) 흡입수조에 미치는 압력($p_{suction}$)을 증가시키는 것이다. 보통은 대기압이나 필요에 따라 가압을 한다.

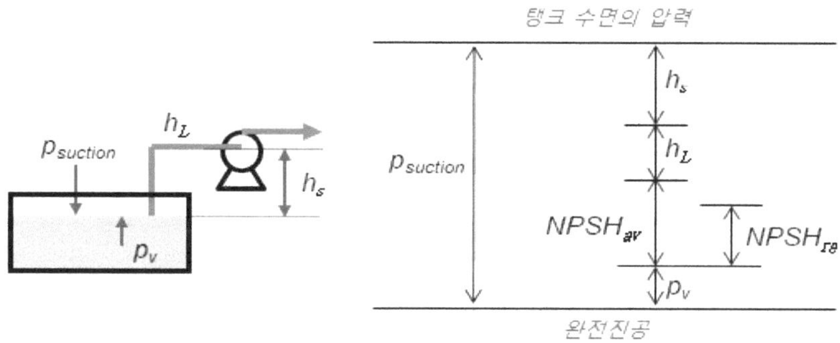

흡입수조 위 설치펌프

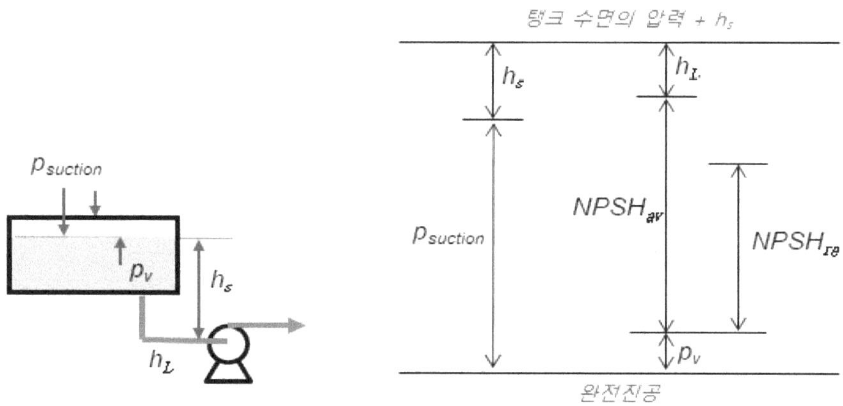

흡입수조 아래 설치펌프

그림 <4.3.2> 유효흡입양정 곡선

$NPSH_{av}$은 펌프의 안정적인 운전을 위해 $NPSH_{re}$보다 최소 1.2~ 1.3배 정도 크게 유지되는 것이 필요하다. 즉,

(4.3.7) $NPSH_{av} > 1.3 \times NPSH_{re}$.

필요흡입양정($NPSH_{re}$)을 토출유량($\dot{V}$), 임펠러 회전수(N_r) 및 흡입비속도(N_s, suction specific speed)로 나타내면 다음과 같다. 단, N_s는 1,000 ~ 1,800 범위에서 적용 가능하다.

(4.3.8) $NPSH_{re} = \left(\frac{\dot{V}^{0.5} \times N_r}{N_s} \right)^{0.75}$.

펌프의 비속도(N_s)는 펌프특성 및 형식결정 또는 임펠러의 상사특성을 구분하는 경우에 이용되는 값이다. 임펠러의 형상 및 치수를 결정하는 요소는 펌프 전양정(h_t), 토출유량($\dot{V}$) 그리고 임펠러 회전수(N_r)가 있고 비속도(N_s)는 펌프의 최고 효율점에서 계산되는 값으로 다음 식에 의해서 구해진다.

(4.3.9) $N_s = \frac{\dot{V}^{1/2} \times N_r}{h_t^{3/4}}$.

펌프에서 비속도(N_s)가 정해지면 이것에 해당하는 펌프의 형상은 대략적으로 정해진다. 임펠러 회전수(N_r)가 일정한 경우 비속도가 크면 대유량, 저양정 특성을 가진 펌프이며 비속도가 작은 경우는 소유량, 고양정 특성을 갖는 펌프로 분류된다. 또한 토출유량과 전양정이 같더라도 임펠러의 회전수가 높을수록 비속도는 높아진다. 보통, 원심펌프의 비속도는 100~1,000이고, 사류펌프는 500~2,000이며, 축류펌프는 1,500이상이된다.

예제 4.3.1)

펌프의 전양정을 결정할 때(그림 <4.3.2>), 실양정, 수조의 압력차 및 손실속도수두는 공식에 따라 계산할 수 있다. 또한 관내 마찰손실수두는 아래의 직관상당 길이 표

<4.3.1>를 이용하여 구할 수 있다. 아래 그림에 대하여 전양정(h_t)을 구하시오. 단, 직관부의 길이는 $120m$ 이며 관내 마찰손실 수두는 직관 단위길이 당 $0.055m/m-$배관으로 주어진다. (단, $p_1 = 2atm$이며 p_2는 대기압이다.)

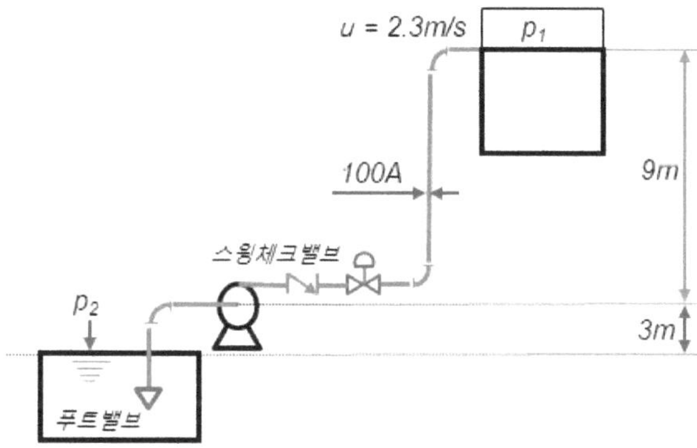

그림 <4.3.2> 원심펌프의 전양정 계산

풀이과정)

먼저 배관 관부속구의 배간 호칭경 100A에 대하여 직관상당 길이(압력강하)는 아래 표 <4.3.1>를 이용하여 계산한다.

- 푸트밸브	1개	16.5m
- 90º 엘보	3개	3 x 4.2 = 12.6m
- 스윙체크밸브	1개	7.6m
- 글로브밸브	1개	36.6m
	계	73.3m

표 <4.3.1> 관 이음쇠별 직관상당 길이

배관요소 \ 관경[mm]		15 1/2"	20 3/4"	25 1"	32 1¼"	40 1½"	50 2"	65 2½"	80 3"	100 4"	125 5"	150 6"	200 8"	250 10"
90°엘보		0.6	0.75	0.95	1.2	1.6	2.1	2.4	3	4.2	5.1	6	6.5	8
45°엘보		0.36	0.45	0.54	0.72	0.9	1.2	1.5	1.8	2.5	3	3.6	3.7	4.2
90°티(분류)		0.9	1.2	1.5	1.8	2.1	3	3.6	3.5	6.3	7.5	9	14	20
90°티(직류)		0.18	0.24	0.27	0.36	0.45	0.6	0.75	0.9	1.2	1.5	1.8	4	5
밸브	게이트	0.12	0.15	0.18	0.24	0.3	0.39	0.48	0.63	0.81	0.99	1.2	1.4	1.7
	볼	3.5	6	7.5	10.5	13.5	16.5	19.5	20	37.5	42.5	49.5	70	90
	앵글 푸트	2.4	3.6	3.5	5.4	7.6	8.4	10.2	12	16.5	21	24	33	43
	스윙체크	1.2	1.6	2	2.5	3.1	4	3.6	5.7	7.6	10	12	15	19
	리프트〃 글로브	5.5	6.7	8.8	11.6	13.1	16.8	21	25.6	36.6	42.7	51.8	67.1	75.3

따라서, 직관부의 길이 120m에 관 이음쇠의 직관상당 길이를 더한 후 관내 마찰계수를 곱해주면 관내 마찰손실수두가 계산된다. 여기에 계산 여유분인 계획계수를 고려해 주면 설계자의 입장에서 보다 안전한 결과를 제공할 수 있다.

o h_L = 0.055 x (120m + 73.3m) x 1.5(계획계수) = 15.95m

o 실양정(h_a) = 토출양정(h_d) + 흡입양정(h_s) = $9+3=12m$.

o 전양정(h_t) = $h_a+h_{ds}+h_L+u^2/2g$ = $12+10.3+15.95+0.27=38.5m.$

4.4 펌프의 성능곡선

질문 4.4 유량이 증가할수록 전양정이 감소하는 이유는?

펌프의 성능곡선은 펌프의 성능을 나타내는 수단으로, 펌프의 전양정곡선, 효율곡선, 축동력곡선을 나타내며, 측정방법은 KS B 6301에 규정되어 있다. 원심펌프의 성능곡선(그림 <4.4.1>)은 펌프의 규정 회전수(N_r)에서 가로축은 토출유량($\dot{V}$)이며 세로축은 각각 전양정(h_t), 축동력(P_s), 펌프효율(η)을 나타내고 있다.

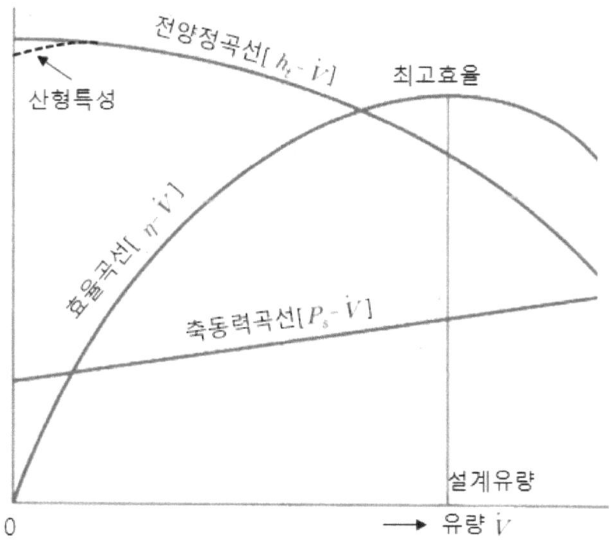

그림 <4.4.1> 펌프의 성능곡선도

펌프효율(η)은 설계유량에서 최고값을 가지므로 그 부근에서 운전하는 것이 가장 효율적이다. 펌프효율은 전양정이 유효하게 이용되는 경우의 값이므로 밸브를 교축시켜 유량에 손실을 주게 되면 실제 효율곡선의 값보다 낮아지게 된다. 토출유량($\dot{V}$)이 큰 범위에서 운전이 되면 전양정(h_t)은 감소하며 토출유량이 0인 체절점에서는 펌프의 효율은 0이므로 소요동력(P_s)은 열로 낭비되어 버린다.

펌프의 축동력(P_s)은 다음과 같이 계산할 수 있다.

$$(4.4.1)\quad P_s = \frac{\rho g \times \dot{V} \times h_t}{102 \times \eta}[kW] = \frac{\rho g \times \dot{V} \times h_t}{75 \times \eta}[PS].$$

펌프운전 측면에서 축동력 절약을 위하여 임펠러의 외경 가공에 따른 펌프의 성능곡선을 변화 시키면 상사법칙에 따라 펌프효율도 변하게 된다. 이와 같은 경우 펌프의 각 h_t-$\dot{V}$ 곡선에 따라 같은 효율점을 연결하여 등효율곡선을 구할 수 있다. 원심펌프의 성능곡선에서 따라 실제 운전점을 살펴보면 설계 시에는 전양정(h_t)과 토출유량($\dot{V}$)이 각각 100%-100% 이지만 실제 펌프의 운전은 전양정을 65% 이하로 하고 토출유량을 150% 이상으로 하는 것이 안정적으로 운전하는 방법이다.

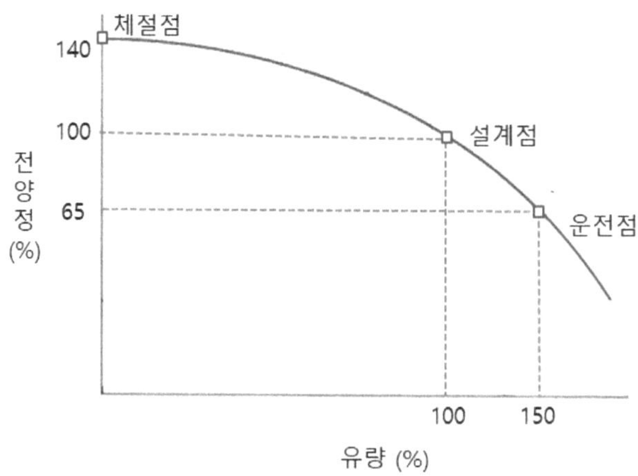

그림 <4.4.2> 펌프의 성능곡선도

2대 이상의 펌프를 직렬로 설치 할 때 용량이 각각 다른 펌프일 경우에는 반드시 용량이 큰 펌프를 먼저 설치한 후 후단에 용량이 작은 펌프를 설치하여 가압되도록 하여야 하며 이것을 역으로 배치하면 큰 펌프의 흡입구 측에서 캐비테이션이 발생할 수 있으므로 주의하여야 한다.

그림 <4.4.3> 펌프의 직렬운전 설치순서

4.5 압축기

압축기는 사용 용도에 따라 수소압축기, 냉동압축기, 공기압축기 등이 있으며 작동 원리에 따라서는 왕복동식과 회전식으로 구분되는 용적형, 원심식과 축류식으로 구분되는 터보형이 있다. 또한 토출압력과 압축비에 따라서 아래와 같이 분류한다.

o 팬(Fan) : 토출압력 10kPa 미만, 압축비 1.1 미만

o 송풍기(Blower) : 토출압력 10kPa ~ 100kPa 미만, 압축비 1.1 ~ 2.0 미만

o 압축기(Compressor) : 토출압력 1,00kPa 이상, 압축비 2.0 이상

압축기는 유종에 따라서 수소압축기, 냉동압축기, 공기압축기 등이 있다. 수소압축기는 900kgf/cm^2이상의 압력을 얻을 수 있으며 자동차 충전용 수소 스테이션 및 수소 연료전지 발전소 등에 사용되고 있다. 고압을 형성하기 위하여 왕복동식을 사용하며 압축 방식으로는 피스톤식, 다이어프램(유압), 아이오닉(Ionic) 타입으로 구분된다. 아이오닉 타입은 피스톤 전면의 특수 액체(Ionic liquid)가 고압의 수소가스 누출을 방지하는 구조로 되어있으며 제조사는 린데(Linde)가 대표적이다. 냉동압축기는 가정용 에어콘, 산업용 냉동기 등에 사용되며 증기압축식 냉동장치의 구성에 있어서 냉매증기가 응축되기 쉽도록 압력을 높여주는 역할을 한다. 용적형 또는 터보형 압축기를 사용하며 단열압축을 통하여 압축일을 나타내고 실제 효율은 등엔트로피 과정보다 항상 크기 때문에 단열압축 효율은 일반적으로 0.75와 0.85 사이에서 위치한다. 공기압축기는 압축기를 대표하는 설비이며 대기 중의 공기를 압축하여 얻어지는 에너지를 이용하는 원리로 압축된 공기는 산업용 프레스의 동력원, 공정설비의 제어 및 분체의 이송 등에 사용된다.

압축기는 일반적으로 공기압축기를 말하며, 왕복동식 공기압축기는 피스톤과 실린더로 구성되며 실린더 내에서 피스톤의 왕복운동에 따라 용적의 변화에 의하여 압축이 이루어진다. 즉, 흡입밸브와 토출밸브를 설치한 실린더 내를 왕복운동을 하는 피스톤에 의해 저압 측에서 공기를 흡입하여 압축한 후 고압 측으로 토출하는 방식이

다. 압축기의 구성은 실린더(cylinder), 피스톤(piston), 흡입밸브 및 토출밸브로 이루어져 있다. 크로스헤드형은 슬라이더(slider) 및 크로스헤드(cross head)가 추가로 설치되어 있다. 일반적으로 터보형 압축기에 비해 쉽게 고압을 얻을 수 있으며 넓은 설치면적을 필요로 한다. 용량 조정범위가 넓고 압축효율이 높으나 접촉부(습동부)가 많아 고장발생이 쉽고 유지보수비용이 높다. 압축기의 실린더 구조에 따른 분류방식은 다음과 같다.

- o 윤활유 급유의 유무에 따라 급유식과 오일프리(oil free)방식
- o 피스톤의 작동 방식에 따라 단동식(single acting)과 복동식(double acting)
- o 압축단 수에 따라 단단식(single stage type)과 다단식(multi stage type)
- o 실린더 수에 따라 단기통식(single cylinder)과 다기통식(multi cylinder)

압축기의 작동 방식은 단동식이 많으며 압축단수는 압축비가 10 보다 클 경우에는 다단식(multi-stage type)을 채택한다. 그리고 대용량 압축기의 경우 실린더 내경 및 피스톤의 행정에 따른 압축공기의 맥동현상이 발생함에 따라 실린더의 개수를 늘려 다기통식으로 구성하며 피스톤의 배열을 조정하여 대향형, V형, X형 등의 구조로 하여 피스톤의 왕복운동에 따른 관성력을 완화시키고 진농의 경감효과를 얻을 수 있다.

왕복동식 압축기의 용량은 일반적으로 120㎥/min까지 생산할 수 있으며 그 이상은 기계적인 효율이 떨어지며 진동 문제가 발생할 수 있다. 압축단수는 2단 압축을 한 조로 묶어서 20단까지 가능하며 부하 제어는 언로더(unloader) 피스톤밸브 이용하여 압축공기량을 100%, 75%, 50%, 25%, 0%의 5단계로 조절할 수 있다. 용량제어의 목적은 수요공급의 균형유지, 압축기의 보호, 경부하 기동 및 전력비 절감 등이 있으며 용량제어 방법으로는 클리어런스밸브(clearance valve) 조정, 토출가스 바이패스(by-pass) 방법, 흡입밸브 언로더(unloader) 방법, 인버터(invertor)를 이용한 회전수 제어법 등이 있다.

압축공기를 생산하는 공기압축기의 시스템은 다음과 같다. 압축기 토출부의 후단에

후부냉각기(after cooler)가 있어 최고 250℃정도까지 상승한 압축공기의 온도를 상온 가까이 낮추고 드레인 밸브를 이용하여 수분도 일부 제거한다. 압축공기 탱크(receiver tank)는 사용량의 변동에 대응하여 압축공기의 맥동을 제거하며 정전 시에도 압축공기를 공급할 수 있다. 또한 압축공기에 포함된 먼지 등 이물질을 제거하기 위하여 공기필터(air filter)를 사용하고 혼입된 윤활유를 제거하기 위하여 유분리기를 통과시킨다. 압축공기 내 수분을 제거하기 위하여 후부냉각기 출구, 압축공기 탱크 하단부, 공기필터 하단부, 배관라인 도중에 드레인 트랩(drain trap)을 부착하여 자동으로 배출시킨다. 최종적으로 압축공기의 수분을 제거하기 위하여 공기 건조기(air dryer)를 거친 후 공정으로 내보내게 된다.

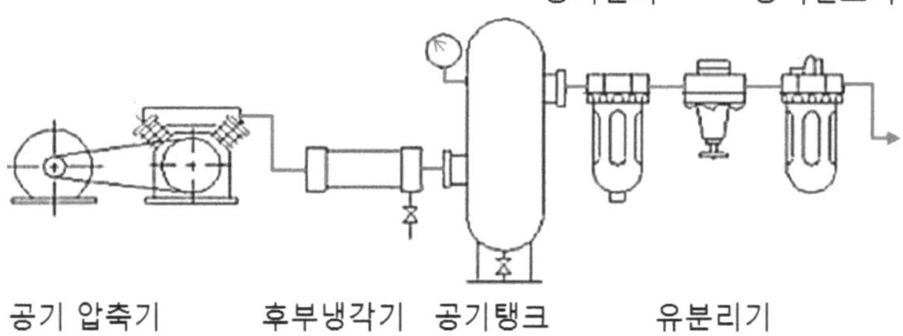

그림 <4.6.1> 왕복동식 공기 압축기 시스템

왕복동식 압축기의 성능은 압축기의 효율로 나타낼 수 있으며 압축기의 효율은 체적효율(η_v), 압축효율(η_c), 기계효율(η_m)로 구분된다.

$$(4.6.1)\ \text{체적효율}(\eta_v) = \frac{\text{실제 피스톤 압출량}}{\text{이론적 피스톤 압출량}} \times 100\ ,$$

$$(4.6.2)\ \text{압축효율}(\eta_c) = \frac{\text{이론동력}}{\text{실제소요동력 (지시동력)}} \times 100\ ,$$

$$(4.6.3)\ \text{기계효율}(\eta_m) = \frac{\text{실제소요동력 (지시동력)}}{\text{축동력}} \times 100\ .$$

왕복동식 압축기의 효율을 높이기 위해서는 다단 압축을 수행하는 것이 유리하다.

다단 압축의 목적은 1단 압축 대비 압축공기의 온도상승 저감, 동력비 절감 및 힘의 평형 유지 등이 있다. 다단 압축 시 단수 결정 요소로는 최종 토출압력, 가스의 종류 및 토출유량, 연속운전 여부 및 경제성 등을 고려하여야 한다. 특히 실린더 내 온도 상승의 영향으로는 체적효율 및 압축효율 저하, 소요동력 증가, 윤활기능 저하 및 열화, 습동부품 수명 단축 등이 있으므로 운전 조건에 따라 다단 압축기의 선정을 고려하여야 한다. 압축기의 최대 압축비는 단(stage)당 3:1이하로 한다. 수소 가스용 압축기는 토출 측의 온도가 150 ℃를 초과하지 않도록 압축비를 선정한다. 압축가스 종류별로 적합한 윤활유로는 공기 압축기, 수소 압축기, 아세틸렌 압축기는 일반적인 디젤엔진오일을 사용하며 LPG 압축기는 식물성오일을 사용한다. 산소압축기는 물 또는 10% 글리세린수를 사용하며 염소압축기는 진한 황산을 사용하고 있다. 다단 압축기의 압축비는 아래 식에 따라 계산하며 압력은 절대압력을 사용한다.

(4.6.4) 1단 압축비(ε) $= \dfrac{p_{a1}}{p_{a2}}$,

(4.6.5) 다단 압축비(ε) $= \sqrt[N]{\dfrac{p_{a1}}{p_{a2}}}$.

왕복동식 압축기의 압출량 계산에는 압축비에 따른 온도상승으로 인하여 이론적 압출량과 실제 압출량에는 차이가 있으며 이는 체적효율(η_v)에 의하여 발생한다. 왕복동식 압축기의 압출량 계산은 다음과 같다. 단, N은 실린더의 수이다.

(4.6.6) 이론적 압출량 $\dot{V}_{th} = \dfrac{\pi}{4} D_o^2 \times L \times N \times N_r \times 60$,

(4.6.7) 실제 압출량 $\dot{V}_{act} = \dfrac{\pi}{4} D^2 \times L \times N \times N_r \times \eta_v \times 60$.

회전식 압축기는 케이싱 내에서 로터 또는 베인 같은 맞물려 회전하는 두 개의 회전체가 갖고 있는 공간을 이용하여 기체를 압축 또는 이송하는 장치이다.

스크류 압축기는 케이싱 내에서 서로 맞물려 있는 숫로터와 암로터의 회전에 의해 케이싱과의 밀폐공간의 용적변화에 따라 가스의 흡입, 팽창, 압축 및 토출 과정을 연속적으로 진행시키면서 기체를 회전축의 방향으로 이송한다. 급유식과 비급유식이 있으며 급유식의 경우 압축행정 도중에 케이싱 내부와 오일 탱크와의 압력차에 의해 로터와 케이싱 사이의 공간으로 분사되는 오일은 로터와 케이싱과의 간극에서의 가스의 누설을 최대한 감소시키면서 압축가스의 냉각 및 실링선의 윤활작용을 하게 된다. 또한 운전 중 사이클 조건에 맞도록 압축비를 바꾸기 위하여 케이싱 내에 슬라이드 스톱 밸브(slide stop valve)가 부착된 구조로 된 것도 있다. 한편 숫로터와 암로터가 형성하는 V자형 홈은 흡입행정으로부터 회전에 따라 팽창하다가 점점 좁아져 압축행정으로 전환되면서 체적이 축소하게 되며 팽창행정과 압축행정 사이에서는 일부가 중첩되게 된다. 스크류 압축기의 이론 토출량은 다음과 같이 계산된다. 여기서 압축기의 로터를 기준으로 C_0는 로터의 모양에 따라 결정되는 상수이다.

(4.6.8) 이론적 압출량 $$V_{th} = C_0 \times D^2 \times L \times N_r \quad .$$

스크롤 압축기는 평판 위에 덮개(wrap) 형상의 편심 선회스크롤과 고정스크롤이 쌍으로 만들어져 있고 각각의 덮개는 기본적으로 기하학적으로 180°의 위상차를 갖는 인벌루트(involute) 곡선으로 만들어져 있다. 편심구조와 섭동속도의 제한으로부터 압축기 본체의 크기에는 제한이 있으며 본체에서 400 ℓ/min~600 ℓ/min 정도가 토출 공기량의 한계이다. 급유식과 비급유식이 있으며 주로 비급유식을 사용한다. 저소음과 경량의 장점이 있어 가정용 룸 에어컨 등에 주로 사용된다. 선회스크롤과 고정스크롤의 맞물림에 의해 초승달 모양의 밀폐공간이 동시에 4개가 형성되어 압축 사이클을 이루고 있다. 이 밀폐공간은 바깥쪽일수록 크고 중심에 가까울수록 작게 되어 외주에는 흡입실이 형성되고 중심부에는 토출구를 갖게 되는 형태이다. 압축은 스크롤의 외곽 둘레에 형성된 밀폐공간에 밀봉된 흡입가스와 스크롤의 상대적인 회전에 의해 토출구를 향하여 포켓의 크기가 점차 감소하게 되고 흡입된 가스는 안쪽으로 이송되면서 압축된다. 선회 운동에 의해 압축가스가 스크롤의 중심으로 이동하게 되고 밀폐 공간 체적이 감소됨으로써 압력이 상승하게 된다. 가스가 토출구 중심에 도달하게 되면 스크롤 내부로부터 토출되기 시작하며 밀폐공간의 가스가 토출된 후 곧바로 새로운 밀폐공간이 토출 상태에 도달하므로 흡입과 토출과정은 연속적으로 이루어진다.

클라우형(claw type) 압축기는 스테인레스강으로 피막 코팅된 암로터와 숫로터 등 2개의 이빨(claw)형 로터로 구성되어 있으며 비접촉 회전을 하면서 기체를 압축한다. 로터의 형상은 축에 대하여 대칭으로 되어 있으며 흡입구와 토출구가 대칭 위치에 있으므로 축 방향의 하중은 없다. 1회전 당 2회 압축되며 회전속도는 4500rpm ~ 6000rpm정도이다. 베인형 압축기는 로터 케이싱 내에 로터가 편심으로 설치되어 있으며 로터에 6~8개의 베인(vane)을 설치하여 로터의 회전에 따라 발생하는 원심력으로 로터 케이싱 내면에 접촉한다. 로터가 편심되어 있어 로터, 케이싱, 베인으로 형성되는 압축실은 로터의 회전에 따라 감소하게 되므로 흡입공기는 압축 후 토출된다. 압축행정 중에 오일이 분사되어 밀봉 및 압축열의 냉각이 이루어진다. 7.5kW 이하의 소형 압축기에 주로 사용된다.

터보형 압축기는 동력원으로부터 구동력을 받아 날개의 회전에 의하여 베르누이의 정리에 따라 공기를 압축하는 것을 터보(turbo)형 공기압축기라 한다. 원심식, 축류식, 혼류식의 형태로 분류할 수 있으며 터보형 공기압축기의 대표인 원심식 공기압축기는 축 방향으로 공기를 흡입하여 원주 방향으로 토출하는 형태이다. 원심식 공기압축기의 특징을 살펴보면 압력변동 없이 유량조절이 가능하며 토출 가스가 맥동이 없고 안정적이며 고속 회전형으로 같은 마력의 다른 압축기보다 상대적으로 소형으로 제작할 수 있다. 1단당 압력상승이 용적형과 비교하여 낮으며 임펠러의 압축비는 4:1까지 가능하다. 압축특성이 설계, 기계가공 정밀도, 사용조건에 민감한 편이므로 소유량 운전에서 효율이 저하되며 풍압-유량 특성에 따라 설계 유량의 70%이하로 되면 서지(surge)발생의 우려가 있다.

서지(surge)란 유량 대비 압축비가 높을 때 토출 측의 저항이 커지면서 압축기의 임펠러가 공회전을 하게 됨으로써 유량이 감소하면서 불규칙하게 되어 제어가 불안정한 상태를 말한다. 서지(surge)는 원심식 압축기의 제어(Control)와 운전상 여러 가지 문제를 일으킨다. 서지가 일어나면 풍압과 유량은 서서히 진동을 하게 되며 이는 시스템의 압력저항이 상승하여 압축기가 압력을 견디지 못하고 역류(逆流)가 반복적으로 발생하기 때문이다. 서지 발생 시에는 즉시 해소할 수 있도록 바이패스(by-pass) 밸브를 열어 흡입 유량을 증가시킨다. 서지를 방지하기 위한 방법으로는 압축기의 유량을 설계값 가까이 조절하는 것이 가장 일반적인 방식이다. 원심식 압축기의 용량제어 방법은 입펠러 속도제어에 의한 방법, 배인(vane) 각도조절에 의한 방법, 토출밸브 및 흡입밸브의 조절에 의한 방법, 바이패스(by-pass)에 의한 방법 등이 있다. 원심식 압축기의 성능곡선(performance map)은 압축비 대비 유량 곡선으로 압축기의 성능과 특성을 나타낸다.

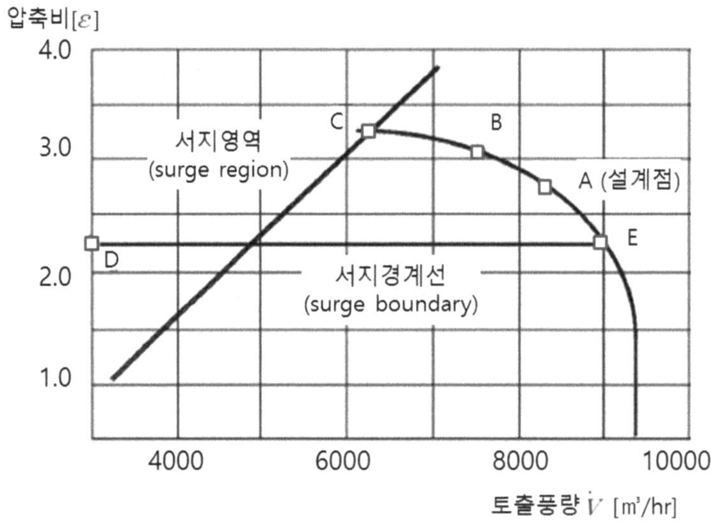

그림 <4.6.2> 원심식 압축기의 성능곡선

설계점(design point) A는 임펠러 설계의 기준이 되며, 압축기의 IGV(Inlet Guide Vane)가 최대로 열렸을 때의 기준이 되는 압력대비 유량이다. 설계점의 압력과 유량은 압축기의 성능을 나타낸다. 운전 중 시스템 압력저항(system resistance) 증가로 인한 압축기의 압축비가 설계점보다 높아지고 유량이 감소한 상태인 B점으로 점차 이동된다. 시스템 압력저항이 계속 증가하게 되면 성능곡선과 서지(surge) 곡선의 교차점 C에 에 도달하게 되고 이는 성능곡선 상의 정점에 있다. E점은 시스템 압력저항 감소로 인한 압축기의 압축비가 설계점보다 낮아지고 유량이 증가한 상태를 나타내고 있다.

원심식 압축기의 상사법칙은 원심펌프와 매우 유사하다. 토출풍량[$\dot{V}$], 풍압(p) 및 축동력(P_s)을 변화시킬 수 있으며 이들 사이에는 다음의 관계가 성립된다. 단, D는 원심식 압축기의 임펠러 지름이다.

(4.6.8) 풍량 $$\dot{V}_2 = \dot{V}_1 \times (\frac{N_{r2}}{N_{r1}}) \times (\frac{D_2}{D_1})$$

(4.6.9) 풍압 $$p_2 = p_1 \times (\frac{N_{r2}}{N_{r1}})^2 \times (\frac{D_2}{D_1})^2 ,$$

(4.6.10) 축동력 $$P_{s_2} = P_{s_1} \times \left(\frac{N_{r_2}}{N_{r_1}}\right)^3 \times \left(\frac{D_2}{D_1}\right)^3 .$$

제5장 열의 전달

5.1 열의 전달방식

질문 5.1 대류가 전도보다 열전달이 더 활발한 이유는?

열(Q, Heat)은 일(W, Work)과 함께 열역학 제1법칙에서 계(System)와 주위(Surrounding)사이의 에너지의 전달의 한 방법이다. 온도의 변화로 인해 발생하는 에너지의 이동을 말하며, 항상 자발적으로 높은 온도의 물체에서 낮은 온도의 물체로 흐르게 된다. 그러므로, 온도가 같은 두 물체 사이에서 열의 이동은 없다. 계 내부로 전달된 열은 내부에너지의 형태로 저장되며, 그 계가 가진 열에너지가 곧 내부에너지(U)이다. 여기에서 내부에너지의 형태란 원자들과 분자들의 운동에너지와 퍼텐셜에너지를 말한다. 계가 열을 받게 되면 내부에너지는 증가하고, 주위로 열이 전달되면 내부에너지는 감소하게 된다. 열은 에너지가 아니기에 물체는 열을 가질 수는 없고, 열에너지인 내부에너지를 가진다고 말한다. 따라서, 고온의 물체는 상대적으로 높은 내부에너지를 가지고 있다고 할 수 있다. 그러므로, 온도(T)는 물체가 가진 에너지를 측정할 수 있는 척도가 된다. 고온은 상대적으로 높은 에너지를 가졌다고 할 수 있다.

열의 단위는 MKS단위계(또는 SI단위계)에서 J을 사용한다. 비열(C)은 단위질량당 온도를 1도 올리기 위해 전달되는 에너지의 양으로 정의되며, $[J/kgK]$의 단위를 가진다. 동일한 온도차를 높이기 위해 물질마다 가해야 하는 에너지가 다르기 때문에 비열은 물성이다. 비열이 크다는 것은 온도 1도의 변화를 주기 위해 필요한 에너지가 크다는 것을 의미한다. 반대로, 비열이 작은 물질은 온도변화에 필요한 에너지가 적다는 것을 의미한다. 물은 상대적으로 모래에 비해 비열이 크다. 여름철 해안의 모래가 낮에 물보다 더 뜨거운 이유이기도 하다.

열의 종류에 대해 알아보기 위해 얼음이 담긴 용기를 가열한다고 생각해보자. 가열에 따른 물체의 온도를 그려보면, 그림 <5.1.1>과 같은 패턴이 됨을 알 수 있다. 여기에서, 물체의 상변화와 상관없이 단일상에서 온도를 높이는데 사용되는 열을 현열(Q_S, Sensible Heat)이라하고, 온도가 일정하게 유지되며 상변화에 관계하는 열을 잠열(Q_L, Latent Heat)이라고 한다. 잠열은 물성으로 물질마다 다른 값을 가진다. 질량(m)인 물체가 ΔT의 온도변화를 거칠 때, 현열에 해당하는 에너지는 다음과 같이 구해진다.

(5.1.1) $Q_s = mC\Delta T.$

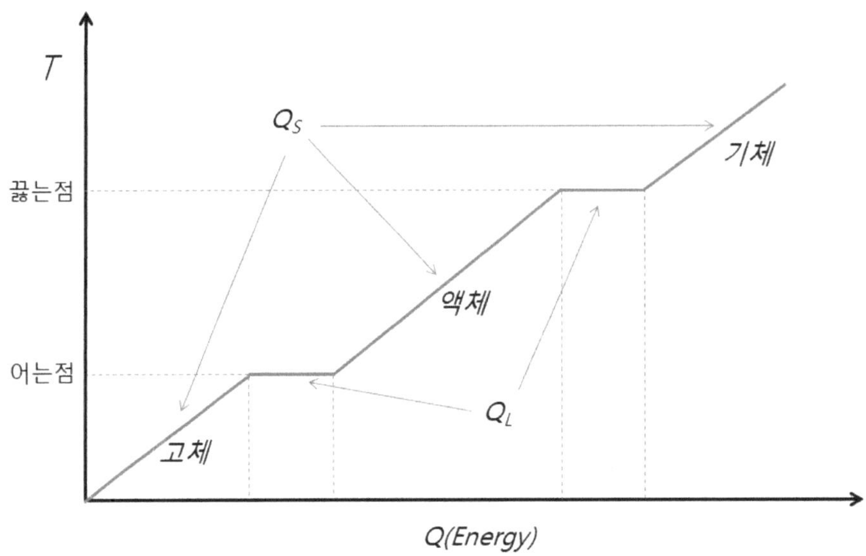

그림 <5.1.1> 현열과 잠열

열이 전달되는 방법은 전도(Conduction), 대류(Convection), 복사(Radiation)의 세가지로 구분된다. 전도는 원자 또는 분자들의 직접적인 접촉에 의해 전달되는 열전달이고, 대류는 유체의 유동에 의한 열전달이고, 복사는 전자기파에 의한 열전달이다. 예를 들어, 모닥불을 생각해 보자. 전도에 의한 열전달의 예는 모닥불에 쇠꼬챙이를 넣어두면 조금후에 뜨거운 감촉을 느끼게 된다. 이는 쇠꼬챙이를 이루고 있는 쇠의 원자들이 진동에 의한 직접적인 접촉에 의해 열을 전달해주기 때문이다. 대류에 의한 열전달 방식은 모닥불위에 손을 쬐고 있으면 모닥불위로 덥혀진 따뜻한 공기가 손에 접촉하여 열을 전달받게 된다. 이와 같이 공기의 유동에 의한 열전달이 되는 것이 대류이다. 복사에 의한 열전달의 예는 모닥불과 조금 떨어진 곳에서도 따뜻한 기운을 느낄 수 있다. 모닥불의 복사열이 내 몸에 전해지기 때문이다.

전도(Conduction)는 물질 내에서 원자 또는 분자가 열을 받아 진동, 회전, 또는 병진과 같은 운동을 하면서 직접적으로 이웃한 원자 또는 분자와의 직접적인 충돌을 하면서 열을 전달하는 방법이다. 열전도도(k,Thermal Conductivity)는 물질마다 열을 얼마나 잘 전달하느냐는 나타내는 물성값이며, 단위는 $[W/mK]$ 이다. 대표적인 물질들의 열전도도 값이 표<5.1.1>에 정리되었다. 보통 열전도도가 아주 작은 물질은 단열재라고 불리고, 금속은 보통 열전도도가 높아 열교환기등 전열이 필요한 곳에 사용된다.

표 <5.1.1> 열전도도$[W/mK]$

구리	알루미늄	철	물	공기	벽돌	단열재
420	200	70	0.6	0.026	0.40.5	~0.03

대류(Convection)는 용기내의 유체가 전달 된 열을 받아 발생한 유동을 통해 전달되는 열전달로 자연대류(Natural Convection)와 강제대류(Forced Convection)로 구분된다. 선풍기와 에어컨과 같은 기계장치의 도움으로 발생한 유동을 강제대류라고 하며, 기계장치의 도움 없이 농도 차이나 온도 차이에 의한 밀도의 변화로 인해 자연적으로 발생한 유동의 흐름을 자연대류라고 한다.

복사(Radiation)는 열전달의 매개체가 없이 물체가 발생하는 복사에너지에 의한 열전달을 말하며, 지구가 태양으로부터 에너지를 받는 방법이다. 모든 물체는 가지고 있는 온도에 따라 전자기파를 발생한다. 자외선, 가시광선, 적외선등은 파장에 따른 전자기파의 분류이다. 이 책에서는 복사에 의한 열전달은 다루지 않는다.

5.2 전도에 의한 열전달

질문 5.2 단열재가 열전달이 잘 안되는 이유는?

시간(t)당 전달된 열(Q)의 에너지 양을 $q(=Q/t)$라고 하자. 프랑스의 과학자 조셉 퓨리어(Joseph Fourier)는 열전도에 대한 실험결과를 바탕으로 전도를 통한 시간당 에너지의 양(q)을 물질의 열전도도에 비례하고 양단의 온도차에 비례한다는 것을 정리하였다 (그림 <5.2.1>).

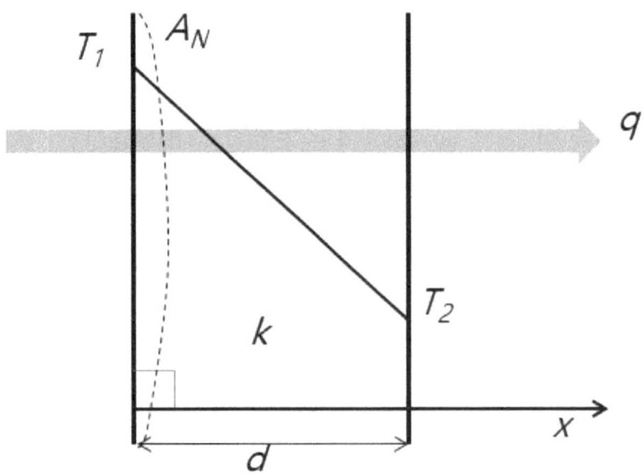

그림 <5.2.1> 슬랩(Slab)에서 전도에 의한 열전달

(5.2.1) $q=-kA_N\dfrac{\Delta T}{\Delta x}=-kA_N\dfrac{T_2-T_1}{x_2-x_1}$,

여기에서, q의 단위는 [$W=J/s$]이다. A_N(Area in the normal direction)는

열전달 방향(x)과 수직한 면의 면적이다. A_N는 슬랩(Slab), 원통형 관, 구등의 형태에 따라 다른 값을 가지게 된다. $\triangle T(= T_2 - T_1)$는 양단의 온도차로 항상 음의 값을 가진다. 왜냐하면, 열은 언제나 높은 온도에서 낮은 온도로 흐르기 때문이다. 우변의 음의 부호가 붙게 된 것 이유는 q는 항상 양의 값을 가져야하기 때문이다. 슬랩(Slab)이란 집 구조물의 벽과 같이, 열이 전달되는 방향으로 단면적의 변화가 없는 형태를 말한다.

열저항(R, thermal Resistance)의 개념을 도입해 보자. 우선, 유체의 수송에서 $\triangle_1 p$와 같이 언제나 양의 값을 갖는 $\triangle_1 T(=-\triangle T= T_1 - T_2 > 0)$ 를 정의해 보자. 슬랩(Slab)에서의 열전달에서는 면적의 변화가 없기 때문에 q와 $\triangle_1 T$ 로 정리하면,

(5.2.2) $q= kA_N \dfrac{\triangle_1 T}{\triangle x} = \dfrac{\triangle_1 T}{R}$, 여기에서, $R= \dfrac{\triangle x}{kA_N} = \dfrac{d}{kA_N}$.

열저항(R)의 단위는 $[K/W]$의 단위를 가짐을 알 수 있다. d은 슬랩의 두께이고, 슬랩에서의 A_N은 일정한 값을 가진다. 여기에서 주목할 것은 열저항 값은 물질이 가진 물성과 기하학적인 구조에 의한 값에 의해 결정된다는 것이다. 첫째로, 열저항 값과 양단의 온도차를 알고 있다면, 전달된 에너지의 양을 알 수 있다. 둘째로, 전달된 에너지와 열저항을 알고 있다면, 양단의 온도차를 알 수 있다. 마지막으로, 전달된 에너지와 양단의 온도차를 안다면, 열저항의 값을 알 수 있고, 이를 통해 해당 물질의 열전도도를 구할 수 있다.

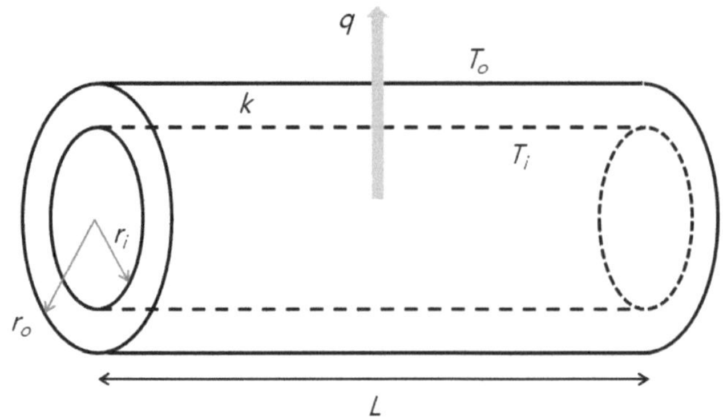

그림 <5.2.2> 원통형 관에서 전도에 의한 열전달

원통형관에서의 경우를 살펴보자. 열전달 방향으로의 단면적 A_N가 그림 <5.2.2>와 같은 구조적인 차이로 인해

$$q = -k(2\pi rL)\frac{dT}{dr} \quad \text{또는} \quad \int_{r_i}^{r_o} \frac{q}{r} dr = \int_{T_i}^{T_o} (-2\pi kL)\, dT$$

$$q \ln \frac{r_o}{r_i} = -2\pi kL(T_o - T_i) = 2\pi kL \Delta_1 T$$

(5.2.3) $q = \dfrac{\Delta_1 T}{R_{cyl}}$, 여기에서, $R_{cyl} = \dfrac{\ln(r_o/r_i)}{2\pi kL}$.

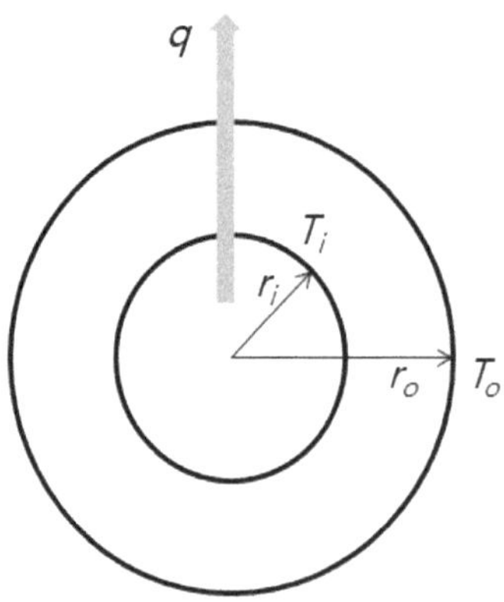

그림 <5.2.3> 속이 빈 구에서 전도에 의한 열전달

속이 빈 구의 경우를 살펴보자. 열전달 방향으로의 단면적 A_N이 그림 <5.2.3>와 같은 구조적인 차이로 인해

$$q = -k(4\pi r^2)\frac{dT}{dr} \quad \text{또는} \quad \int_{r_i}^{r_o}\frac{q}{r^2}dr = \int_{T_i}^{T_o}(-4\pi k)\,dT$$

$$q\frac{(r_o - r_i)}{r_i r_o} = -4\pi k(T_o - T_i) = 4\pi k\Delta_1 T$$

(5.2.4) $q = \dfrac{\Delta_1 T}{R_{sphere}}$, 여기에서, $R_{sphere} = \dfrac{(r_o - r_i)}{4\pi k r_i r_o}$.

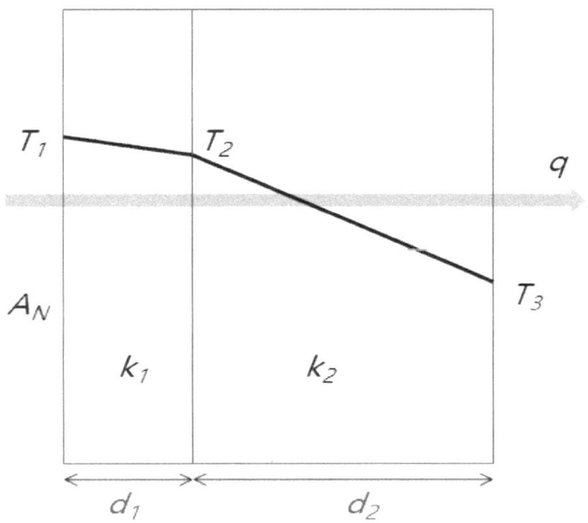

그림 <5.2.4> 직렬로 연결된 물질에서 전도에 의한 열전달

지금까지는 일정 두께를 가진 한 물질에 대해 알아보았으나, 열전도도가 다른 물질이 직렬로 연결되어 있는 경우를 생각해 보자. 그림 <5.2.4>와 같이 열전도도가 다른 물질에 열이 전달될 때, 두 개의 층을 통과하는 에너지는 같다고 가정하면, 각각의 물질에 대해 식(5.2.5)이 성립한다. 식(5.2.5)을 각각 정리하면, $T_1 - T_2 = qR_1$, $T_2 - T_3 = qR_2$이 되고, 두 식의 양변을 더하면, 식(5.2.6)이 된다.

$$(5.2.5)\ q = \frac{T_1 - T_2}{R_1} = \frac{T_2 - T_3}{R_2},\ \text{여기에서, } R_1 = \frac{d_1}{k_1 A_N},\ R_2 = \frac{d_2}{k_2 A_N}.$$

$$(5.2.6)\ T_1 - T_3 = q(R_1 + R_2)\ \text{ 또는 } q = \frac{T_1 - T_3}{R_1 + R_2} = \frac{\Delta_1 T}{\sum R}.$$

즉, 직렬로 연결되어져 있을 경우, 열저항은 각각의 물질의 열저항의 합과 같다. 이와 같은 관계는 구조가 슬랩, 원통형관, 속이빈 구등 구조와 상관없이 같은 관계를 가진다. 만약, 속이빈 원통형의 관의 경우일 때는 열저항에 해당하는 R_1과 R_2의 값이 각각 다음과 같이 변경된다.

$$(5.2.7)\ R_1 = \frac{\ln(r_2/r_1)}{2\pi k_1 L},\ R_2 = \frac{\ln(r_3/r_2)}{2\pi k_2 L}.$$

5.3 대류에 의한 열전달

질문 5.3 열교환기에 사용되는 유체로 스팀과 공기중 어느 것이 더 좋을까?

대류(Convection)는 용기내의 유체의 유동을 통해 전달되는 열전달로 자연대류(Natural Convection)와 강제대류(Forced Convection)로 구분된다. 원통형관에서와 같이 양단의 압력차에 의해 흐르는 흐름은 인위적으로 유동을 발생하는 것이므로 강제대류에 속한다. 대류로 유체가 흐를 때 고체와의 접촉면에서의 열전달을 고려할 때, 열전달계수(h, Heat Transfer Coefficient)가 도입되며, 열전달계수를 구하는 문제는 실험에 의해 주로 구하게 되며, 열전달문제에 있어 중요한 부분이다.

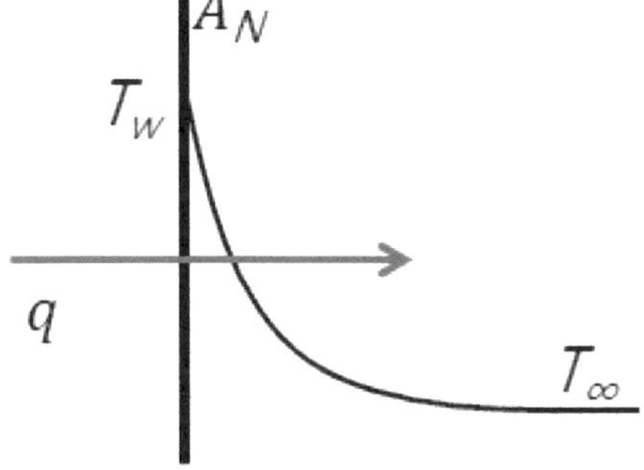

그림 <5.3.1> 뉴톤의 쿨링법칙

벽면의 온도는 T_w이고, 벽면으로부터 충분히 떨어진 거리에서 온도가 일정할 때의 온도를 T_∞라고 할 때, 그림 <5.3.1>과 같이 고체와 유체의 접촉면(A_N)으로부터 전달되는 에너지의 양이 q는

(5.3.1) $q = hA_N(T_w - T_\infty)$.

위 식을 뉴톤의 쿨링법칙(Newton's Cooling Law)이라고 하며, h는 열전달계수이고 $[W/m^2K]$의 단위를 가진다. 유체에서 고체벽면으로 열전달이 발생한다면, $q = hA_N(T_\infty - T_w)$가 되어, q는 언제나 양수가 된다. A_N는 전도에서의 열전달의 경우와 마찬가지로 열전달방향으로의 수직한 면의 면적이 된다.

표 <5.3.1>은 대표적인 경우의 대략적인 열전달계수의 값을 나타내었다. 이 값을 통해 열전달계수는 자연대류와 강제대류, 또한 사용되는 유체의 종류에 따라 다른 값을 가짐을 알 수 있다. 열전달계수가 큰 스팀은 동일한 구조에서 전달되는 에너지의 양이 크기 때문에 산업현장에서 널리 사용되어 진다. 열전달계수가 크다는 것은 동일한 시스템에서 전달되는 에너지의 양이 크다는 것을 의미하는 것이다.

표 <5.3.1> 열전달계수, $h[W/m^2K]$

시스템	열전달계수, h
자연대류(공기)	5 ~ 50
강제대류(공기)	25 ~ 250
강제대류(물)	250 ~ 15,000
끓는 물	2,500 ~ 25,000
응축되는 수증기(스팀)	5,000 ~ 100,000

고체와 유체의 대류에 의한 경계면에서의 뉴톤의 쿨링법칙을 열저항으로 표현하면,

$$(5.3.2)\quad q = \frac{T_w - T_\infty}{1/hA_N} = \frac{\Delta_1 T}{R_{대류}},\ \text{여기에서}\ R_{대류} = \frac{1}{hA_N}.$$

대류에서의 열저항은 열전달계수와 접촉면의 면적에 의해 정해짐을 알 수 있다. 대류에서의 열저항과 전도에 의한 열전달에서의 열저항의 단위는 같음을 쉽게 확인할 수 있다. 여기까지 전도와 대류에 의한 열저항을 표 <5.3.1>에 정리하였다.

표 <5.3.2> 열저항

열전달방식	시스템	열저항(R)
전도	슬랩(Slab)	d/kA_N
	속이 빈 원통형관	$\ln(r_0/r_i)/2\pi kL$
	속이 빈 구	$(r_o - r_i)/4\pi k r_i r_o$
대류	고체와 유체의 경계면	$1/hA$

열전달계수를 결정하는 실험식에 대해서는 조금 후에 알아보기로 하고, 길이 L의 원통형관이 단열재등 여러 층으로 감싸인 상황에서 강제대류로 흐르는 유체의 열전달에 대한 문제를 살펴보기로 하자 (그림 <5.3.2>).

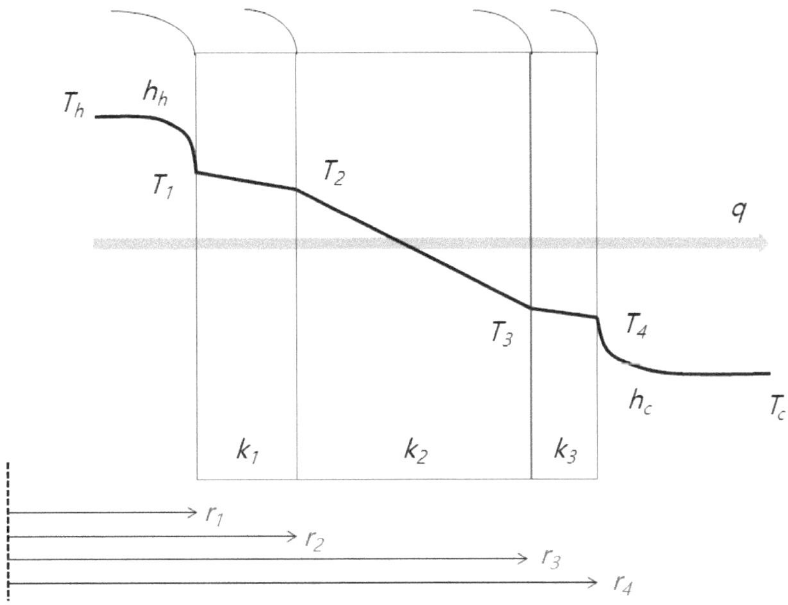

그림 <5.3.2> 다층으로 둘러싸인 원통형 관에서의 열전달

원통형관의 내부에서 외부로 열이 흐른다고 생각할 때, 관 내 뜨거운 유체의 온도를 T_h, 열전달계수를 h_h라하고, 외부의 차가운 유체의 온도를 T_c, 열전달계수를 h_c라 하자. 세 층으로 된 원통형관의 열전도도를 각각 k_1, k_2, k_3라 하고, 반경 r_1, r_2, r_3, r_4에 해당하는 온도를 각각 T_1, T_2, T_3, T_4라 하자. 여기서 주의할 것은 이와 같은 원통형관의 경우는 열전달되는 방향으로의 단면적이 변한다는 것이다. 대류에서의 열저항을 나타나는 곳은 유체와 고체면의 경계면이 되는 r_1과 r_4이고, 이곳에서의 면적은 각각 $A_{N, r_1} = 2\pi r_1 L$, $A_{N, r_4} = 2\pi r_4 L$이다.

내부에서 외부로 전달되는 q는

$$(5.3.3)\quad q = \frac{T_h - T_1}{R_h} = \frac{T_1 - T_2}{R_1} = \frac{T_2 - T_3}{R_2} = \frac{T_3 - T_4}{R_3} = \frac{T_4 - T_c}{R_c}\ .$$

여기에서, R_h와 R_c는 각각 r_1과 r_4에서의 대류에서의 열저항을 나타내며, R_1, R_2,

R_3는 각각 k_1, k_2, k_3를 가진 고체내에서의 열저항이다.

$$(5.3.3)\quad R_h = \frac{1}{h_h A_{N,r_1}},\ R_c = \frac{1}{h_c A_{N,r_4}}.$$

$$(5.3.4)\quad R_1 = \frac{\ln(r_2/r_1)}{2\pi k_1 L},\ R_2 = \frac{\ln(r_3/r_2)}{2\pi k_2 L},\ R_3 = \frac{\ln(r_4/r_3)}{2\pi k_3 L}.$$

위 식을 4.2장에서의 방법과 동일하게 적용하여 원통형관 내부와 외부의 유체의 온도차인 $\triangle_1 T = T_h - T_c$로 정리하면,

$$(5.3.7)\quad q = \frac{\triangle_1 T}{\sum R} = \frac{T_h - T_c}{R_h + R_1 + R_2 + R_3 + R_c}.$$

원통형의 관은 경우에 따라 보온이 필요한 경우 단열재로, 또는 다른 이유로 두겹, 세겹으로 깜싸여질 경우가 있다. 이러한 경우 각각의 열저항을 각각 구하는 것이 번거로울 수 있다. 그래서, 이러한 열저항을 하나로 취급할 수 있는 방안을 고안한 것이 총괄열전달계수(U_o, Overall Heat Transfer Coefficient)를 도입하게 되었다. 이 개념은 열전달계수의 개념으로부터 빌려온 것이다. $\triangle_1 T$의 온도차를 갖는 시스템에서 전달되는 에너지의 양 q를 다음과 같이 정의해보자.

$$(5.3.8)\quad q = U_o A^* \triangle_1 T.$$

여기에서, U_o를 총괄열전달계수라 하며, 열전달계수 h와 동일한 단위를 가진다. 여기서 주의할 것은 A^*로 위의 예와 같이 세겹으로 둘러싸인 원통형관의 경우 면적이 총 네 곳에 존재한다. 따라서, 총괄열전달계수(U_o)는 어느 면의 면적(A^*)을 기준으로 할지를 미리 정해야 한다. 식(5.3.7)과 식(5.3.8)을 같다고 놓으면,

$$(5.3.9)\quad q = \frac{\triangle_1 T}{\sum R} = U_o A^* \triangle_1 T,\ \text{그러므로},\ U_o = \frac{1}{A^* \sum R}.$$

열저항과 총괄열전달계수의 관계는 식(5.3.9)와 같이 정의될 수 있으며, A^*는 어느 면에서의 면적으로 할지를 임의로 정해주게 된다.

문제 5.3.1)

속이 빈 원동형 관에 단열새(두께 $4cm$, 열선도도 $0.06\ W/mK$)의 유무에 따른 열 손실을 알아보자. 관내부와 외부의 온도는 각각 120℃, 20℃이다. 유체가 흐르는 관의 내경은 $2cm$, 외경은 $2.7cm$이다. 관의 열전도도는 $43\ W/mK$이고, 관 내와 외부의 열전달계수 h_h= 5500 W/m^2K, h_c= 20 W/m^2K이다. 단열재를 적용할 경우의 에너지양을 q_o, 적용하지 않을 경우의 에너지 양을 $q_\times$라 할 때, $q_\times/q_o$는 얼마인가? 또한, 제일 작은 내경 기준의 총괄열전달계수(U_o)는 얼마인가?

5.4 경막이론

이 장에서는 열전달에서 중요한 두 개의 무차원수인 프란틀수와(Pr, Prandtl Number) 누셀트수(Nu, Nusselt Number)의 물리적 개념에 대해 알아보고, 두 개의 무차원수가 어떻게 활용될 수 있는지를 알아보고자 한다.

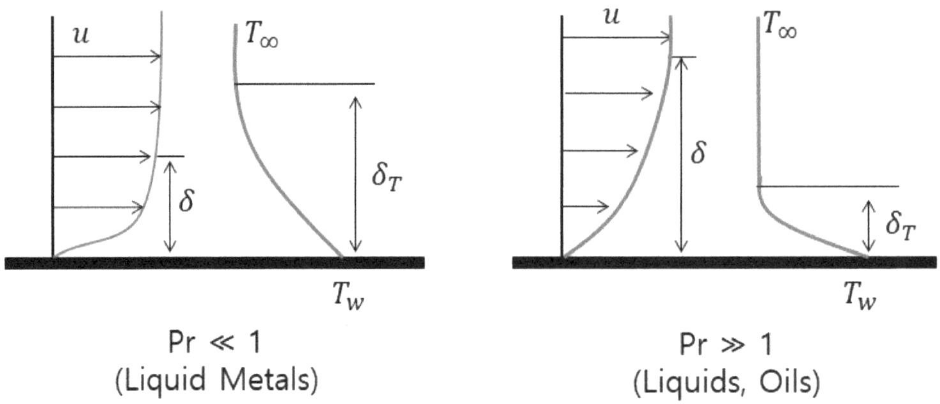

그림 <5.4.1> 프란틀수(Pr)의 물리적 개념

그림 <5.4.1>과 같이 온도 T_w인 평판 위로 유체가 흐른다고 생각해보자. 앞장에서 평판과 멀리 떨어진 온도가 일정한 곳의 온도를 T_∞라 할 때, 온도차에 해당하는 거리를 열경계층의 두께(δ_T)라 하자. 이 거리는 유체마다의 열전도도와 어떤 유동의 특성을 가지느냐에 따라 결정된다. 또한, 평판위에 유체가 흐를 경우, 고체면에서 유체의 속도는 고체면의 속도와 같기에 정지해 있다면 유체의 속도는 0이다. 속도가 평판에 영향을 받지 않고 일정한 유체의 속도를 유지할 때 까지의 거리를 경계층의 두께(δ)라고 하자. 어느 고체면이 존재하고 그 위로 유체가 흐르면서 열전달이 동시에 발생되는 경우, 공통의 유체에 대해 δ와 δ_T는 동시에 존재하게 된다. 이 두께의 비(δ/δ_T)가 프란틀 수(Pr)의 물리적인 의미이다. 프란틀 수는 유체가 운동량의 확산과

열의 확산을 얼마나 잘 하느냐를 나타내는 무차원 수이다. 운동량의 확산은 동점도 $\nu(=\mu/\rho)$로 나타나며, 열의 확산은 열확산계수인 $\alpha(=k/\rho C_p)$로 주어지게 된다. 프란틀수의 정의는

$$(5.4.1)\quad \mathrm{Pr} \equiv \frac{\text{운동량의 확산}}{\text{열의 확산}} = \frac{\nu}{\alpha} = \frac{\mu C_p}{k}\ .$$

즉, 프린틀 수(Pr)가 크다는 의미는 운동량의 확산이 열의 확산보다 크다는 의미로, $\delta > \delta_T$ 인 경우를 의미하고, 작다는 것은 $\delta < \delta_T$ 을 의미한다. 대표적으로, 수은과 같은 액체금속은 상대적으로 열의 확산이 커서 먼 거리까지 쉽게 열이 전달된다. 대부분의 액체와 오일의 프란틀 수(Pr)는 1보다 크다. 이와 같이, 프란틀 수(Pr)는 유체에 따라 결정됨으로 물성이다. 즉, 유체가 결정되면, 프란틀 수((Pr)는 결정된다. 많은 연구자들에 의해 실험적으로 δ와 δ_T사이에 다음의 관계가 있음이 밝혀졌다.

$$(5.4.2)\quad \frac{\delta}{\delta_T} = f(\mathrm{Pr}) \sim \mathrm{Pr}^{1/3}$$

이 관계는 다음의 경막이론(Film Theory)에서 중요한 부분을 담당하게 된다.

고체 면과 맞닿은 유체로의 열전달은 전도(Conduction)와 대류(Convection)에 의해 가능하다. 이때, 유체 내부로 전도에 의한 열전달과 대류에 의한 열전달의 비가 누셀트수(Nu)이다. 대류에 의한 열전달은 뉴톤의 쿨링법칙에 따른 열전달계수로 표현되며, 전도에 의한 열전달은 경계면에서의 기울기를 사용한 퓨리어의 열전도법칙으로 표현된다. 누셀트수(Nu)의 정의는

$$(5.4.3)\quad Nu \equiv \frac{\text{대류에 의한 열전달}}{\text{전도에 의한 열전달}} = \frac{hL_c}{k}\ .$$

여기에서, L_c는 특성길이, k는 유체의 열전도도를 나타낸다. 동일한 형태이나 고체의 열전도도를 사용하면, 비오트수(Bi, Biot Number)이므로 주의가 필요하다.

보통, 열전달계수 h를 구하는 것이 열전달문제에서 중요한 경우가 많다. 유체의 수송에서 양단에 걸리는 압력차를 구하려고 할 때, 마찰계수를 도입하듯이, 열전달계수를 구하기 위해 Nu를 이용하는 방법이 많이 사용된다. 이것을 알아보기 위해 경막이론(Film Theory)에 대해 좀 더 자세히 알아보자. 그림 <5.4.1>에서 유체의 속도분포를 선형적이라고 가정해 볼 때, 뉴토니언 유체의 전단응력과 미지의 거리 δ는

(5.4.4) $\tau=\mu\dfrac{u}{\delta}$ 또는 $\delta=\mu\dfrac{u}{\tau}$.

이때, δ는 직접적인 측정이 어려우나, τ는 측정이 가능한 물리량이다. 마찰계수의 정의($f=\tau/(\rho u^2/2)$)와 특성길이 L_c을 가진 레이놀즈수를 사용하면,

(5.4.5) $\delta=\dfrac{\mu u}{\frac{1}{2}\rho u^2 f}=\dfrac{2\mu}{\rho u f}$ 또는 $\dfrac{\delta}{L_c}=\dfrac{2}{fRe}$.

한편, 단순화된 선형의 열경계층(δ_T)을 사용한 열전달의 경우,

(5.4.6) $q=\dfrac{kA_N(T_w-T_\infty)}{\delta_T}=hA_N(T_w-T_\infty)$ 또는 $h=\dfrac{k}{\delta_T}$.

여기에서, 열전달계수 h와 두께 δ_T는 모두 직접적인 측정이 불가능하다. 이것을 누셀트수의 정의식(5.4.3)에 대입하고, 경계층의 두께(δ)를 분자, 분모에 넣어 유동에서의 정보인 식(5.4.5)과 두 경계층의 관계인 식(5.4.2)을 대입하면,

(5.4.7) $Nu=\dfrac{L_c}{\delta_T}=\dfrac{L_c}{\delta}\dfrac{\delta}{\delta_T}=\dfrac{f}{2}Re\,\mathrm{Pr}^{1/3}$.

이 식으로부터 누셀트수(Nu)를 마찰계수(f), 레이놀즈수(Re), 프란틀수(Pr)로부터

구해낼 수 있다. 이것이 갖는 중요한 의미는 프란틀수(Pr)는 물성값이며, 마찰계수(f)와 레이놀즈수(Re)는 유동에서의 정보라는 것이다. 즉, 유동에서의 정보를 통해 열전달에서의 정보를 얻게 된 것이다. 중요한 한 가지는 마찰계수는 시스템에 따라 모두 다른 값의 범위를 가지므로 (즉, 원통형관에서의 흐름, 덕트에서의 흐름, 구주위를 흐르는 흐름등) 누셀트수 또한 시스템마다 다른 값의 범위를 가지게 되고, 레이놀즈수와 프란트수와의 다른 조합을 가지게 된다.

식 (5.4.7)을 다음과 같이 정리한 것을 j_H(j-factor)라고 부르며, 열전달에서의 Colburn의 유사(analogy)라고 부른다.

(5.4.8) $$j_H = \frac{Nu}{Re\,\mathrm{Pr}^{1/3}} = St\,\mathrm{Pr}^{2/3} = \frac{f}{2}\ .$$

여기에서, 또다른 무차원수인 스탠톤수(St, Stanton Number)는 다음과 같이 정의된다.

(5.4.9) $$St \equiv \frac{Nu}{Re\,\mathrm{Pr}}\ .$$

매끈한 원통형의 관에서 마찰계수는 $f \sim 0.079\,Re^{-0.25}$을 이용하면, 누셀트수는 간략히 다음과 같이 정리된다.

(5.4.10) $$Nu \sim 0.04 Re^{0.75}\,\mathrm{Pr}^{1/3}\ .$$

원통형관에서의 흐름과 같은 강제대류에서 누셀트수는 레이놀즈수와 프란틀수에의해 결정됨을 알 수 있다. 자연대류에서 누셀트수는 레이놀즈수가 그라스호프수(Gr, Grashof Number)로 대체된다. 그라스호프수에 대해서 이 책에서는 다루지 않는다.

앞서 언급했듯이, 누셀트수를 Re와 Pr를 통해 구해내면, 열전달계수(h)는 특성길이 L_c를 가진 시스템에서 다음과 같이 구해진다.

$$(5.4.11)\ h = \frac{kNu}{L_c}\ .$$

또한, 물성은 온도에 따라 증가하기도 하고 감소하기도 한다. 문제는 유체의 물성값을 어느 온도의 값을 기준으로 하느냐하는 것이다. 열전달의 문제에 있어서는 유체 내의 온도가 주어진 시스템에서의 최소온도($T_{\min}$)와 최대온도($T_{\max}$)사이에서 존재하게 된다. 이때, 하첨자 f를 사용하여 물성을 결정하는 온도(T_f, Film Temperature)를 정의하는데, 이 온도는

$$(5.4.12)\ T_f = \frac{T_{\min} + T_{\max}}{2}.$$

그림 <5.4.1>의 경우, $T_f = \frac{T_w + T_\infty}{2}$임을 알 수 있다.

문제 5.4.1)

문제 4.3.1)에서의 T_f는 얼마인가?

5.5 원통형관에서의 열전달

이 장에서는 앞장에서 논의한 경막이론(Film Theory)을 이용하여, 실제로 열전달계수를 구하는 방법을 살펴보도록 하자. 많은 연구를 통해 원통형관에서의 실험식들이 많이 제안되었고 대표적인 몇 가지를 표 <5.5.1>에 정리하였다.

표 <5.5.1> 원통형관내 난류에서의 열전달계수에 대한 실험식

종류	실험식	범위
Dittus-Boelter Correlation	$Nu = 0.023Re^{0.8}\mathrm{Pr}^{n}$ ($n=0.4$: 유체가 가열될 때, $n=0.3$: 유체가 냉각될 때)	$Re > 10^4$, $0.7 < \mathrm{Pr} < 160$, $L/D > 10$
Colburn Correlation	$Nu = 0.023Re^{0.8}\mathrm{Pr}^{1/3}$	$Re > 10^4$, $0.7 < \mathrm{Pr} < 160$, $L/D > 60$
Sieder-Tate Correlation	$Nu = 0.023Re^{0.8}\mathrm{Pr}^{1/3}\left(\dfrac{\mu}{\mu_s}\right)^{0.14}$ (μ_s는 벽면온도에서의 점도)	$Re > 10^4$, $0.7 < \mathrm{Pr} < 17000$

많이 적용되는 Dittus-Boelter Correlation은 유체가 냉각과 가열될 때를 구분하여 적용한다. Colburn Correlation은 매끈한 관에서의 마찰계수를 적용한 것과 동일함을 알 수 있다. Sieder-Tate Correlation은 점도의 온도의존성을 고려하여 관의 벽면에서의 온도와 관내의 중심에서의 온도에서의 점도의 차이를 고려한 것이다. 원통형 관내를 강제대류로 흐르는 유동에 대해 적용할 때 평균속도와 레이놀즈수를 구하고, 유체의 온도에 대한 프란틀수를 찾아 적용하면, 누셀트수를 쉽게 구할 수 있다. 원통형의 관에서는 특성길이(L_c)가 관의 내경 D가 됨으로,

$$(5.5.1)\quad h = \frac{kNu}{L_c} = \frac{kNu}{D}\ .$$

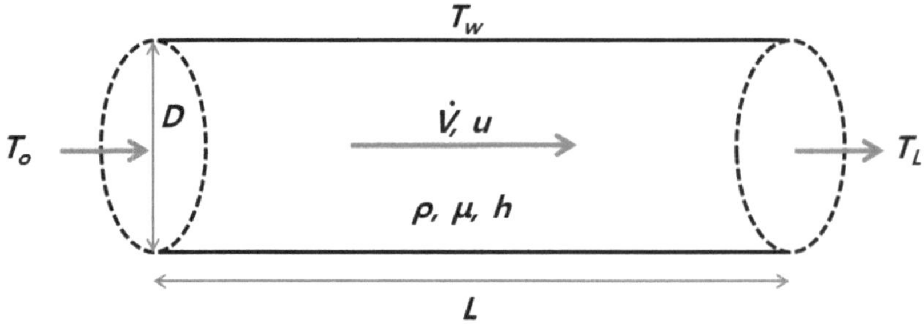

그림 <5.5.1> 원통형관의 가열/냉각에 따른 열전달

다음으로, 원통형관내의 유동의 온도가 일정하지 않은 경우를 살펴보자. 일반적으로 원통형관을 가열 또는 냉각해야 하는 열교환은 화학공정에서 필수적이다. 그림 <5.5.1>과 같이 들어갈 때의 온도를 T_o, 원통형관의 길이 L의 관 벽의 온도를 T_w, 출구의 온도를 T_L이라고 할 때, 다음의 관계가 성립한다.

(5.5.2) $$\ln\frac{T_L - T_w}{T_o - T_w} = -\frac{h}{\rho u C_p}\frac{4L}{D} = -St\frac{4L}{D}.$$

여기에서, 스탠톤수인 St는 정의로 $N/Re\,\mathrm{Pr}$이므로, 표 <5.5.1>에서 주어진 실험식을 적용하여 계산할 수 있다. 식 (5.5.2)을 사용하여 다양한 문제를 해결할 수 있다. 예를 들면, 길이 L의 원통형관에 T_w로 일정하게 가열 또는 냉각한다면, T_L은 얼마가 될 것인가? T_L의 온도를 맞추어주기 위해 히터를 통해 T_w의 온도를 유지할 수 있다면, 필요한 관의 가열 길이 L은 얼마인가?

관심 가져야 할 사항으로 유체가 관 벽으로부터 얻거나 또는 잃어버린 에너지는 얼마인가 하는 것이다. 양단의 온도차는 $T_L - T_o$이고, 질량유량이 $\dot{m}$인 경우,

(5.5.3) $$q = \dot{m}C_p(T_L - T_o).$$

문제 5.5.1)

T_o가 20℃인 액체(부피유량 $0.001m^3/s$, $S.G.=0.8$)가 내경 $3cm$인 관에서 가열구간($L=10m$, $T_w=100$℃)을 통과한다고 하자. (T_f에서 유체의 Pr=7, $\mu=1.2cP$, $k=0.65\,W/m.K$, $C_p=4,200J/kg.K$임.)

1) Dittus-Boelter Correlation을 사용한 열전달계수 h_h의 값은 얼마인가?

2) 출구의 온도(T_L)는 얼마인가?

3) 관벽을 통해 전달한 에너지의 양(q)은 얼마인가?

문제 5.5.2)

5.5.1의 문제에서 T_L이 80℃라면, 가열구간의 온도 T_w는 얼마인가? 또한, 관 벽을 통해 전달한 에너지의 양(q)은 얼마인가?

문제 5.5.3)

T_o가 20℃인 기체(부피유량 $0.2m^3/s$, $S.G.=0.8$)가 내경 $6cm$인 관에서 가열구간($T_w=100$℃)을 통과하여 출구의 온도($T_L=70$℃)를 만들고자 한다. (T_f에서 유체의 Pr=0.7, $\mu=0.5cP$, $k=0.025\,W/m.K$, $C_p=1,000\,J/kg.K$임.)

1) Dittus-Boelter Correlation을 사용한 가열구간의 길이(L)를 구하시오.

2) Colburn Correlation을 사용한 가열구간의 길이(L)를 구하시오.

3) 관벽을 통해 전달한 에너지의 양(q)은 얼마인가?

4) Dittus-Boelter Correlation을 사용한 열전달계수 h_h의 값은 얼마인가?

5.6 열교환기 해석

질문 5.4 일반적인 증류실험에서 냉각수를 에탄올과 반대방향으로 흐르게 하는 이유는?

열교환기란 두 유체 즉 뜨거운 유체와 차가운 유체사이의 에너지의 전달이 주된 목적인 장치이다. 일반적으로 두 유체는 서로 혼합되어 열전달을 하는 것이 아니라 파이프를 사이에 두고 뜨거운 유체는 에너지를 빼앗기고, 차가운 유체는 에너지를 얻는 과정을 거치게 된다. 열교환기에서의 핵심문제는 총괄열전달계수는 얼마나 될 것인가, 뜨거운 유체와 차가운 유체사이의 전달된 에너지의 양은 얼마인가, 원하는 공정조건을 맞추기 위한 출구의 온도, 열교환기의 길이등 디자인 요소에 대한 문제이다.

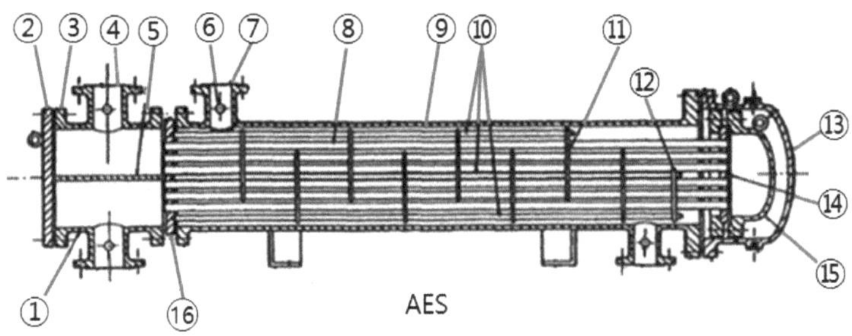

번호	설 명	번호	설 명
①	Stationary Head-Channel	⑨	Shell
②	Channel Cover	⑩	Tie Rods and Spacers
③	Bonnet	⑪	Transverse Baffles
④	Stationary Head Nozzle	⑫	Floating Head Support
⑤	Pass Partition	⑬	Shell Cover
⑥	Instrument Connection	⑭	Floating Tubeheet
⑦	Shell Nozzle	⑮	Floating Head Cover
⑧	Tubes	⑯	Stationary Tubesheet

그림 <5.6.1> Shell-and-Tube 열교환기

이러한 열교환기 해석에는 1) 열교환기에서의 에너지수지식, 2) 온도차에 대한 정의, 3) 총괄열전달계수를 도입, 4) 전달될 에너지의 양 계산, 5) 입구와 출구의 온도를 확인하는 것등이 포함된다. 제일 간단한 열교환기는 그림 <5.6.1>의 이중관열교환기와 Shell-and-Tube 방식의 열교환기이다. 이중관열교환기는 말 그대로 이중의 관으로 둘러싸인 열교환기를 말한다. 내관과 이를 둘러싼 외관이 존재하고, 내관과 외관사이로 뜨거운 유체와 차가운 유체가 흐르게 된다. 이때, 두 유체의 방향에 따라 향류와 병류로 구분된다, 즉, 뜨거운유체와 차가운 유체가 같은 방향으로 흐르면 병류, 반대방향으로 흐르면 향류가 된다. 그러나, 일반적인 Shell-and-Tube 방식의 열교환기에서는 향류와 병류의 구분은 흐름의 복잡성으로 인해 구별할 수 없다.

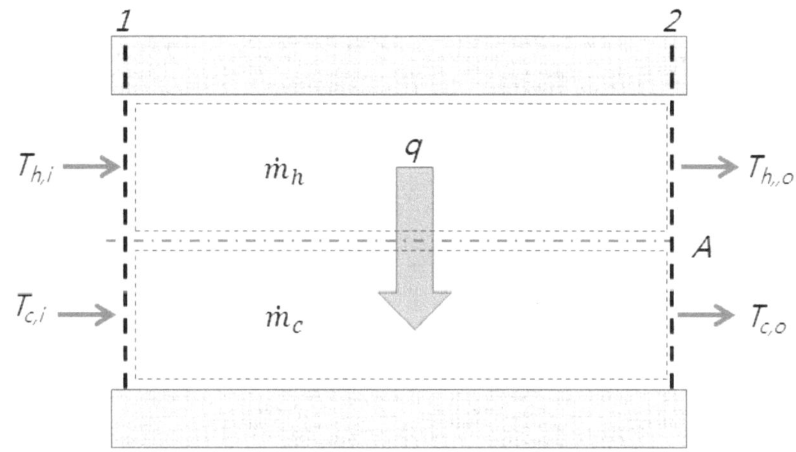

그림 <5.6.2> 열교환기에서의 에너지 교환

그림 <5.6.2>은 유체의 흐름방향이나, 열교환기의 종류에 상관없이 적용 가능한 열교환기의 개념을 설명하고 있다. 하첨자 h와 c는 각각 뜨거운(hot) 유체와 차가운(cold) 유체를 나타낸다. 그러므로, 뜨거운 유체의 온도를 T_h, 차가운 유체의 온도를 T_c라 하자. 여기에, 들어가는 입구는 i를, 출구는 o의 기호를 사용하여 나타내면, $T_{h,i}$는 뜨거운 유체가 입구에서의 온도를, $T_{h,o}$는 뜨거운 유체의 출구에서의 온도를 나타냄을 알 수 있다, $T_{c,i}$와 $T_{c,o}$는 동일한 방식으로 적용된다. $\dot{m}_h$와 $\dot{m}_c$는 각각 뜨거운 유체와 차가운 유체의 질량유량을 나타낸다. 면적 A로 구분된 두 유체사이에서 열은 뜨거운 유체에서 차가운 유체로 q만큼의 에너지를 전달하게 된다. 이 때, 뜨거운 유체의 잃어버린 에너지와 차가운 유체의 얻은 에너지는 에너지 보존 법칙에 의해 같음을 알 수 있다. 이를 수식으로 나타내면,

(5.6.1) $q = C_h(T_{h,i} - T_{h,o}) = C_c(T_{c,o} - T_{c,i})$.

여기에서, $C_h = (\dot{m}C_p)_h$, $C_c = (\dot{m}C_p)_c$이다. 상변화가 없는 현열에 해당하는 에너지 전달을 가정하여, 뜨거운 유체의 경우는 입구에서 출구의 온도를, 차가운 유체의 경우는 출구에서 입구의 온도를 뺀 것으로 온도차가 결정된다. 이제, 뜨거운 유체와 차가운 유체의 임의의 위치에서의 온도차를 다음과 같이 정의한다.

(5.6.2) $\Delta T = T_h - T_c$.

ΔT는 항상 양수임을 알 수 있다. 그림 <5.6.2>에서 "1"점과 "2"점의 위치에서 온도차는 각각 $\Delta T_1 = T_{h,i} - T_{c,i}$, $\Delta T_2 = T_{h,o} - T_{c,o}$로 결정됨을 알 수 있다. 열교환기내에서는 항상 ΔT가 변함을 알 수 있다. 그래서, 전달된 에너지율을 표현하기 위해 총괄열전달계수와 어떤 적절한 평균 온도차(ΔT_{lm})를 다음과 같이 도입하였다.

(5.6.3) $q = U_o A F \Delta T_{lm}$.

식 (5.6.3)의 q와 식(5.6.1)의 q는 같은 값이다. ΔT_{lm}은 로그평균온도차(ΔT_{lm}, Log-Mean Temperature Difference)이고, 다음과 같이 정의된다.

(5.6.4) $$\Delta T_{lm} = \frac{\Delta T_1 - \Delta T_2}{\ln\dfrac{\Delta T_1}{\Delta T_2}}.$$

A는 뜨거운 유체와 차가운 유체가 맞닿은 면의 면적이다. 그러므로 접촉면적(A)을

크게 하면, 전달되는 에너지의 양을 증가할 수 있음을 알게 된다. A는 열교환기에서 중요한 이유는 열교환기의 크기를 결정하는 디자인요소이기 때문이다. 원통형관의 경우, 내경이 정해지면 A는 관의 길이에 의해 결정된다.

F는 열교환기의 디자인에 따른 보정계수로, 이중열교환기와 같은 향류와 병류에서 $F=1$의 값을 가지나, 그 밖의 열교환기에서는 $F<1$의 값을 가지게 되면, 보통 열교환기마다 제공되는 그래프를 통해 값을 얻게 된다.

식(5.6.4)으로 정의된 대수평균온도차를 적용한 열교환기의 해석방법을 LMTD(Log-Mean Temperature Difference)법이라고 부른다. LMTD법은 뜨거운 유체와 차가운 유체의 입출구의 온도를 모두 알아야만 적용할 수 있는 방법이다.

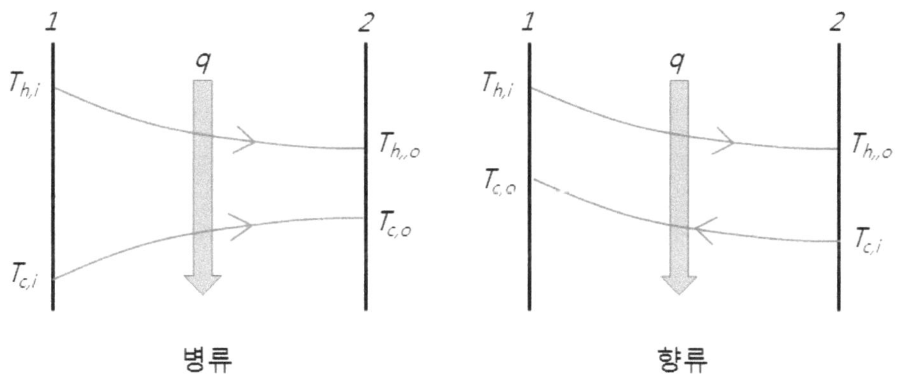

그림 <5.6.3> 열교환기에서의 에너지 교환

위에서 정의된 방법을 이중열교환기에 적용해 보자. 병류와 향류에서의 온도변화에 대한 그래프가 그림 <5.6.3>에 도시되었다. 병류는 흐름의 방향이 같음을 알 수 있고, 향류는 흐름의 방향이 반대임을 알 수 있다. 이에 따른 "1"점과 "2"점의 온도차(ΔT)가 표<5.6.1>에 정리되었다. 따라서, 향류와 병류에서의 ΔT_{lm}의 값이 서로 다르다는 것을 확인할 수 있다. 향류와 병류에서의 식(5.6.3)을 고려해보면, 동일한 구조이므로 총괄열전달계수(U_o)는 같고, 동일한 에너지(q)가 전달된다고 가정하면,

ΔT_{lm}과 A가 변하게 된다. ΔT_{lm}의 값이 크다는 것은 A가 작아도 됨을 의미하면, 이것은 열교환기의 부피가 더 작아도 동일한 열전달 효과를 가짐을 의미한다. 그러므로, 열교환기에서는 ΔT_{lm}의 값을 크게 하고, A가 작아지는 방향으로 설계를 진행하게 되는 것이다.

표 <5.6.1> 향류와 병류에서의 ΔT

	병류	향류
ΔT_1	$T_{h,i} - T_{c,i}$	$T_{h,i} - T_{c,o}$
ΔT_2	$T_{h,o} - T_{c,o}$	$T_{h,o} - T_{c,i}$

예제 5.6.1)

이중관열교환기에서 오일과 물의 열교환을 살펴보자. 0.5kg/s의 오일이 120℃ ($T_{h,i}$)로 유입되어 출구의 온도가 80℃($T_{h,o}$)이다. 물은 0.2 kg/s의 유량으로 10℃ ($T_{c,i}$)로 유입된다고 하자. 필요한 유체의 물성은 기준온도(Film Temperature)에서 $C_{p,oil}$ = 2,000J/kgK, $C_{p,물}$ = 4,000 J/kgK이고, 총괄열전달계수 U_o는 250 W/m^2K이다. 향류와 병류에서 각각 필요한 면적은 얼마인가?

표 <5.6.2> 예제 5.6.1

	병류	향류
$C_h(=\dot{m}C_p)_{oil}(W/K)$	1,000	1,000
$C_c(=\dot{m}C_p)_{물}(W/K)$	800	800
$\Delta T_1(K)$	110	60
$\Delta T_2(K)$	20	70
$\Delta T_{lm}(K)$	52.79	64.87
$A(=m^2)$	3.03	2.47

풀이과정)

LMTD법은 우선 뜨거운 유체와 차가운 유체의 입구/출구에서의 온도를 모두 알아야 한다. 차가운 유체의 출구에서의 온도를 먼저 결정해보자. 식(5.6.1)을 사용하여, $C_h(120-80)=C_c(T_{c,o}-10)$을 통해, $T_{c,o}$= 60℃임을 알 수 있다. 또한, 전달된 에너지의 양(q)은 $q=40{,}000\,W$임을 확인할 수 있다. 식(5.6.4)의 정의에 의해 병류와 향류에서의 ΔT_1과 ΔT_2를 각각 구하고, 이를 통해 ΔT_{lm}의 값을 구한다. 이제, 면적 $A=q/U_o\Delta T_{lm}$을 통해 구할 수 있다. 이것을 정리한 것이 표 <5.6.2>이다.

위 예제를 통해, 향류에서의 면적이 병류에서의 면적보다 작음을 알 수 있다. 즉, 향류에서의 ΔT_{lm}의 값이 크기 때문에, 더 작은 면적(A)으로도 동일한 열전달 효과를 가질 수 있는 것이다. 이와 같이, 열교환기의 구조는 동일하나 유체의 흐름방향만을 변경하여도 열전달 효율은 달라지게 된다. 이것이 간단한 증류실험에서 냉각수가 기존 흐름방향과 반대(향류)로 연결되어지는 이유이다.

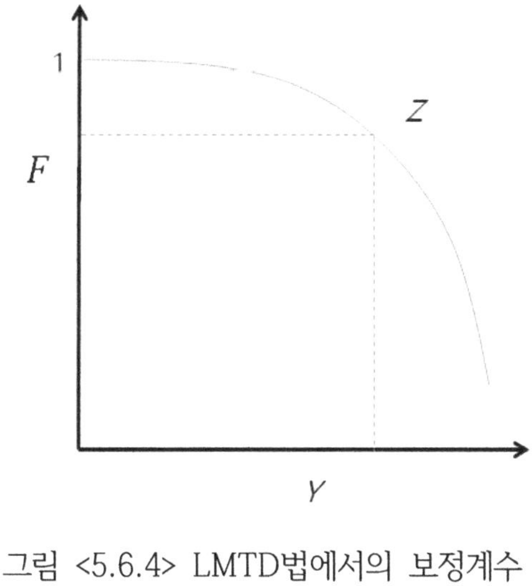

그림 <5.6.4> LMTD법에서의 보정계수 F

이중관열교환기가 아닌 다른 열교환기에서는 각 열교환기마다 그림 <5.6.4>의 그래프를 제공한다. Shell-and-Tube 방식의 열교환기를 예로 들어보자. t는 tube, s

는 shell을 나타낸다면, $T_{t,o}$는 tube의 출구(outlet)의 온도를 말하고, $T_{s,i}$는 shell의 입구(inlet)에서의 온도를 말한다. 이것으로 그래프에 나와 있는 두 변수인 Y와 Z을 다음과 같이 정의한다.

(5.6.5) $Y=\dfrac{T_{t,o}-T_{t,i}}{T_{s,i}-T_{t,i}},\ Z=\dfrac{T_{s,i}-T_{s,o}}{T_{t,o}-T_{t,i}}.$

4가지 온도를 통해 Y와 Z을 결정하면, 그래프에서 F의 값을 읽게 된다. 다른 열교환기도 이중열교환기에서의 방식과 동일한 방법으로 LMTD법을 적용할 수 있다.

여기까지는 뜨거운 유체와 차가운 유체의 입구/출구의 온도를 다 알아야 해결할 수 있는 LMTD법에 대해서 다루었다. 뜨거운 유체와 차가운 유체의 입구에서의 온도 2가지만을 알고 있을 때의 열교환기 해석방법을 $\epsilon-NTU$법(그림 <5.6.4>)이라고 한다. 이 방법에 대해서는 간략히 소개를 하고자 한다. 우선, $C_{\min}$과 $C_{\max}$를 다음과 같이 정의한다.

(5.6.6) $C_{\min}=\min(C_h, C_c),\ C_{\max}=\max(C_h, C_c).$

총 전달된 에너지율인 q를 ϵ(Effectiveness)을 사용하여 다음과 같이 정의한다.

(5.6.7) $q=\epsilon C_{\min}(T_{h,i}-T_{c,i}).$

즉, 두 유체의 입구에서의 온도와 $C_{\min}$의 값에 ϵ을 보정하는 개념이다. ϵ(Effectiveness)의 정의는 실제열전단율을 최대열전달율로 나눈 값으로, $C_{\min}$이 C_h 또는 C_c에 따라 다음과 같이 정의된다.

$$(5.6.8)\quad \begin{cases} \epsilon = \dfrac{C_{\max}(T_{h,i}-T_{h,o})}{C_{\min}(T_{h,i}-T_{c,i})}, \ C_{\min}=C_c \text{일 때} \\ \epsilon = \dfrac{C_{\max}(T_{c,o}-T_{c,i})}{C_{\min}(T_{h,i}-T_{c,i})}, \ C_{\min}=C_h \text{일 때.} \end{cases}$$

이와 함께, NTU(Net Transfer Unit)의 정의는

$$(5.6.9)\quad NTU=\frac{U_oA}{C_{\min}}.$$

열교환기마다 ϵ과 NTU에 해당하는 그래프를 제공하게 된다. 보통 $C_{\min}/C_{\max}$의 값에 따라 그래프가 그려지게 되는데, NTU의 값을 알면, 그래프로 ϵ값을 읽게 되며, 반대의 경우도 성립한다. 이를 통하여 식(5.6.7)의 총 전달된 에너지율을 알 수 있게 된다.

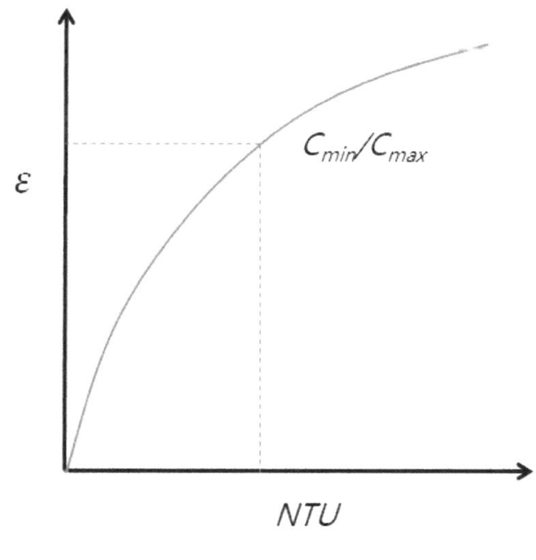

그림 <5.6.5> $\epsilon-NTU$법

제6장 화공계장

6.1 PFD(Process Flow Diagram)

공정흐름도 (PFD, Process Flow Diagram)는 공정기본설계(process basic design)를 수행하기 위하여 필요한 정보를 도면으로 표기한 것으로 규격 제품의 생산을 위하여 필요한 원료 및 열의 공급량과 필요 양정(hydraulic head)을 계산한 결과이다. 이에 필요한 사항은 열 및 물질수지, 기계 및 장치의 사양 그리고 기본적은 공정제어루프(process control loop) 등이며 이를 통하여 주요 장치의 배치, 공정흐름별 조성 및 운전조건 등을 파악할 수 있다. 열수지(heat balance)는 원료를 투입하여 규격제품을 생산할 목적으로 공정조건을 충족시키기 위하여 가열 및 냉각을 시키거나 화학반응의 결과에 의하여 발열반응 또는 흡열반응이 나타남으로써 공정 중의 물질의 상태 변화에 따른 에너지의 입력 (input) 및 출력(output)을 계산하여 나타낸다. 물질수지(material balance)는 공정 중에 사용되는 원료 및 부재료의 양과 규격제품 및 비규격제품, 부산물, 폐가스, 폐액 등 배출되는 물질에 대한 손실량 간의 수입 및 지출을 계산하는 것을 말한다. PFD에 표기되는 사항은 다음과 같다.

- o 열 및 물질수지
- o 공정 처리순서 및 흐름의 방향
- o 회전기계 및 고정장치의 배열
- o 기본적인 제어로직(control logic)
- o 펌프 및 압축기 등 회전기계 사양
- o 가열로 및 저장탱크 등 고정장치 사양
- o 회분식 공정에서 작업순서 및 작업시간

도면의 형태는 표준 크기의 A1 용지에 CAD(computed aided design)를 이용하여 작성하며 제도(drafting)는 도면이 A3 크기 시트로 축소 될 때 판독성을 유지할 수 있도록 제도 품질이 충분히 높아야한다. 배치(layout)는 공정의 흐름에 따라 왼쪽에서 오른쪽으로 회전기계 및 고정장치 등 설비를 배열하고 열수지(heat balance) 및 물질수지(material balance)는 도면의 왼쪽 하단부에 블록 형태로 표시한다. 원료의 투입 및 제품의 생산공정을 한 눈에 알아볼 수 있도록 알기 쉽게 그려야 하며 가능 한 단위 공정을 한 장에 나타내야 한다. 다만, 공정설비가 복잡하여 2 장 이상으로 분할해야할 경우에는 공정 관점에서 분리가 가장 쉬운 부분에서 분할하여 별도의 용지에 그려야 한다. 도형 선의 두께는 일반적으로 주공정은 0.5mm, 기계장치 0.3mm, 보조공정 및 동력설비 0.3mm, 계기루프 0.2mm, 방향지시선 0.1mm 등이다. 반응기의 2열 배열 등 두 개 이상의 동일한 공정 흐름이 있는 경우 하나의 배열만을 그리고 다른 배열은 생략 될 수 있으며 생략 사실을 분명하게 표시한다. 공정 또는 지역 등을 포함하는 도면명칭과 도면번호 등은 오른쪽 하단부에 있는 블록에 기입한다. 범례(Legend)는 원칙적으로 PFD의 오른쪽 상단 구석에 표기하여야 한다. 장치 심볼(equipment symbols)은 모형원판(stencil)형태로 표시한 도형으로 나타내며 도면의 상부에 간단한 사양 및 치수를 기입한다.

도면작성의 기준은 아래와 같다. 회전기계 및 고정장치에 대해서는 장치의 고유번호, 명칭, 용량, 유체의 종류 등을 표시하며 다음 사항을 고려하여 표시 한다. 설비류는 심볼을 이용하여 단순하게 표시하며 회전기기에 있어서 예비기기는 별도로 표시하지 않는다. 스트레이너(strainer), 스팀트랩(steam trap) 등 사소한 설비는 생략하며 카트리지 형태의 대형 필터 등과 같이 기능상 공정에 영향을 미치는 기기는 표시한다. 압력용기는 외곽선만 간결하게 표시하며 증류탑의 경우에는 공급단 트레이, 인출단 트레이, 상부 트레이, 하부 트레이 등은 트레이 번호를 부여하며 충전탑의 경우 충전층(packing layer)을 표시 한다. 셸앤튜브형 열교환기(shell & tube type) 열교환기는 단일 심볼로 표시하며 동체의 개수나 상세한 유체흐름의 경로 등은 표시하지 않고 동체측과 튜브측만 구분하여 표시한다. 공냉식 열교환기, 판형 열교환기, 이중관 열교환기 등은 별도의 심볼을 사용한다. 회전기계는 동일 유형의 심볼을 사용하며 익스팬더 등 복합적인 구조의 기기는 공급유체의 흐름 경로가 나타나도록 표시 한다.

회전기계 및 고정장치에 대한 표기내용은 그 특징에 따라 다음과 같이 작성한다. 펌프 및 압축기의 표기는 장치번호 및 명칭, 유량, 출력 등을 나타낸다. 열교환기는 장치번호 및 명칭, 열용량 등을 나타내고 있다. 분류탑 및 반응기는 장치번호 및 명칭, 치수(지름 및 높이 또는 길이), 트레이(tray) 수 또는 충진물 및 충진층(packing layer) 높이 등을 표기하며 압력용기 및 저장탱크는 장치번호 및 명칭, 치수(지름 및 높이 또는 길이), 저장용량 등을 기입한다.

계기 및 제어장치의 주요 기능은 공정설비에 대한 단위운전(unit operation)과 운전조건 변화에 대한 정보 제공 등을 목적으로 한다. 기본적인 제어로직을 나타내기 위하여 필요하며 현장 계기 및 지시용 계기 등은 생략하며 자동밸브의 전·후단 차단 밸브와 바이패스 밸브도 표시 하지 않는다. 정기보수작업 시에만 사용되는 높은 위치의 벤트와 낮은 위치의 드레인은 표시하지 않는다. 또한 회전기계 및 열교환기에 설치된 벤트 및 드레인도 표시하지 않는다.

배관의 표시는 주 공정흐름배관을 중심으로 표시하며 기본적인 공정운전에 필요한 경우에는 바이패스 배관(by-pass line)과 시운전배관(start-up line) 등도 별도로 표시하며 스팀 및 연료유 등 유틸리티 배관은 입구와 출구측만 표시한다.

열 및 물질수지(heat & material balance)는 공정흐름도(PFD)에서 유체의 조성(component), 상(Phase), 유량, 온도, 압력 등 중요한 물리적 특성과 열용량 또는 에너지 소비량 등을 표시한다. 각 장치를 기준으로 배관에 따라 공정흐름 순서와 위치를 식별할 수 있도록 흐름번호(stream number)를 부여하고 이에 대응하는 열 및 물질수지를 도면의 하단부에 표를 만들어 기록하며 필요에 따라 별도도면에 작성 할 수도 있다. 열 및 물질수지표에는 다음과 같은 내용을 표시한다.

- o 흐름번호
- o 흐름별 유체의 상(고체, 액체, 기체)
- o 유체의 조성
- o 유체 특성 : 비중, 점도, 밀도, 분자량
- o 유량, 운전온도, 운전압력

o 열용량, 엔탈피 등

흐름번호는 주 공정흐름을 우선하여 원료의 공급에서부터 제품 생산에 이르기까지 순차적으로 부여한다. 또한 분류공정, 정제 및 회수공정 등 부속 공정흐름에 대해서도 계통별로 부여한다. 연속적인 벤트(vent)나 드레인(drain)은 반드시 표기하여 원재료 및 부재료의 총 투입량, 중간 손실 및 제품량의 수지를 맞추어 제품의 총생산량이 일치하도록 하여야 한다.

다품종의 제품을 생산하는 공정인 경우에는 원료, 제품 등 구성성분 및 운전조건의 변경에 따라 공정흐름도(PFD)와 열 및 물질수지(heat & material balance)를 제품의 수에 따라 별도로 작성하여야 한다.

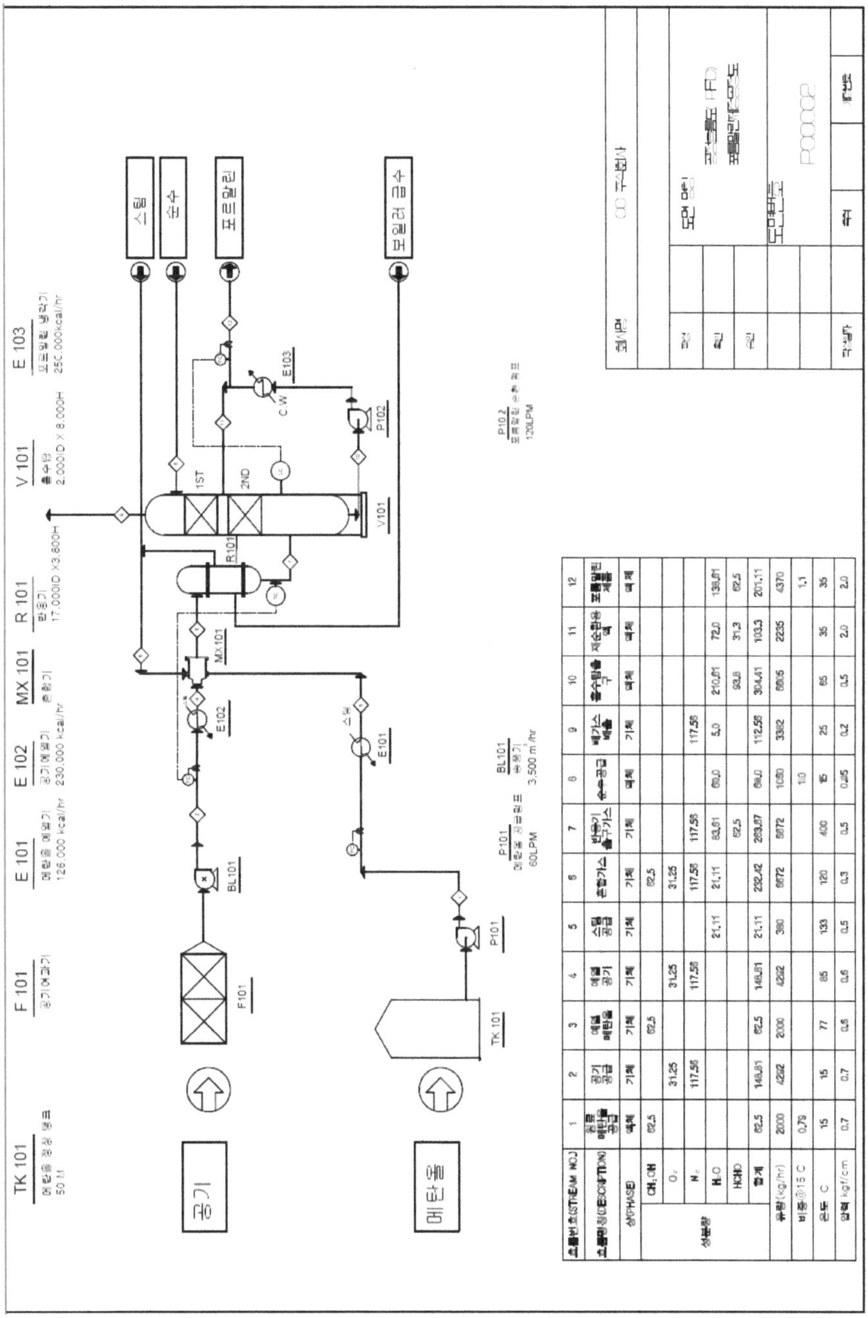

흐름번호(STREAM NO.)		1	2	3	4	5	6	7	8	9	10	11	12
흐름명칭(DESCRIPTION)		원료 메탄올 공급	공기 공급	예열 메탄올	예열 공기	스팀 공급	혼합가스	반응기 출구가스	순수공급	배가스 배출	흡수탑출구	재순환용액	포름알린 제품
상(PHASE)		액체	기체	기체	기체	기체	기체	기체	액체	기체	액체	액체	액체
성분량	CH_3OH	62.5		62.5			62.5						
	O_2		31.25		31.25		31.25						
	N_2		117.56		117.56		117.56	117.56		117.56			
	H_2O					21.11	21.11	83.61	69.0	5.0	210.61	72.0	138.61
	HCHO							62.5			93.8	31.3	62.5
	합계	62.5	148.81	62.5	148.81	21.11	232.42	263.67	69.0	112.56	304.41	103.3	201.11
유량(kg/hr)		2000	4292	2000	4292	380	6672	6672	1050	3382	6605	2235	4370
비중@15 C		0.79							1.0				1.1
온도 C		15	15	77	85	133	120	400	15	25	65	35	35
압력 kgf/cm		0.7	0.7	0.6	0.6	0.5	0.3	0.5	0.35	0.2	0.5	2.0	2.0

그림 <6.1.1> 공정흐름도(PFD) 예시

6.2 P&ID(Piping & Instrument Diagram)

공정배관계장도 (P&ID, Piping & Instrument Diagram)는 공정상세설계(process detail design)를 수행하기 위하여 필요한 정보를 도면으로 표기한 것으로 설계, 조달 및 시공(EPC: engineering procurement construction)을 목적으로 한다. 여기서 안전성 및 운전성(HAZOP: hazard and operability) 검토를 거친 후 공정의 시운전(start-up operation), 정상운전(normal operation), 비상운전(emergency operation) 및 가동정지(shut-down) 시에 필요한 회전기계 및 고정장치, 배관규격, 공정계기 그리고 제어로직(control logic)으로 구성된 제어루프(control loop) 등을 표시하며 공정운전, 유지보수 및 변경관리를 하는 데 필요한 기술정보를 파악 할 수 있는 도면이다. 공정배관계장도에 가장 먼저 나타나는 범례도(Legend)에 표시되어야 할 사항은 다음과 같다. 기계 및 장치기호(symbol), 계기부호(sign), 배관의 사양과 각각의 고유번호 부여 체계, 약어 및 약자의 정의, 기타 특수 요구사항 등이다. 회전기계 및 고정장치는 예비기기를 포함하여 표시하여야 하며 다음 내용이 포함되어야 한다.

- o 회전기계의 고유번호, 명칭, 용량 및 동력원(전동기, 터빈 또는 엔진등)
- o 고정장치의 고유번호, 명칭, 용량, 열용량(heat duty) 및 재질명세
- o 분류탑, 반응기 등은 맨홀, 트레이(tray)의 단수와 함께 분배기(distributor) 등 내부 부속품 표기
- o 벤트(vent) 및 드레인(drain)의 치수와 위치
- o 회전기계 및 고정장치의 보온, 자케팅(jacketing) 및 연결부 표기
- o 공급범위 및 기타 특수조건 등의 표기

배관 및 덕트에는 유체의 흐름방향과 함께 다음의 사항이 표시되어야 한다.

- o 호칭지름, 배관번호, 재질, 플렌지 호칭압력, 보온 등
- o 시운전 및 정상운전 시에 필요한 모든 벤트 및 드레인
- o 유량조절밸브, 역류방지밸브(체크밸브), 차단밸브 등 모든 종류의 밸브

o 시료채취 배관, 시운전 및 가동정지에 필요한 배관
o 보온의 종류 및 스팀 또는 전기에 의한 트레이싱(heat tracing)
o 배관의 재질이 바뀌는 위치 및 치수

계측제어장치에는 온도, 압력, 액위, 유량, 조성 등을 측정하는 각종 계기와 이들의 값을 조절하는 제어밸브 등이 있으며 표시되어야 하는 사항은 다음과 같다.

o 고유번호, 종류, 형식, 기능
o 센서, 조절기, 지시계, 기록계, 경보계 등을 포함한 제어 계통
o 분산제어시스템(DCS: distributed control system) 또는 아날로그 등 제어 장치의 구분
o 현장설치계기, 현장판넬표시계기, 조정실내 표시계기 등의 구분
o 제어밸브와 긴급차단밸브의 크기, 형태, 바이패스의 규격
o 이상발생 시 제어밸브의 개폐 위치
o 공기신호 또는 전기신호 등 신호라인(signal line)
o 안전밸브의 크기, 설정압력 및 토출측 연결부위의 조건
o 계장용 배관 및 계기의 보온종류
o 비정상운전 및 인진운진을 위한 연동시스템(inter-lock system)

공정배관계장도면(P&ID)의 작성은 공정계통도(PFD)를 기초로 작성하여야 하며 유틸리티 계통도(UFD: utility flow diagram)는 공정배관계장도 작성 기준에 따라서 별도로 작성하여야 한다. 도면은 약어와 기호(symbol)를 이용하여 간단하게 작성한다. 도면 작성 시 필요한 일반적인 사항은 도면의 우측 상단에 일반사항(general notes)를 이용하여 표시한다. 도면에는 공정 또는 지역 등을 포함하여 고유의 도면번호를 부여하여야 한다. 또한 도면에 기계 및 장치를 배치함에 있어서 축척을 사용할 필요는 없으나 상대적 높이와 크기를 표시하며 필요한 경우에는 배관의 경사 및 장치 지지대 높이 등을 명기한다. 유체의 흐름방향은 도면의 좌측에서 우측으로, 위에서 아래로 흐르도록 하며 좌우의 선과 상하의 선이 교차하는 경우에는 좌우의 선을 우선하여 표시하고 상하의 선을 끊어서 표시한다. 하나의 유체가 2매 이상의 도면으로 연결되는 경우에는 연결되는 도면번호 및 연결장치 등의 고유번호 등을 표기하여 흐름

의 연결을 쉽게 알아볼 수 있도록 한다. 각종 계기의 표시는 계기원을 상하로 나누어 상단부에는 계기의 측정대상과 기능을 표시하고 하단부에는 계기번호를 표시한다. 경보(alarm)가 필요한 경우 계기원의 우측상단에는 경보의 상한을 표시하고 우측하단에는 경보의 하한을 표시한다.

도면의 약어 및 용어는 도면을 해석하는데 필요한 기본사항으로 범례도(Legend)에 설명되어 있다.

표 <6.2.1> 도면의 약어 및 용어

항목	설　명	항목	설　명
AMB	Ambient	NC	Normally Closed
ATM	Atmospheric	NO	Normally Open
BD	Blow Down	OVHD	Overhead
BL	Battery Limit	ROV	Remote Operated Valve
CONN	Connection	RTD	Resistance Temp. Detector
CSC	Car Sealed Closed	RTJ	Ring Type Joint
CSO	Car Sealed Open	SC	Sample Connection
DR	Drain	SCH	Schedule
DWG	Drawing	SD	Shut-down
ESV	Emergency Shut-off Valve	SOV	Solenoid Operated Valve
GC	Gas Chromatograph	STM	Steam
HDR	Header	TSO	Tight Shut-off
MOV	Motor Operated Valve	VAC	Vacuum

도면 작성 시 일반사항(general notes)은 벤트(vent), 드레인(drain) 및 릴리프밸브(relief valve) 등 안전관련 사항이 많으며 사업장 별로 차이가 있으며 아래와 같이 표기된다.

- o 모든 배관의 벤트(vent)는 표기된 경우를 제외하고는 3/4" 이다.
- o 모든 배관의 드레인(drain)은 표기된 경우를 제외하고는 3/4" 이다.
- o 모든 장치의 벤트 및 드레인은 표기된 경우를 제외하고는 탭(tap)의 치수이다.
- o 대기와 연결된 공정 중의 모든 밸브는 캡(cap) 또는 블라인드플렌지(blind flange)를 설치한다.
- o 제어밸브의 공기 차단 시 제어 밸브 작동 : FO(Fail Open)표시는 열림,

FC(Fail Close)표시는 닫힘, FLO(Fail Locked)표시는 고정이다.
단, 공기 누설 시엔 FLO표시는 닫히며 나머지 표시밸브들은 모두 열린다.

- o 중력흐름(gravity flow)에서 유출배관의 높이는 유입배관의 높이를 초과하지 않는다. 배관에 포켓이 있을 수도 있다.
- o 배관 경사면의 높이의 아래쪽으로만 변화하며 포켓을 두지 않는다. 특정한 경사면은 직각삼각형의 기호로 표시한다.
- o 임의의 자유드레인은 표시와 함께 목적지를 나타낸다.
- o 모든 폐쇄 릴리프 밸브의 방출구는 릴리프 밸브 방출 플랜시에서 릴리프 헤더 상단방향으로 아래로 기울어져야한다. 릴리프 방출헤더는 시공 후 반드시 점검하여야 한다.
- o 6mm 배출구(weep hole)는 릴리프 밸브 배출 라인의 가장 낮은 지점으로부터 대기로 방출한다.
- o 릴리프 밸브 또는 릴리프 배관의 레듀서(reducer)는 릴리프 밸브로부터 최소한의 거리가 되어야한다.

표 <6.2.2> 도면번호 작성항목

<table>
<tr><td colspan="8">OWNER :
PROJECT NAME:</td></tr>
<tr><td colspan="8">CONTRACTOR :</td></tr>
<tr><td colspan="8">SUB-CONTRACTOR</td></tr>
<tr><td>DRAWN BY</td><td></td><td colspan="6" rowspan="3">TITLE: P & ID
LEGEND & SYMBOLS
PIPING</td></tr>
<tr><td>CHECKED BY</td><td></td></tr>
<tr><td>REVISED BY</td><td></td></tr>
<tr><td>APPROVED BY</td><td></td><td colspan="6" rowspan="2">DWG. NO.
ESD240</td></tr>
<tr><td>PROJECT NO.</td><td></td></tr>
<tr><td>PROJECT NO.</td><td></td><td>SCALE</td><td>NON</td><td>DATE</td><td></td><td>REV.</td><td></td></tr>
</table>

도면번호에는 도면의 우측하단에 표로 나타내며 발주처, 프로젝트명, 시공계약사, P&ID작성자 및 승인자 등이 기입되고 개정번호가 표기된다. 또한 시공을 위한 P&ID 도면의 작성 진도는 예비도면(Preliminary drawing), 승인도면(For Approval), 시

공도면(For Construction) 순서로 진행되며 시공완료 후 최종 수정을 거쳐서 준공도(As Built)가 제공된다.

회전기계 및 고정장치의 고유번호 부여 방법은 다음과 같다. 고유번호는 단위공장, 지역, 기계장치의 종류, 설치 예비기기 등을 쉽게 구분할 수 있도록 정한다. 고유번호는 다음을 참고로 하여 사업장의 실정에 맞게 부여한다.

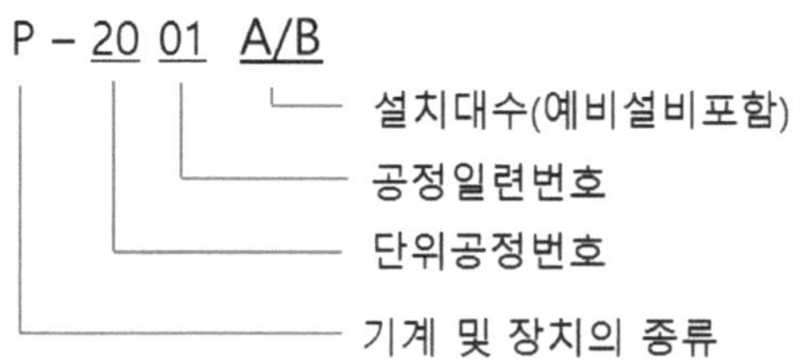

그림 <6.2.1> 기계장치의 고유번호 표기

기계장치의 첫머리글자는 기기의 종류에 따라 사업장의 실정에 알맞게 표기한다.

표 <6.2.3> 기계장치의 첫머리글자 부호

기호	설 명	기호	설 명
AG	Agitator(교반기)	P	Pump(펌프)
BL	Blower(송풍기)	MX	Mixer(혼합기)
C	Compressor(압축기)	R	Reactor(반응기)
D	drum(일반용기)	T	Tower(분류탑)
E	HX(열교환기)	TK	Tank(저장탱크)
F	Filter(여과기)	V	Vessel(압력용기)
H	Heater(가열로)	X	공급자 일괄공급기기

배관번호에는 배관의 호칭지름, 유체의 종류, 일련번호, 재료명세 및 보온 코드 등이 포함되도록 등이 포함되도록 하며 배관번호는 범례도(legend)에 따라서 사업장의 실정에 맞게 부여한다. 배관 내 유체는 종류 별로 약어로 표시하며 재질명세 또한 사업장의 실정에 맞게 표시한다.

그림 <6.2.2> 배관번호 표기

유체는 종류에 따라 사업장 고유의 약어로 표시한다. 배관의 재질 선정 시 유체의 온도, 압력, 부식, 침식, 마모 등 물리·화학적 특성에 따라 배관의 영향을 고려하여 이에 적합한 재질을 선정하여야 한다. 재질의 특성에는 강도(strength), 인성(toughness), 열충격성(thermal shock), 내식성(corrosion resistance), 내마모성(abrasion resistance), 내산화성(oxidation resistance) 등이 있다. 그리고 재질에 따라 비파괴검사 방법, 용접의 용이성, 용접 후 열처리 방법 등이 달라지므로 재질선정 시에 이를 검토하여야 한다.

표 <6.2.4> 유체의 종류

유체명	설 명	유체명	설 명
FOR	Fuel Oil Return	IA	Instrument Air
CWS	Cooling Water Supply	PA	Plant Air
LS	Low Pressure Steam	FG	Fuel Gas
MS	Medium Pressure Steam	HS	High Pressure Steam

배관사양(specification) 및 클래스(class)는 다음을 참고하여 사업장의 실정에 알맞게 표시한다.

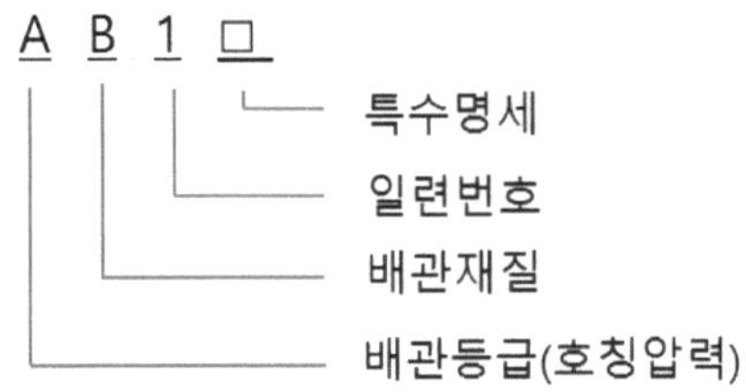

그림 <6.2.3> 배관사양 및 클래스 표기

배관의 등급(rating)은 ANSI 코드에 따라 압력 기준으로 구분되며 관련 기호는 다음과 같다.

표 <6.2.5> 배관의 등급(rating)

등급 기호	설 명	등급 기호	설 명
A	ANSI CLASS 150	H	ANSI CLASS 1500
C	ANSI CLASS 300	J	ANSI CLASS 2500
E	ANSI CLASS 600	N	ANSI CLASS 125/150FF
F	ANSI CLASS 900	Y	open

배관의 재질(material) 관련 기호는 다음과 같다.

표 <6.2.6> 배관의 재질(material)

재질 기호	설 명	재질 기호	설 명
A	CARBON STEEL (API 5L, A53)	J	5CR-1/2MO
B	CARBON STEEL (KILLED)	K	9CR-1MO
C	CARBON STEEL (LOW TEMP.)	L	2·1/4CR - 1MO
D	304SS/304L SS	M	Monel
E	316SS/316L SS	N	open
F	321SS/347SS	Y	NON-FERROUS
H	1·1/4CR - 1/2MO	Z	NON-METALLIC

배관의 사양 및 클래스는 ASTM(American Standard for Testing & Materials,미국재료시험협회), ANSI(American National Standards Institute,미

국표준협회), API(American Petroleum Institute,미국석유협회)등에 나타나있다. 완전 탈산강(killed carbon steel)은 탄소강에 용해된 산소(oxygen)성분을 탈산제인 Si, Mn, Al 등을 이용하여 완전히 제거함으로써 모재(base material)에 가스포켓 생성을 최소화시키고 수소(hydrogen)의 침투를 방지한 재질로 저압의 탈황공정 배관에 적용된다. 저합금강(low alloy materials)은 고온강 또는 Cr-Mo강 이라고 하며 운전온도 650℃까지 사용가능 하며 주로 가열로 배관(heater tube) 및 압력용기(vessel) 등에 사용된다. Cr은 고온 인장 강도를 강화시키며 Cr의 함량이 증가할수록 수소 침투와 유황(sulfur) 부식 저항성이 높아진다. Mo은 고온 인장 강도 및 취성 저항력을 강화시킨 재질이다. 대표적인 재질인 1Cr-1/2Mo 은 수소 침투 저항성이 크며 유황 부식에 대한 저항성은 보통이다. 주로 열교환기 부품 및 배관(1-1/4Cr-1/2Mo), Reforming 반응기, FCC 분류탑 등에 사용된다. 5Cr-1/2Mo 재질은 300℃ 이상에서 유황 부식에 대한 저항성이 높으며 정유 및 FCC 공정의 고온배관, 열교환기 및 가열로 배관에 사용된다. 9Cr-1Mo 재질은 수소 침투 및 유황부식 저항성이 높으며 내산화성 재질로 고온 가열로의 배관재질로 사용되고 있다.

스테인레스강은 오스테나이트(Austenite)계열, 마르텐사이트(Martensite)계열 및 페라이트(Ferrite)계열 등이 있다. 오스테나이트계열은 300계열 스테인레스강이라고도 하며 Cr-Ni을 모재(base material)로 하고 있다. 대표적인 재질은 : AISI(American Iron and Steel Institute,미국철강협회) Type 304, 316, 317, 321, 347, 309, 310 & Carpenter 20 등이 있다. 내식성, 고온강도 및 용접성이 우수하며 단점은 SCC(stress corrosion cracking) 발생에 취약하다는 점이다. Type 304(18Cr-8Ni, 18-8스테인레스강)는 오스테나이트계열의 대표적 재질로 아민(amine)을 다루는 공정과 고온강도가 요구되는 곳에 사용되며 SCC방지를 위해 용접하지 않는 곳에 사용한다. Type 316(16Cr-12Ni-2Mo, Cr-Ni-Mo스테인레스강)는 2~3% Mo의 첨가로 점상부식(pitting corrosion) 저항성 증대에 따라 저농도의 유황을 다루는 공정에 사용되며 고온강도가 뛰어나다. Type 317(18Cr-13Ni-3Mo)은 Type 316 에 Cr, Mo 를 증가시켜 점상부식(pitting corrosion) 저항성을 대폭 증대시켰다. 마르텐사이트계열은 400계열 스테인레스강이라고도 하며 11~18% Cr을 함유하여 내산화성 우수 하며 단점으로는 용접 중 경화

되어 열향부위(HAZ)에 취성이 생기므로 PWHT(용접 후 열처리)가 반드시 필요하다. Type 410, 431, 440 등이 있고 강도와 경도가 필요한 밸브 시트, 밸브 스템, 밸브 본체 및 펌프의 임펠러 등 밸브 또는 펌프의 트림(trim, 유체와의 접촉부) 등에 사용된다. 페라이트계열은 18~27% Cr을 함유하며 내산화성이 뛰어나며 단점으로 경도가 낮다. 대표적인 재질은 AISI Type 405, 430, 442, 446 등이 있으며 대구경 배관의 라이닝(lining) 재질 및 내부식성 압력용기에 주로 적용된다.

배관번호에서 일련번호는 사용자가 특별한 용도를 지정할 경우 사용되며 통상적으로 동일한 번호 '1'을 사용하고 특별한 경우 다른 번호를 지정하여 범례도에 표기한다. 특수명세(special service)는 배관의 부식(corrosion)과 관련된 사항으로 특별한 전조건이 규정될 경우에 지정하며 통상적으로는 생략된다.

표 <6.2.7> 배관의 일련번호

등급 기호	설 명	등급 기호	설 명
J	JACKET NON SOUR	X	JACKET SOUR
N	NACE	G	GALVANIZED
M	CATEGORY M(고위험성)	U	UNDERGROUND

트레이싱(tracing)의 종류에는 ST(steam tracing) 과 ET(electric heat tracing) 이 있다.

배관의 치수(size)에는 바깥지름(외경), 안지름(내경) 그리고 두께가 있다.

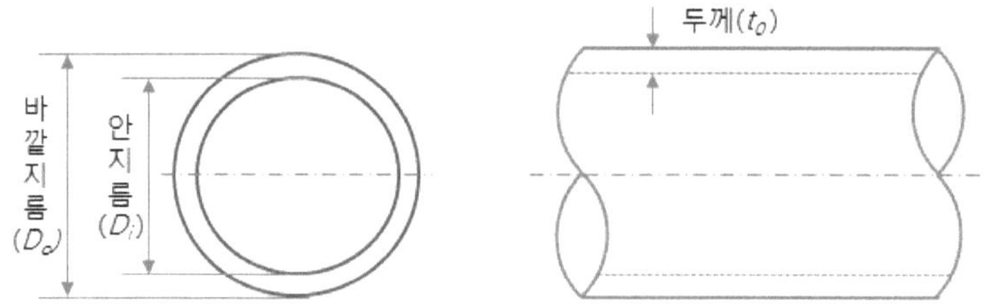

그림 <6.2.4> 배관의 치수

강관, 주철관, 스테인레스강관 등 배관의 치수는 안지름 또는 바깥지름 같은 실제 규격으로 나타내는 것이 아니라 바깥지름을 기준으로 공칭 규격을 사용하여 호칭치수(nominal size)로 규격을 나타내고 있다. 배관은 유량에 따라 안지름이 정해지며 플랜지, 관이음 등 배관 연결부위는 바깥지름이 중요하며 바깥지름을 기준으로 치수를 나타내는 배관은 강관, 동관, PE관 등이 있으며 안지름을 기준으로 치수로 나타내는 배관은 철근콘크리트관, PVC관 등이 있다. 또한 배관의 치수표기법에는 배관의 규격을 [inch]로 나타내고 숫자 뒤에 [B] 또는 ["]로 표시하는 NPS(Nominal Pipe Size)와 배관의 규격을 [mm]로 나타내며 숫자 뒤에 [A]를 붙이는 DN(Diameter Nominal)이 있다.

표 <6.2.8> NPS 및 DN 등가표

NPS [inch,"]	1/2	3/4	1	5	10	20	80
DN [mm]	15	20	25	125	250	500	2000

배관의 두께 체계는 스케줄 번호(Schedule No.) 방식이 가장 일반적이다. 이는 부식 여유, 나사 절삭 여유 및 관 두께에 대한 제조 허용공차 등을 고려하여 두께를 산출하며 아래 식으로 나타낸다. 여기서 각 항목의 단위는 배관두께 $t_0[mm]$, 사용압력 $p[kg_f/cm^2]$, 허용응력 $\sigma_a[kg/mm^2]$, 배관외경 $D_0[mm]$ 이다.

$$(6.2.1)\ t_0 = \frac{p}{\sigma_a} \times \frac{D_o}{175} + 2.54\ .$$

스케줄 번호는 사용압력에 비례하고 허용응력에 반비례하여 얻어지는 숫자이다. 배관의 치수에 따라 체계적으로 두께를 정하고 있으며 스케줄 번호가 높을수록 동일 호칭지름의 배관이라 하여도 두께는 더 두꺼워진다. 따라서 화학공장 건설 시 운전 압력과 허용 응력에 따라 안전한 배관의 두께를 선정할 수 있으며 제조 시 치수 체계에 알맞은 규격제품을 만들 수 있다.

$$(6.2.2)\ 스케줄\ 번호 = \frac{p}{\sigma_a} \times 10 .$$

탄소강관의 스케줄 번호는 10-160까지 10등분으로 하며 스테인레스강관은 인장강도가 크기 때문에 탄소강관과 비교하여 두께를 얇게 정하여 별도의 시리즈를 만들고 스케줄 번호 뒤에 S를 붙여 구분하며 스케줄 40부터는 S를 생략한다.

표 <6.2.9> 배관의 스케줄 번호

탄소 강관	10, 20, 30, 40, 60, 80, 100, 120, 140, 160
스테인레스 강관	5S, 10S, 20S, 40, 80, 120, 160

여기서 탄소강관 15A 배관에 대하여 살펴보면 배관의 바깥지름은 21.7 mm 이다.

스케줄 40을 선택하면 두께는 2.8mm로 안지름은 16.1mm

스케줄 60을 선택하면 두께는 3.2mm로 안지름은 15.3mm

스케줄 80을 선택하면 두께가 3.7mm로 안지름은 14.3mm

로 나타난다. 배관의 스케줄 표현은 기호 #(pound)로 표기하며 배관의 규격을 정확하게 표현하면 15A #40와 같이 표기하여야 한다.

예제6.2.1)

사용압력(p) 65kg_f/cm^2의 배관에 STPG-38을 사용 할 경우 스케줄 번호 몇 번을 선택해야하는지 검토하시오.

풀이과정)

STPG-38은 압력 배관용 탄소강관으로 배관의 허용인장응력은 38kg_f/cm^2 이다. 여기서 허용응력에 대한 안전율 1/4(=0.25)를 고려해 주면,

허용응력 σ_a = 38× 1/4 = 9.5kg_f/cm^2,

$$스케줄번호 = \frac{p}{\sigma_a} \times 10 = (65/9.5) \times 10 = 68.4.$$

따라서 스케줄 번호는 #60 위의 번호인 #80을 선택하고 배관의 안지름은 흐르는 유량에 따라 적합한 것을 사용하면 된다.

표 <6.2.10> 유체 별 적정 유속

구 분	유 체 명	유 속 (m/s)
증기 (Steam)	과열증기(150kg_f/cm^2) (40kg_f/cm^2)	35 ~ 40 30 ~ 40
	저압증기(3.5kg_f/cm^2)	30 ~ 35
	포화증기	25 ~ 30
물 (water)	펌프 토출관	3 ~ 5
	펌프 흡입관(변동압력) (일정압력)	2 ~ 3 0.5 ~ 1.0
	냉각수(Cooling Water)	1.5 ~ 2.5
	응축수(Condensator)	1 ~ 2
공기 (Air)	압축공기	5 ~ 15
	계장용공기(Instrument Air)	1 ~ 3

배관을 선정함에 있어서 유체의 최대유속은 압력강하, 수격작용 및 오염도(fouling)를 고려하여야 하며 호칭지름(Nominal Diameter)은 최소 3/4인치로 한다. 단, 벤트(vent) 및 드레인(drain) 의 최소호칭지름은 1/2인치로 한다.

배관의 압력은 회전기계 및 고정장치의 적용 압력과 동일하게 선정하여 설비의 완전개방 시 배관이 보호되어야 한다. 펌프의 토출배관(discharge)은 운전 온도에서 체절압력의 1.2배에 해당되는 압력을 설계압력으로 한다. 생증기(live steam)에 대해서는 보일러로부터 후단 열교환기의 주 차단밸브에서의 압력을 기준으로 하며 열 수송관의 설계압력은 최대운전압력의 1.2배로 한다. 또한 배관의 설계온도는 관로에서 발생되는 최고온도와 동동하게 하며 열교환기를 통과한 유체는 열교환기에서 방출되는 유체의 최고온도와 같게 한다.

배관은 유체의 종류 및 이송조건에 따라 다양한 재질을 사용하고 있으며 탄소강관(carbon steel), 주철관(cast iron), 스테인레스강관(stainless steel), 비철금속관(non ferrous), 비금속관(synthetic resins) 등이 있다. 이 중에서 가장 많이 사용되는 것은 탄소강관(carbon steel pipe)이며 해당기호 및 규격명칭은 다음과 같다.

표 <6.2.11> 배관기호 및 규격명칭

KS(JIS) 기호	규 격 명 칭	비 고
SPP(SGP)	배관용 탄소강 강관	사용압력 $10kg_f/cm^2$
SPPS(STPG)	압력 배관용 탄소강 강관	350℃이하, 사용 압력 $10\sim100kg_f/cm^2$
SPPH(STS)	고압배관용 탄소강 강관	350℃이하, 사용압력 $100kg_f/cm^2$ 이상
SPHT(STPT)	고온 배관용 탄소강 강관	350℃이상의 고온 배관용
SPW(STPY)	배관용 아아크 용접 탄소강 강관	$15kg_f/cm^2$이하, 수도용, 도시가스용
SPA(STPA)	배관용 합금강 강관	Mo강, Cr-Mo강에 대해서 이음매없는관
STS×T (SUS-TP)	배관용 오스테나이트 스테인레스 강관	내산성, 내부식성, 고온용
SPLT(STPL)	저온 배관용 강관	빙점 이하의 특저온용

강관의 제조법에 따른 종류는 철판을 원통형으로 구부리고 이음매 부분에 열을 가하여 이어붙인 용접관(seam pipe)과 고온의 원형 강봉에 중심축을 고정시키고 로울러를 이용하여 빼내어 제조한 이음매없는관(seamless pipe)이 있다.

배관에서 관 이음쇠(Fitting)는 배관의 방향을 전환시키고 주 배관에서 가지배관으로 분기하며 배관을 연결하여 연장하거나 배관의 지름을 변화시킬 때 사용되는 부속품이다. 관 이음쇠의 구비조건은 조립 시 특수공구가 필요 없으며 지름과 길이가 소형이고 충격 및 진동에 강하고 쉽게 분리되지 않아야 한다. 따라서 짧게 절단된 배관을 이용하여 제작하거나 단조강을 가공하여 제작된다. 배관의 방향을 바꾸고자 할 경우에는 엘보(Elbow) 또는 티(Tee)를 사용하며 엘보는 90° 엘보와 45°엘보를 주로 사용한다. 주 배관에서 분기를 할 경우는 웰도렛(Weldolet), 보스(Boss), 니플(Nipple), 부싱(Bushing) 등을 사용하며 부싱은 휴대용 압력계, 온도계 등을 연결할 수 있도록 주 배관에 접속하는 소구경의 부속이다. 배관의 연장이 필요할 경우는 유니온(Union) 또는 커플링(Coupling)을 사용하고 배관의 지름을 변화시킬 때는 레듀서(Reducer), 스웨이지(Swage) 등을 사용한다. 배관의 끝단을 마감할 경우에는 캡(Cap) 또는 플러그(Plug)를 사용한다. 펌프, 터빈의 전단에 설치하여 유체에 혼입된 불순물을 제거하는 여과기(Strainer)기 있고 보일리의 응축수를 회수하는 스딤트랩(Steam trap) 등이 있다.

배관 속을 흐르는 유체의 온도가 높을 경우와 외기의 변화가 큰 경우 배관에 팽창 및 수축이 발생하며 이를 흡수하기 위하여 배관의 연결부위에 신축이음(Expansion Joint)을 적용하며 다음과 같이 구분된다. 슬리브형 (Sleeve type)은 본체와 슬리브관으로 구성되어 축방향의 팽창을 흡수하며 단식(single sleeve), 복식(double sleeve)이 있다. 신축 흡수량이 크며 이로 인한 응력발생이 적다. 최고 압력 10kgf/㎠ 의 포화증기 또는 온도변화가 심한 온수, 유류 등의 배관에 사용되며 적용 배관지름 150A이하에 사용된다. 벨로우즈형 (Bellows type)은 주름관의 신축에 따라 슬리브가 함께 신축하며 슬라이드 사이에서 신축을 흡수하며 단식(single hinge), 복식(double hinge) 및 유니버설(un-tied universal)이 있다. 고온에 사용가능하며 포화증기 사용 시 부식의 우려가 있으며 적용 관경은 300A 이하에 사용된다. 루프형(Loop type)은 신축 곡관이라고도 하며 배관을 루프(loop) 모양으로 구부려 신축을 흡수한다. 루프의 곡률반경은 배관 지름의 6배 이상으로 하며 고온, 고압용 증기의 옥외 배관에 주로 적용한다. 배관 지름은 150A~600A까지 있으며 루프 배관의 지지대(support)는 슬라이드 형태로 제작하여 신축을 자유롭게 할 수 있다. 스위블형(Swivel type)은 3개 이상의 엘보(elbow)를 사용하여 배관의 신축을 흡수하는 형태이며 굴곡부에서 신축응력이 집중되어 신축량이 큰 배관에서는 누설의 위험이 있다. 볼조인트형(Ball joint type)은 구형의 신축이음과 오프셋 배관을 이용해서 신축을 흡수하는 방법으로 최고 압력 30kgf/㎠ 까지 사용 가능하며 설치공간이 적고 입체적인 신축범위 까지 사용이 가능하다.

배관은 이음 방식에 따라 플랜지이음(Flanged Joint), 용접이음 (Welded Joint), 나사이음(Threaded Joint), 소켓이음(Socket Joint) 등이 있다. 플랜지이음은 배관의 끝단을 플랜지 배관에 맞추어 용접하고 두 개의 플랜지를 볼트로 결합시키는 것이 일반적인 방식이다. 고압에서 저압까지 대구경의 배관에 널리 사용되고 분리 및 보수 작업이 용이하다. 용접이음은 맞대기 용접(Butt Weld)와 필렛 용접(Fillet Weld)이 있다. 맞대기 용접에는 그루브(Groove)의 형태에 따라 I, V, X, K, J, U 및 H형 맞대기 용접이 있다. 나사이음은 배관 끝단에 나사를 제작하여 결합하는 배관 이으므로 소구경, 저압 배관에 주로 사용된다. 배관의 방향을 바꿀 수도 있으며 2방향(2-way) 또는 3방향(3-way)로 나누기 위한 것도 있다. 소켓이음은 배관 한 쪽 끝에 지름이 큰 소켓이 형성되어 있고 다른 쪽 관 끝을 그 속에 삽입하여 용접 후 연결하는 배관 이음을 말하며 누설이 허용되지 않는 곳에 주로 사용되며 수도, 가스 배관 이음에도 사용된다.

플랜지의 규격표시는 플랜지 형식(Type), 재질(Material), 호칭압력(Nominal Bore of Flange)으로 표시된다. 따라서 플랜지의 구매 시에는 아래의 예를 참고할 수 있다.

FLANGE SLIP-ON SS304 JIS 10K 50A

JIS (KS) FLANGE (10K)

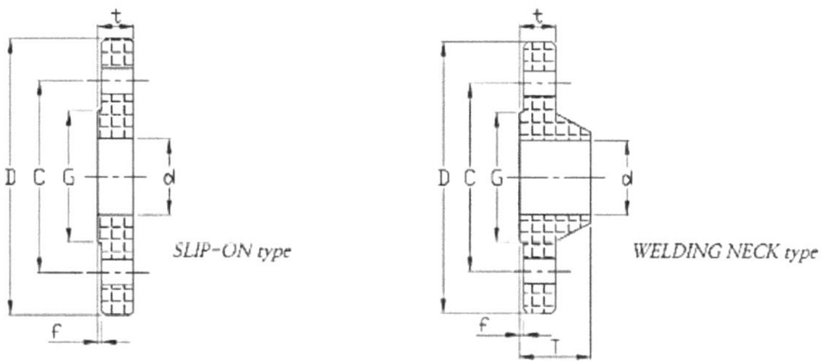

Class	Size	D	t	f	G	T	T1	d	Bolting			
									C	No. of holes	Dia. of holes	Bolt size
JIS 10K	10	90	12	1	48	-	-	17.8	65	4	15	M12
	15	95	12	1	52	-	-	22.2	70	4	15	M12
	20	100	14	1	58	-	-	27.7	75	4	15	M12
	25	125	14	1	70	-	-	34.5	90	4	19	M16
	32	135	16	2	80	-	-	43.2	100	4	19	M16
	40	140	16	2	85	-	-	49.1	105	4	19	M16
	50	155	16	2	100	-	-	61.1	120	4	19	M16
	65	175	18	2	120	-	-	77.1	140	4	19	M16
	80	185	18	2	130	-	-	90	150	8	19	M16
	100	210	18	2	155	-	-	115.4	175	8	19	M16
	125	250	20	2	185	-	-	141.2	210	8	23	M20
	150	280	22	2	215	-	-	166.6	240	8	23	M20
	200	330	22	2	265	-	-	218	290	12	23	M20
	250	400	24	2	325	36	-	269.5	355	12	25	M22
	300	445	24	3	370	38	-	321	400	16	25	M22
	350	490	26	3	415	42	-	358.1	445	16	25	M22
	400	560	28	3	475	44	-	409	510	16	27	M24
	450	620	30	3	530	48	-	460	565	20	27	M24
	500	675	30	3	585	48	-	511	620	20	27	M24
	600	795	32	3	-	52	-	613	730	24	33	-

그림 <6.2.5> 플랜지 도면 표기예

호칭압력이 클수록 플랜지의 바깥지름과 두께가 커지고 볼트 홀의 직경도 커진다. 플랜지에는 최소한 4개 이상의 볼트 홀이 뚫려 있으며 4개 다음에는 8, 12, 16, 20개 순으로 볼트 홀의 개수가 증가한다. 플랜지는 접촉면의 형상에 따라 4종류로 구분된다. RJ형식(Ring Joint Face Flange type)은 40kgf/㎠ 이상의 고온, 고압 밸브에 사용되는 방식으로 가스켓(Gasket)절단면의 형상에 따라서 Oval ring, Octagonal ring 형태의 금속 가스켓을 사용한다. RF형식(Raised Face Flange type)은 40kgf/㎠ 이하의 밸브에 널리 사용되며 연질의 가스켓을 사용하며 가장 많이 이용되고 있다. FF형식(Flat Face Flange type)은 10kgf/㎠ 이하의 밸브에 주로 사용되며 주철 및 동합금 밸브에 적합하다. T&G형식(Tongue&Groove Flange type)은 플랜지 면에 요철이 형성되어 있어 기밀성이 필요로 하는 냉동, 냉장 장치에 주로 사용된다.

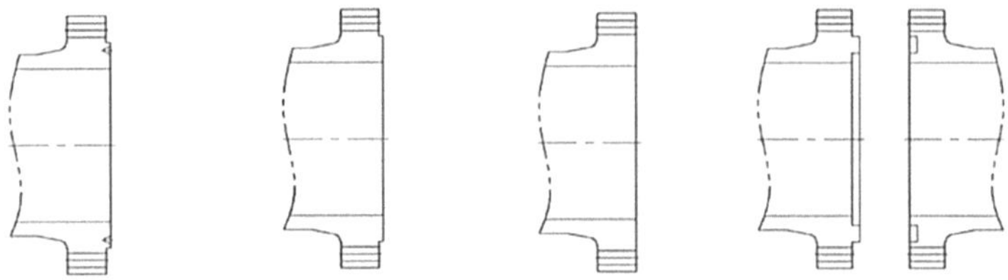

그림 <5.2.6> 플랜지 접촉면의 형상

플랜지에 결합되는 배관의 체결방법에 따라 다양한 형태를 갖고 있다. 웰딩넥(Welding Neck) 플랜지는 온도와 압력이 높고 진동이 있는 곳에 적용되며 대형 고정장치의 노즐(Nozzle)에 주로 사용된다. 슬립온(Slip-on) 플랜지는 낮은 압력에 사용되고 삽입배관의 내·외부에 용접하는 형식이며 설치비용이 낮아 널리 사용된다. 랩조인트(Lap Joint) 플랜지는 삽입형 단관(Stub-end)이 조립되어 있는 형태이며 용접 없이 볼트만으로 체결되므로 주기적인 내부청소 또는 배관검사가 필요한 부분에 사용된다. 소켓웰드(Socket Weld) 플랜지는 내부에 배관의 안지름과 동일한 크기의 구조를 갖고 있어 유체의 마찰손실을 최소화 할 수 있다. 나사식(Threaded or Screwed) 플랜지는 내부에 나사를 형성하여 용접 없이 배관체결이 가능함으로 가스 화재의 위험이 발생할 수 있는 곳에 사용된다.

플랜지는 사용목적에 따라 다음과 같은 형식이 있다. 블라인드(Blind) 플랜지는 압력용기 또는 공정 간 배관의 유체흐름을 차단시키는 기능을 하며 정기보수작업 등으로 장시간으로 배관을 완전히 차단시키기 위해서는 블라인드 플랜지와 일반 플랜지가 한 조로 구성되어 있는 스팩타클 블라인드(Spectacle Blind) 플랜지를 사용한다. 오리피스(Orifice) 플랜지는 차압식 유량계에서 차압측정 기구로 사용되며 플랜지, 가스켓(Gasket), 오리피스플레이트(Orifice Plate)로 구성되어 있다. 레듀싱

(Reducing) 플랜지는 증기배관에서 고압의 소구경 배관에서 저압의 대구경 배관으로 배관의 지름 확장 시 주로 사용된다.

공정배관계장도(P&ID)에서 플랜지에 대한 표기내용은 배관의 사양(specification) 및 클래스(class), 플랜지 접촉면의 형상 그리고 부식여유를 포함하며 그림 <5.2.7>과 같이 사업장의 실정에 알맞게 표시한다.

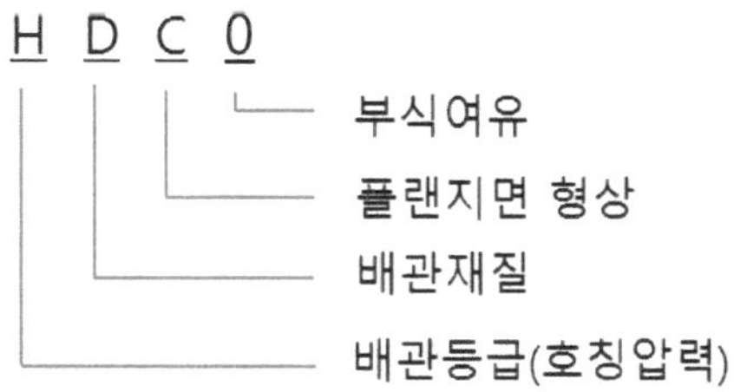

그림 <6.2.7> 플랜지 도면 표기예

공정배관계장도(P&ID)에서 플랜지에 대한 표기내용은 배관의 사양(specification) 및 클래스(class), 플랜지 접촉면의 형상 그리고 부식여유를 포함하며 다음을 참고하여 사업장의 실정에 알맞게 표시한다. 플랜지면의 형상 관련기호는 다음과 같다.

표 <6.2.12> 플랜지면의 형상

형상기호	설　　명	형상기호	설　　명
A	RAISED FACE	C	RING JOINT
B	RAISED FACE SMOOTH FINISH	D	FLAT FACE

플랜지의 부식여유는 다음과 같다.

표 <6.2.13> 플랜지의 부식여유

형상기호	설　　명	형상기호	설　　명
0	0 [mm]	3	4.8 [mm]
1	1.6 [mm]	4	6.4 [mm]
2	3.2 [mm]		

공정배관계장도에서 밸브의 표기는 다음과 같이 나타낸다.

표 <6.2.14> 밸브의 표기

밸브	설　　명	밸브	설　　명
	게이트밸브	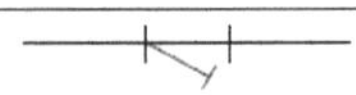	Y형 스트레이너
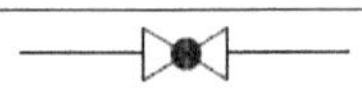	글로브밸브	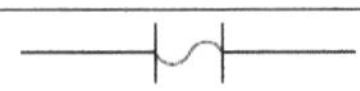	신축이음장치
	볼밸브		오리피스
	버터플라이밸브	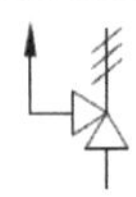	안전밸브(PSV)
	체크밸브		

계기기호의 표기방법은 각 계측기를 계기원으로 나타내며 계기원내의 문자와 숫자는 계기를 식별하는데 사용된다. 계기원의 상부 문자는 측정의 대상 및 수행기능을 나타내며 계기원의 하부 번호는 단위공정에 따른 일련번호를 기입한다. 서로 접하여 그려진 두 개 이상의 계기원은 계기가 두 개 이상의 기능을 나타내며 주로 원격 스위치가 필요한 경우 함께 사용하고 있다. 경보(alarm)는 상한과 하한으로 구분되어 있으며 계기원의 우측상단 또는 우측하단에 표시한다.

그림 <6.2.8> 계기 고유번호의 표기예

계기기호의 표기방법과 측정대상 및 수행기능은 다음과 같다.

표 <6.2.13> 계기기호의 표기방법

측정대상	첫 째 문자	수행기능	두 번째 문자
T	Temperature(온도)	C	Control(제어)
P	Pressure(압력)	I	Indicate(지시, 표시)
F	Flow rate(유량)	R	Record(기록)
L	Level(액위)	A	Alarm(경보)
-		S	Switch(가동-정지)
-		T	Transmit(전송)

계기의 설치 위치에 따른 표시로는 계기원 내에 수평선이 없는 계기는 공정현장(local)에서만 계측량 확인이 가능한 계기이며 원의 중앙에 수평으로 그려진 2중 실선은 판넬 안에 보호되고 있는 계기를 나타낸다. 또한 계기원을 정사각형으로 둘러싼 실선은 조정실(control room)에 설치되어 상시 모니터링 및 조정되고 있는 계기를 나타내고 있다.

표 <6.2.14> 계기의 설치장소 및 접근성 관련표기

계기 기호	설 명
	현장설치 계기
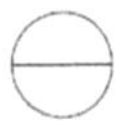	제어반 전면 설치 계기
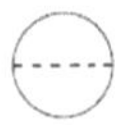	제어반 후면 설치 계기
	보조위치 설치계기
	운전원 상시접근가능 계기
	조정실 보드 후면 설치 계기
	조정실 계기반 내 설치계기(평상시 접근불가)
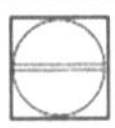	운전원이 보조적으로 공유하는 계기

계장도면에서 사용되는 신호선(signal line)은 공기신호선, 전기신호선, 모세관신호선, 유압신호선, 전자기신호선 등이 있다.

표 <6.2.15> 계장도면의 신호선

신호선	설 명	신호선	설 명
	공정연결선	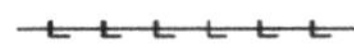	유압신호
	전기신호		모세관
	공기신호		데이터 링크

제어로직(control logic)으로 구성된 제어루프(control loop)는 온도, 압력, 유량, 액위 등 제어변수(controlled variable)의 측정값를 표시하고 이들을 제어를 하기위한 조절변수(manipulated variable)를 제어밸브를 이용하여 조절하게 된다. 측정값

을 최초로 검출하는 검출부는 오리피스(orifice), 열전대(thermocouple) 등이 있으며 이를 주요요소(primary element)라고 한다. 여기서 측정된 값을 전송기(transmitter)를 이용하여 전기신호로 전환한 다음 송수신하여 눈으로 읽을 수 있도록 표시(indicate)하거나 기록(record)하며 이를 다시 공기신호로 전환하여 제어밸브를 작동시켜 공정조건을 조절하는 곳을 조절부라고 한다.

[계기구성] [제어루프]

그림 <6.2.9> 계기구성 및 제어루프 비교

제어루프(Loop)를 구성하는 각각의 계기번호는 동일한 번호를 부여하여 연관된 제어루프를 운전원이 쉽게 인지할 수 있도록 한다.

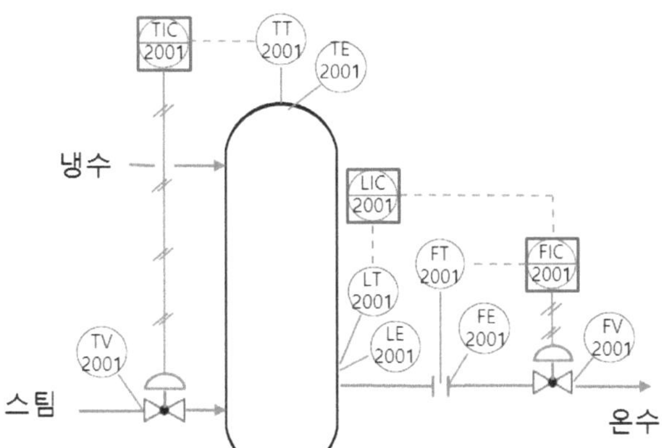

그림 <6.2.10> 동일 제어루프의 계기번호 표기

6.3 OTS(Operation Training Simulator)

정유 및 석유화학공정의 주요 설비인 분별증류탑(분류탑)에 대하여 공정운전 모의훈련용 프로그램(OTS: Operation Training Simulator)을 소개한다. 실제 조정실에서 공정을 가동하는 것과 유사하게 제어밸브의 조정을 통하여 시운전, 가동정지, 비상정지, 계기오류, 가상조건 (What-if)에 대한 조치훈련을 통하여 안전운전을 습득하고 분류탑의 가동원리 및 성능향상에 대하여 학습을 할 수 있다. 모의 훈련 프로그램의 훈련내용은 다음과 같다.

- o 공정 가동개시(Start-up) 모의 훈련
- o 공정 가동정지(Shut-down) 모의 훈련
- o 공정 비상가동정지 모의 훈련
- o 계기오류(Fault)에 대한 조치 훈련
- o 가상조건(What-if)에 대한 훈련

분류탑의 공정모델은 탄화수소의 파라핀계열 중에 메탄(CH4)에서부터 옥탄(C8H18)에 이르기 까지 임의의 2가지 혼합물을 분리할 수 있도록 구성되어 있다. 기본적인 구성은 헥산(C6H14)과 헵탄(C7H16)의 분리를 위한 것이다.

기본적인 원료공급단(Feed Tray)은 5번째 단이다. 분류탑(C-301)의 원료공급은 펌프(P-101/2)에 의해 공급되어 예열기(E-101)를 통과하면서 원료유의 온도는 원료공급단의 최적온도까지 올라가게 된다. 분류탑은 서모사이펀 형식의 리보일러(E-401)에 의해 가열된다. 탑저제품은 펌프(P-501/2)를 이용하여 분류탑으로부터 제품저장시설로 이송된다. 분류탑 내부의 기체는 탑정응축기 (E-601)에서 응축되어 환류드럼(D-701)으로 들어가며 응축된 액체가 쌓이게 된다. 여기서 응축되지 않은 기체는 벤트(vent)를 통해 배출될 수 있다. 환류펌프(P-801/2)는 환류드럼(D-701)의 탑저로부터 액체를 인출하여 액체의 일부를 분류탑으로 되돌려 보내고 나머지는 제품저장 시설로 이송된다.

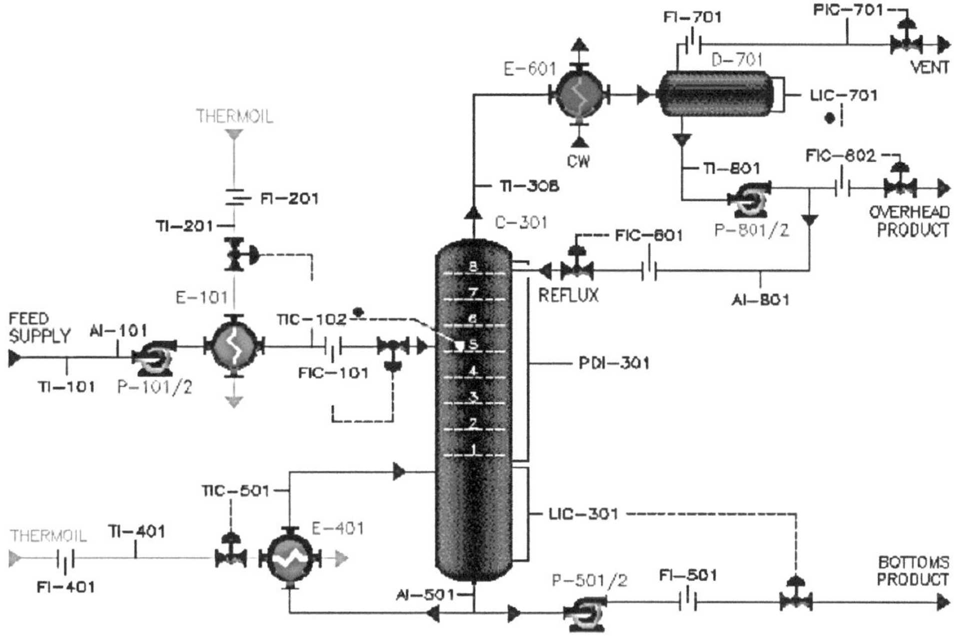

그림 <6.3.1> 분류탑 공정개요

제품의 사양은 다음과 같다. 약 50%의 중량 순도를 가진 헥산과 헵산이 시간당 53 m^3/hr로 분류탑에서 분리가 일어난다. 원료는 20°C에서 예열기(E-101)로 공급되어 원료공급단의 온도인 80°C까지 올라간다. 예열에는 260°C의 열매유가 시간당 11 m^3/hr로 요구된다. 55 m^3/hr의 열매유는 분류탑의 탑저 온도를 리보일러(E-401)를 통하여 95.9°C까지 가열한다. 약 경질분(헥산) 7.3 wt%를 갖는 탑저제품이 시간당 26m^3/hr로 생산된다. 약 73m^3/hr의 탑정기체는 탑정 응축기(E-601)에서 응축된다. 모든 탑정기체는 응축되므로 벤트는 없으며 이를 위해 시간당 80m^3/hr의 20°C 냉각수가 필요하다. 약 시간당 45m^3/hr의 응축된 기체가 환류로 분류탑으로 펌프(P-801/2)되어 되돌려 보내진다. 그 나머지 28m^3/hr는 69.2°C에서 91.1 wt%의 경질분(헥산) 순도를 갖는 탑정제품으로 인출된다. 분류탑은 약 0 barG(대기압)에서 운전되고 칼럼전체의 압력 손실은 0.07 barG 이다.

장치 사양은 다음과 같다. 원료공급펌프(P-101)는 20 kW의 정격출력을 갖고 있으며 분류탑에 약 최대 시간당 $114m^3/hr$의 원료를 공급할 수 있는 능력을 갖고 있다. 원료공급펌프와 동일한 정격출력을 갖고 있는 예비펌프(P-102)가 제공된다. 차단밸브((BV-101, BV-102)가 원료의 차단을 위해 설치되어 있다. 분류탑으로 들어가는 원료의 유량은 선형유량특성을 갖는 원료제어밸브(FCV-101)에 의하여 조절된다.
예열기(E-101)는 향류의 셀앤튜브형 열교환기이다. 원료는 예열기의 셀측를 통과하고 뜨거운 열매유는 튜브사이드를 통과한다. 열매유 유량은 선형유량특성을 갖는 온도제어 밸브(TCV-102)에 의하여 조절된다. 차단밸브(BV-201, BV-202)가 뜨거운 열매유을 차단하기 위하여 설치되어 있다. 열매유의 흐름은 약 최대 $227m^3/hr$의 열매유 예열기(E-101)에 공급하도록 설계되어 있다.

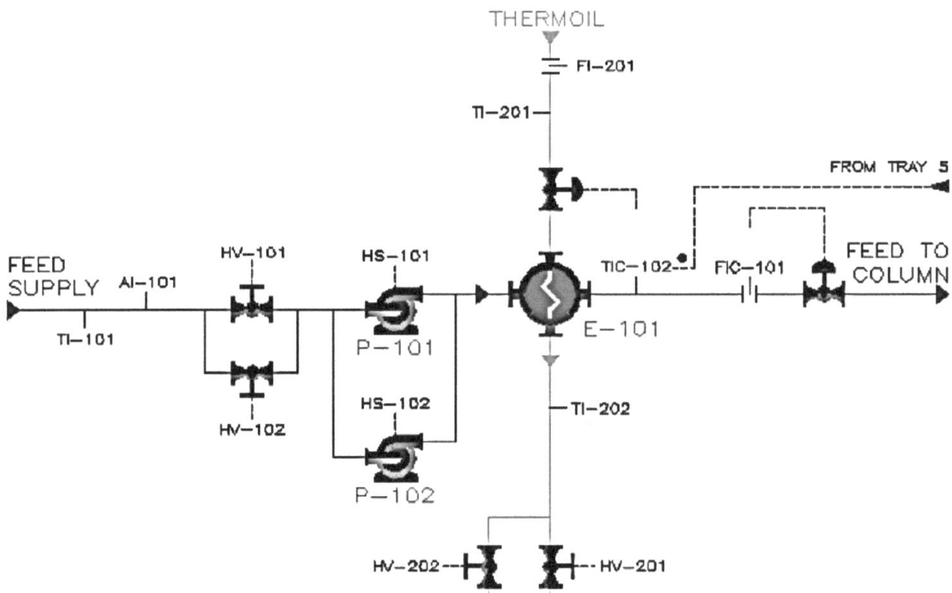

그림 <6.3.2> 분류탑의 원료공급부

분류탑(C-301)은 지름 3.1m, 높이 11.1m 그리고 이론단수가 8단인 원통형 압력용기이다. 실제로는 약 16개의 밸브 트레이와 24인치의 트레이 간격을 갖는다. 추가로 리보일러(E-401)단과 응축기(E-601)단을 갖고 있다. 분류탑은 약 최대 114

m^3/hr의 원료를 처리하도록 설계되어 있다. 탑정부와 탑저부의 차압을 모니터링 할 수 있으며 탑저부 액위제어기(LIC-301)를 이용하여 안정적으로 탑저제품을 인출시킨다.

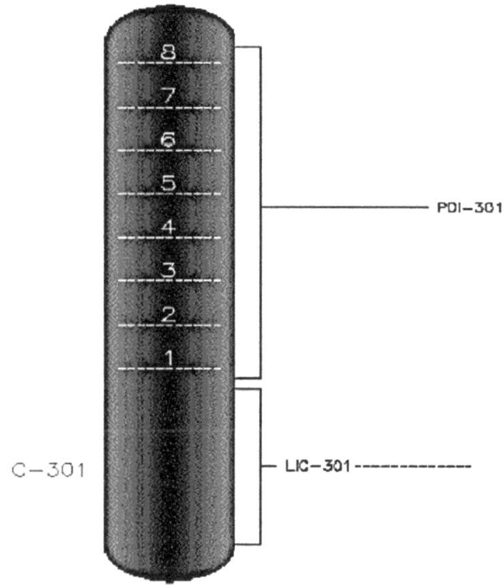

그림 <6.3.3> 분류탑의 트레이

탑정응축기(E-601)의 냉각수 유량과 탑정기체의 배출량을 적절하게 조절을 함으로써 응축기(E-601)는 부분 응축기 내지는 완전응축기로 운전이 될 수 있다. 설계조건에서는 완전 응축기로 운전된다. 탑정응축기(E-601)는 향류의 셀앤튜브형 열교환기이다. 탑정기체는 응축기(E-601)의 셀 측을 통과하고 반면에 냉각수는 응축기(E-601)의 튜브 측을 통과한다. 냉각수의 유량은 선형유량특성을 갖는 유량제어밸브(FCV-601)에 의해 조절된다. 차단밸브(BV-601 and BV-602)가 냉각수를 차단하기 위하여 제공되어 있다. 냉각수의 흐름은 약 최대 454 m^3/hr의 냉각수를 응축기(E-601)에 공급하도록 설계되어 있다.

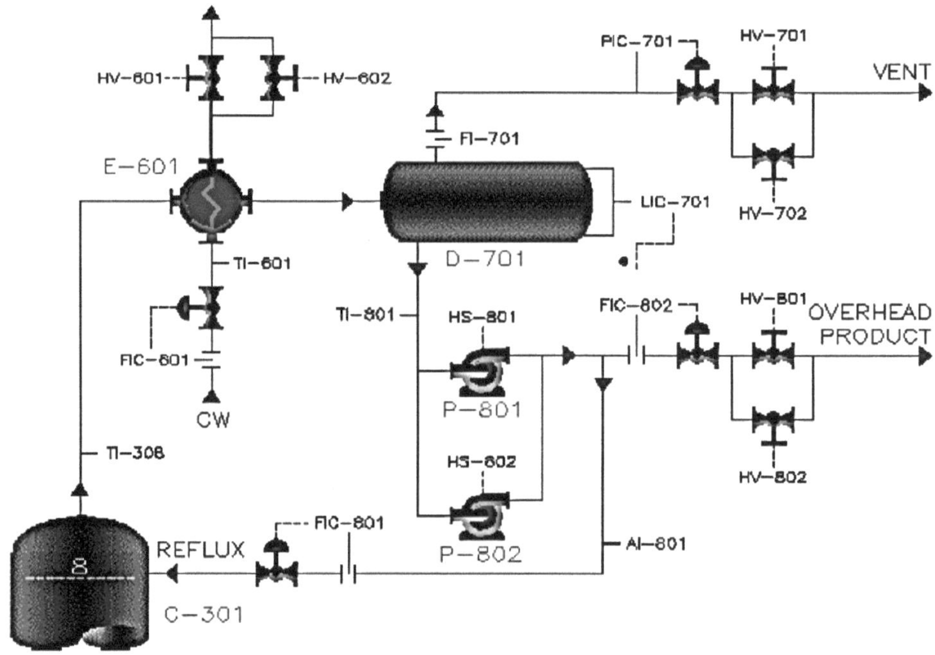

그림 <6.3.4> 분류탑의 탑정부

환류드럼(D-701)은 원통형드럼으로 직경이 1.5m이며 길이는 4.6m이다. 이 환류드럼은 전체 10.1 m의 액체용량을 가지고 있다. 설계조건에서 환류드럼은 절반의 액위를 채우는데 약 4분 정도의 대기 시간이 걸린다. 탑정기체의 벤트(vent)는 등비율 유량특성을 갖는 압력제어밸브(PCV-701)에 의하여 조절된다. 차단밸브(BV-701과 BV-702)가 탑정기체 벤트배관에 설치되어 있다. 이 벤트는 비상 상황 시에 가동중지가 되었을 경우 분류탑 내 중간제품을 완전히 배출시킬 수 있도록 충분한 용량으로 설계되어 있다. 환류펌프(P-801)는 20kW의 정격출력을 갖고 있으며 약 최대 114 m^3/hr의 액체를 이송할 수 있는 용량을 갖고 있다. 주 환류펌프와 같은 출력의 예비 환류펌프(P-802)가 설치되어 있다. 이 펌프들은 환류용과 탑정제품 이송용 펌프들이다. 환류의 유량은 선형유량특성을 갖는 유량제어 밸브(FCV-801)에 의하여 조절된다. 탑정제품의 유량은 선형유량특성을 갖는 유량제어밸브(FCV-802)에 의하여 조절된다. 차단밸브(BV-801 과 BV-802)가 탑정제품의 차단을 위해 설치되어 있다. 환류

배관과 탑정제품 배관 둘 다 모두 약 최대 114 m^3/hr 의 액체를 이송할 수 있도록 설계되어 있다.

리보일러(E-401)는 서모사이펀 형식으로 향류의 셸앤튜브 형식의 열교환기이다. 공정유체는 리보일러(E-401)의 셸측을 통과하며 고온의 열매유는 리보일러(E-401)의 튜브측을 통과한다. 열매유의 유량은 선형유량특성을 갖는 온도제어밸브(TCV-501)에 의해 조절된다. 차단밸브(BV-401 과 BV-402)는 고온의 열매유를 차단하는 목적으로 설치되어 있나. 열매유의 흐름은 리보일러(E-401)에 약 시간당 최대 227m^3/hr의 고온의 열매유를 공급할 수 있도록 설계되어 있다.

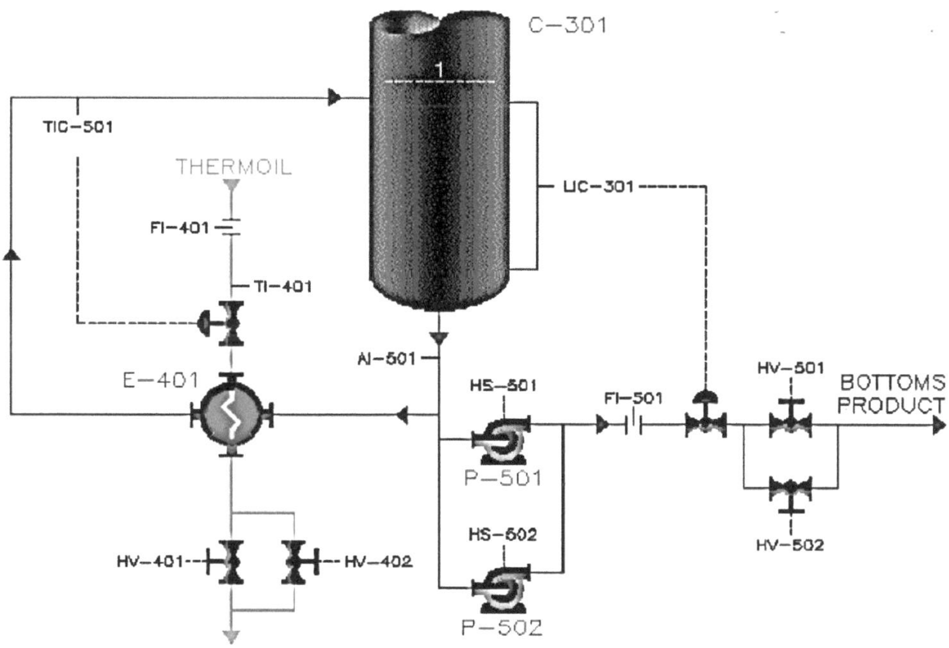

그림 <6.3.5> 분류탑의 탑저부

탑저제품펌프(P-501)는 정격출력 20kW로 탑저제품을 분류탑으로부터 이송한다. 이 펌프는 약 최대 114 m^3/hrr의 액체를 이송할 수 있는 용량을 갖고 있다. 주 펌프와 출력이 같은 예비탑저제품펌프(P-502)가 설치되어 있다. 차단밸브(BV-501과 BV-502)가 탑저제품의 차단을 위해 설치되어 있다. 탑저제품의 유량은 선형유량특성을 갖는 액위제어 밸브(LCV-301)에 의해 조절된다. 분류탑의 탑저부는 첫 번째 단까지 약 1.2미터 높이의 액체 저장 공간이 있다. 이 공간은 약 전체용량 11 m^3의 액체를 수용할 수 있는 공간이다. 설계조건에서 분류탑의 탑저부의 절반을 채우는 데는 약 3분의 대기 시간이 걸린다.

공정운전 관련 계기(instrument)는 다음과 같다. 원료공급배관은 경질분의 wt%를 측정하는 조성분석기(AI-101)를 갖추고 있다. 원료의 공급온도는 TI-101에 의해 표시된다. 원료차단밸브는 스위치 HV-101 과 HV-102로 개폐 할 수 있다. 원료공급펌프는 스위치 HS-101 과 HS-102로 개폐 할 수 있다. 원료의 유량은 유량조절기 FIC-101에 의하여 조절된다. 예열기(E-101)의 열매유 공급배관에는 유량지시기(FI-201), 열매유 공급온도 지시기(TI-201) 그리고 열배유 복귀(return) 온도지시기(TI-202) 등이 갖추어져 있다. 열매유 차단밸브는 스위치 HV-201 과 HV-202로 개폐를 할 수가 있다. 열매유의 유량은 온도제어기 TIC-102에 의해 조절 된다. 온도지시기(TI-301에서TI-308까지) 와 경질분의 wt%를 측정하는 조성분석기(AI-301 에서 AI-308까지)가 증류탑의 8개의 이론단 각각에 제공되어 있다. 분류탑의 탑저-탑정압력의 차압지시기(PDI-301) 또한 제공되어 있다. 리보일러(E-401)는 열매유 공급온도지시기(TI-401)와 열매유 유량지시기(FI-401)를 갖추고 있다. 열매유 차단밸브는 스위치 HV-401과 HV-402로 개폐를 할 수가 있다. 열매유의 유량은 온도제어기 TIC-501에 의해 조절된다.

분류탑(C-301)의 탑저제품배관에는 조성분석기(AI-501)와 탑저제품 유량지시기(FI-501)가 갖추어져 있다. 탑저제품의 유량은 제어기 LIC-301에 의하여 조절된다.. 탑저제품의 차단밸브는 스위치 HV-501과 HV-502로 개폐를 할 수가 있다. 탑저제품펌프(P-501/2)는 스위치 HS-501 과 HS-502로 개폐 할 수 있다.

탑정응축기(E-601)에는 냉각수의 공급 온도지시기(TI-601)가 갖추어져 있다. 냉각수의 유량은 유량제어기 FIC-601에 의하여 조절된다. 냉각수의 차단밸브는 스위치

HV-601 과 HV-602로 개폐가 될 수가 있다. 탑정기체 벤트배관에는 배출 유량지시기(FI-701)가 갖추어져 있다. 분류탑의 압력은 압력제어기 PIC-701에 의해 조절된다. 배출배관의 차단밸브는 스위치 HV-701 과 HV-702로 개폐를 할 수 있다.

환류펌프(P-801/2)는 스위치 HS-801 과 HS-802로 가동과 중지를 할 수 있다. 환류의 유량은 유량제어기 FIC-801에 의해 조절이 된다. 탑정제품 배관에는 온도지시기(TI-801)와 경질분의 wt%를 측정하는 조성분석기 그리고 탑정제품의 유량제어기(FIC-802)가 갖추어져 있다. 답징제품의 유량은 액위제어기 (LIC-701)에 의하여 조절된다. 탑정제품 차단 밸브는 스위치 HV-801 과 HV-802로 개폐를 할 수가 있다.

생산을 조정하기 위해서는 원료의 유량을 순조롭게 증가시키거나 감소시키기 위하여 피드유량 제어기(FIC-101)의 목표값이 조절되어야 한다. 제품의 조성을 순조롭게 변화시키기 위해서는 탑저 온도제어기(TIC-501), 탑정 압력제어기 (PIC-701) 응축기 냉각수유량제어기 (FIC-601) 그리고 환류유량제어기 (FIC-801)의 목표값이 조정되어야 한다.

경보(alarm)에 대한 대응방안으로 경보 상태에 있는 계기는 그 공정 내에 이상상태가 있음을 가리킨다. 알람에 대한 신속한 대응은 위험한 상태가 발생하는 것을 방지할 수가 있다. 알람 상태에 있는 주요 공정변수에 직접적으로 대응하는 것은 그것이 언제나 최상의 수정조치라고 할 수 없을 것이다. 모든 공정변수들의 관계를 이해하고 관찰하는 것이 문제를 해결하는데 도움이 될 수 있으며 공정을 설계조건으로 되돌리는데 적절한 수정조치를 취하는데 도움이 될 수 있을 것이다. 예를 들면 분류탑에서 탑정과 탑저의 조성과 관련된 경보는 분류탑의 원료공급온도와 조성의 변화로 인해 초래되는 것일 지도 모른다. 보일러의 오손(fouling)은 분류탑의 온도, 압력, 조성, 제품유량 그리고 액위 경보의 원인 일 수도 있다. 응축기의 냉각수 유량 변동은 분류탑 온도, 압력, 유량, 액위 경보를 야기할 수도 있다.

공정의 시운전 시 가장 중요한 것은 정해진 절차의 준수이다. 이를 지키지 않을 경우 예상되지 않는 사고또는 문제가 발생할 우려가 있으며 이 경우 경제적 피해를 가져올 수 있다. 다음은 OTS를 이용한 분류탑의 시운전 훈련절차를 기술하였다.

- o 탑정드럼의 가스배출 수동밸브 HV-701을 연다.
- o 탑정응축기의 냉각수 차단 수동밸브 HV-601을 연다.
- o 탑정응축기의 냉각수 유량제어기 FIC-601의 제어모드를 (수동에서)자동으로 둔다.
- o 탑정응축기의 냉각수 유량제어기 FIC-601 의 제어 목표값을 79.5 m^3/hr로 조정한다.
- o 탑정제품배관의 수동밸브 HV-801을 연다.
- o 환류펌프의 수동스위치 HS-801을 가동(RUN)위치로 전환한다.
- o 탑정제품 유량제어기 FIC-802의 제어모드를 종속제어(cascade)로 둔다.
- o 환류드럼의 액위제어기 LIC-701의 목표값을 50.0% 수준으로 조정한다.
- o 탑저제품 수동밸브 HV-501을 연다.
- o 탑저펌프의 수동스위치 HS-501을 가동(RUN)위치로 전환한다.
- o 탑저액위의 액위제어기 LIC-301의 목표값을 50.0% 수준으로 조정한다.
- o 원료차단 수동밸브 HV-101을 연다,
- o 원료공급펌프의 수동스위치 HS-101을 가동(RUN)위치로 전환한다.
- o 분류탑으로 들어가는 원료공급용 유량제어기 FIC-101의 제어기 모드를 자동으로 둔다.
- o 분류탑으로 들어가는 원료공급용 유량제어기 FIC-101의 목표값을 53.4 m^3/hr로 조정한다.
- o 열매유 예열기의 수동밸브 HV-201을 연다.
- o 원료공급 온도제어기 TIC-102 제어기의 제어모드를 종속제어(cascade) 모드로 둔다.
- o 리보일러의 열매유 수동밸브 HV-401를 연다.
- o 탑저온도의 온도제어기 TIC-501의 출력을 24.0 %로 조정한다.
- o 분류탑으로 가는 환류 유량제어기 FIC-801 제어기모드를 자동으로 둔다.
- o 분류탑으로 가는 환류 유량제어기 FIC-801의 목표값을 45.4 m^3/hr로 조정한다.
- o 환류드럼의 액위제어기 LIC-701의 출력값을 25.0 % 수준으로 조정한다.
- o 탑저액위의 액위제어기 LIC-301의 출력값을 15.0 %로 조정한다.
- o 바닥온도의 온도제어기 TIC-501의 목표값을 95.9 ℃로 조정한다.
- o 바닥액위의 액위제어기 LIC-301의 출력값을 14.0 %로 조정한다.
- o 환류드럼의 액위제어기 LIC-701의 출력값을 26.0 % 레벨로 조정한다.
- o 탑저온도제어기 TIC-501의 제어모드를 자동(auto)으로 둔다.

- 탑저액위제어기 LIC-301의 출력값을 13.0 %로 조정한다.
- 환류드럼의 액위제어기 LIC-701의 출력값을 27.0 % 수준으로 조정한다.
- 탑저액위의 액위제어기 LIC-301의 출력값을 12.0 %로 조정한다.
- 환류드럼의 액위제어기 LIC-701의 출력값을 28.0 % 수준으로 조정한다.
- 환류드럼의 액위제어기 LIC-701의 제어모드를 자동(auto)모드로 둔다.
- 탑저액위의 액위제어기 LIC-301의 제어모드를 자동모드로 둔다.
- 환류 유량제어기 FIC-801의 제어모드를 종속제어(cscade)모드로 둔다.
- 공정안정이 될 때 까지 관찰한다.
- 시운전 완료

제7장 추 출

화학공업은 원료에 화학적인 변화나 유용한 물질을 첨가하여 의식주(衣食住)와 문화생활에 중요한 역할을 하는 여러 가지 제품을 만들어 낸다. 고기능을 위하여 첨가하는 물질은 식물이나 동물 등으로부터 추출(extraction)을 이용하여 얻는다.

에를 들어 달팽이의 추출물은 화장품에 첨가되어 피부의 탄력을 향상시켜 부드럽고 윤기 있게 하여 주며, 커피씨의 추출물은 우리가 매일 음용하는 커피 한잔을 제공하여 준다.

7.1 추출의 원리

추출(extraction)은 원료에 용매를 가하여 특정한 가용성 성분을 제거 또는 회수하는 분리 방법의 하나로서, 원료가 고체인 경우는 고-액 추출(침출, leaching)과 액체인 경우에는 액-액(용매 추출, solvent extraction)로 나눌 수 있다. 다른 물리적인 방법으로는 압착(press), 원심분리(centrifuge), 흡착(adsorption) 등이 사용된다.

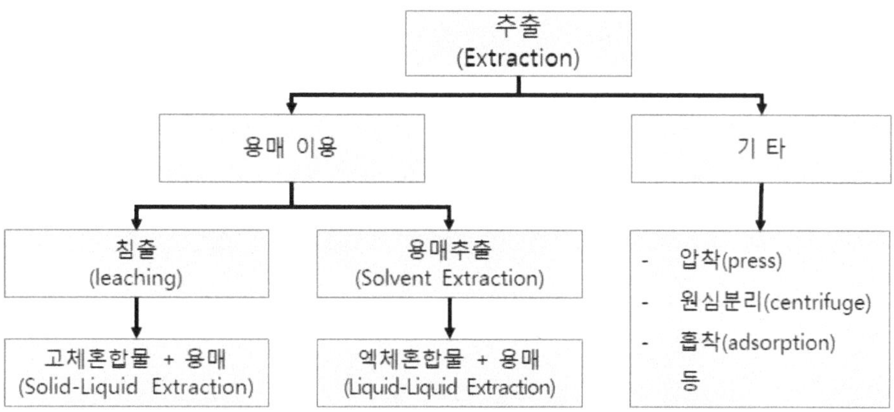

그림<7.1.1> 추출 (Extraction)

추출의 대상이 되는 원료를 추료(feed)라고 하며, 추료 속에서 제거 또는 회수하고자 하는 가용성 성분인 용질을 추질(solute)이라고 하며, 추료에 포함되어 있는 용매를 원용매라고 한다. 그리고 추질을 제거 또는 회수하기 위해 가해지는 용매를 추제(solvent)라고 한다. 추제에 의하여 추질이 회수된 상태를 추출상(extract phase), 추질이 빠져나간 상태를 추잔상(raffinate phase)이라 한다. 일반적으로, 침출 조작의 추잔상은 고상이고 추출상은 액상이며, 용매 추출 조작의 추잔상은 수용상이고 추출상은 유기상이다.

1) 고-액 추출

고-액 추출(solid-liquid extraction)은 고체 상태인 식물, 동물 및 광물 등의 혼합물에 용매를 가하여 특정한 가용성 성분을 회수, 제거하는 분리 조작으로, 침출(leaching)이라고 부른다.

그림<7.1.2>은 컵에 tea-bag을 두고 뜨거운 물 등을 부어 커피를 추출하는 것으로 대표적인 침출(leaching) 방법 중의 하나이다.

그림<7.1.2> tea-bag으로부터 커피 추출 (leaching)

침출(leaching)공정은 다음과 같은 분리방법이 응용되고 있다.

· 식물, 꽃 등 에서 의약의 추출
  - 허브 식물로부터 에센스 오일(essential oil) 추출
  - 녹차 잎으로부터 녹차 음료 제조
· 광산에서 금속염 추출
  - 구리광산에서 황산으로 구리 추출
· 목재에시 딘닌의 추출
· 소뼈와 고기로부터 설렁탕 제조

2) 액-액 추출

액-액 추출(liquid-liquid extraction)은 액체 혼합물에 용매를 가하여 특정한 가용성 성분을 회수, 제거하는 분리 조작으로, 용매 추출(solvent extraction) 이라고 부른다. 추질이 액체 혼합물 내의 원용액과 끓는점이 비슷하여 증류에 의해 분리하기 곤란하거나 열을 가하면 안 되는 물질이 있을 경우에 적용한다,

그림<7.1.3>은 오일에 들어있는 염료를 물을 사용해서 추출하는 것으로, 혼합용액에서 상분리가 일어나면 분액깔때기로 분리하는 방법에 대하여 나타내고 있다.

그림<7.1.3> 분액깔때기를 이용한 액-액 추출

이 때 추제는 혼합물과 반응하지 않고 목적 성분만을 추출할 수 있어야 하며, 원용제와 서로 혼합되지 않는(불균일상), 비중의 차이가 큰 것이 좋다.

용매 추출 조작은 다음과 같이 응용되고 있다.

· 석유에서 방향족 탄화수소의 추출
· 폐수 속의 중금속 추출
· 페니실린 등 항생 물질의 추출
· 휘발유에서 유황분의 제거
· 식물유의 정제
· 우라늄 용액의 용제 정제

2) 기타

추출(extraction)은 액체 또는 고체 혼합물에서 일반적으로 용매를 침출(leaching)과 용매추출(solvent extraction) 조작으로 특정한 가용성 용질을 회수, 제거하는 화학적인 분리 방법을 사용하고 있다. 이와 달리 물리적 방법으로 압착(press), 원심분리(centrifuge), 흡착(adsorption) 등이 사용되고 있다.

① 압착(press)
허브 잎, 과일 등의 식물들은 열에 의하여 분해되기 쉽고, 용제를 사용할 경우 분리가 어렵다는 단점이 있다. 이런 경우 맷돌이나 압착기 등을 사용하여 내용물을 뽑아낸다.

② 원심분리(centrifuge)
비중 차이를 이용하여 운심분리기에서 층분리(상분리)를 발생시켜 분리한다.

③ 흡착(adsorption)
분자체(molecular sieve)의 흡착을 이용하는 것으로, 회수, 제거하고자 하는 물질의 크기, 모양 등의 구조적인 특징에 따라 분리한다.
공업적으로 MOLEX, PAREX 등의 공법이 있다.

7.2 추제의 조건

추출공정에서 효과적인 추제를 선택하는 것은 공정의 효율화 및 경제적으로 매우 중요하다. 주어진 온도, 압력에서 추제는 추질을 가능한 많이 용해하여야 하며, 원하지 않는 용질을 포함하지 않아야 한다. 그리고 추제는 추질과 분리가 잘 되어야 하는 등의 여러 가지 선택 조건이 요구된다. 예를들면 녹차의 경우 카페인과 카데킨을 추출할 때 온도에 따라 회수되는 양이 다르며, 용제로는 카페인은 디클로로메테인, 카테킨의 경우 에틸아세테이트가 각각 사용된다.

추출공정에서 사용되는 용매의 선택에 필요한 조건은 다음과 같다.

· 두 개의 용매 간 용질에 대한 용해도가 커야한다.
· 두 개의 용매 간 비중 차이(상분리)가 커야한다.
· 추가적인 분리를 위하여 회수가 용이(용매와 용질 간의 비점 차이 등)해야 한다.
· 값이 저렴하고 화학적으로 안정하여야 한다.
· 부식성 및 유독성이 적어야 한다.
· 용질 등과 반응을 하면 안 된다.

7.3 액-액 추출 장치

액-액 추출(liquid-liquid extraction)에서 효율적인 추출이 이루어지기 위하여는 원료(feed)와 추제(slovent) 의 두 상간에 접촉이 원활하게 이루어져야 한다. 그러므로 외부에서 기계적 에너지를 가해주어 혼합이나 분리를 이루는 경우가 많으며, 이에 따라 추출장치에는 회분식(Batch type)과 연속식(Continuous type)으로 구분된다.

회분식(Batch)은 하나의 탱크(Tank)에서 교반기에 의하여 추출이 일어나며, 연속식(Continuous)에는 구조에 따라 분무탑, 다공판탑, 충전탑, 방해판탑 등의 있다.

1) 회분식(Batch) 추출 장치

회분식(Batch)은 혼합조와 침강조로 구성된 추출장치에서 교반기에 의하여 회수, 제거가 일어난다. 혼합조 안에 원료와 용매를 넣고 교반기로 교반하여 추출하고, 이를 침강조로 보내어 분리한다. 추출의 규모와 원료에 따라서 혼합조와 침강조가 하나의 탱크(Tank)로 사용하는 경우도 많다. 회분식 추출의 대표적인 장치에는 그림 <7.1.4>와 같은 믹서 세틀러(mixer settler) 추출 장치가 있다. 믹서 세틀러 추출 장치는 두 용액을 혼합시키는 혼합조와 분리 후에 두 용액을 비중차에 의해 분리시키는 침강조를 연결한 장치이다. 회분식 추출의 장치는 구조가 간단하여 조작이 간편하다는 장점이 있다.

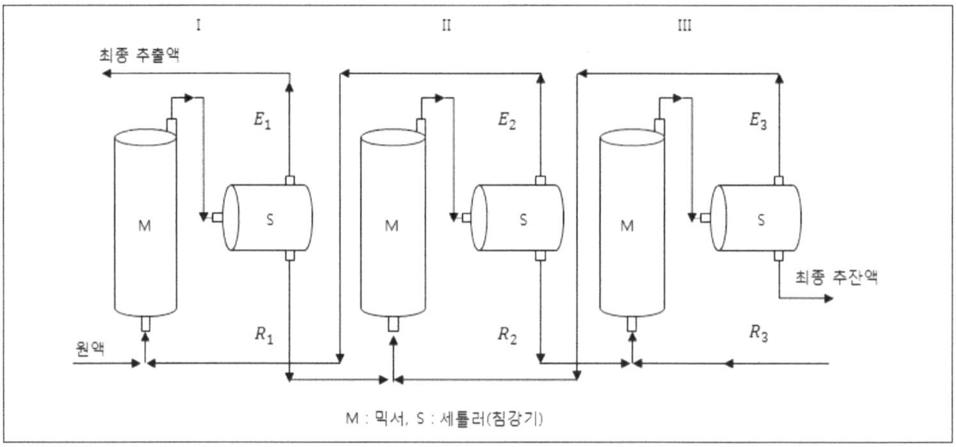

그림<7.1.4> 믹서 세틀러 추출 공정

2) 분무탑 추출 장치

분무탑 추출 장치는 장치의 아래에 다공판을 설치하여 비중이 가벼운 유기상 용제를 아래로부터 위로 통과하게 하여 분사시킨다.(그림<7.1.5>) 그리고 비중이 큰 액체 혼합물은 위에서 무터 아래로 유입시킨다. 두 용액은 향류(counter-current) 접촉을 하게 되어 추출이 진행된다. 용매가 위로 상승하면서 대상 용질을 추출하며, 탑 위에서 추출액(extract phase)을 얻을 수 있다.

이 장치는 구조가 간단하고, 조작하기가 쉬우며 많은 양을 처리할 수 있는 장점이 있으나, 두 용액의 접촉시간이 비교적 짧아서 물질 전달 효과가 좋지 않아 추출 효과는 다소 떨어진다.

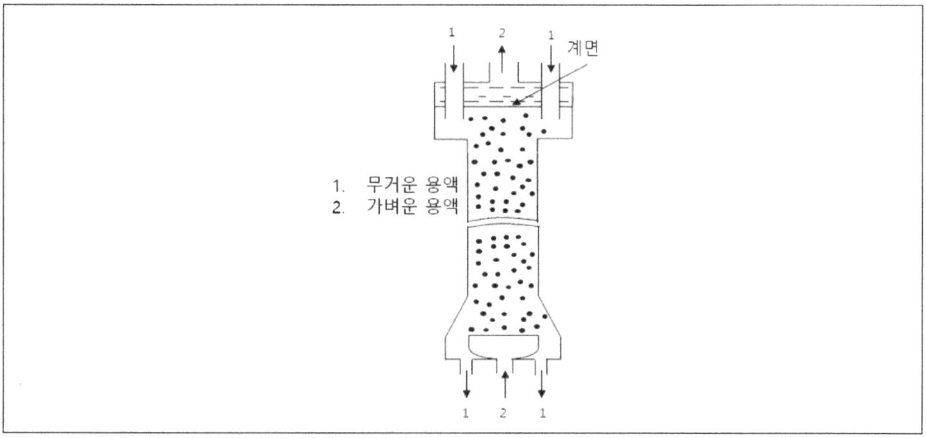

그림<7.1.5> 분무탑 추출 장치

3) 다공판탑 추출 장치

다공판탑 추출 장치는 그림<7.1.6>과 같이 탑 내에 여러 개의 다공판을 설치하여 각 단에서 두 용액간의 접촉이 연속적으로 일어나므로 접촉시간 향상으로 일어나 추출 효과를 높일 수 있다.

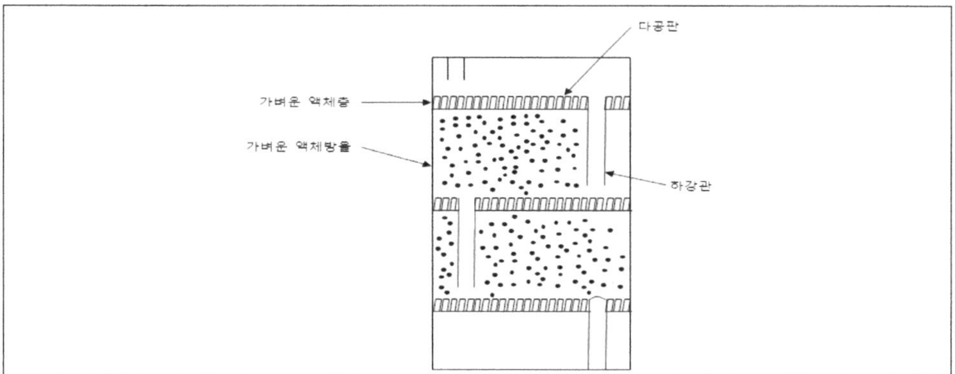

그림<7.1.6> 다공판탑 추출 장치

4) 충전탑 추출장치

추출탑 내에 충전물을 채워넣어 원료와 추제, 두 용액을 접촉하게 하여 추출이 일어나게 한다.그림<7.1.7> 충전물의 구조에 따라 접촉면적을 높여 효과를 높일 수 있다. 충전탑의 경우는 충전물에 따른 압력강하와 편류(chenneling) 발생에 유의하여야 한다.

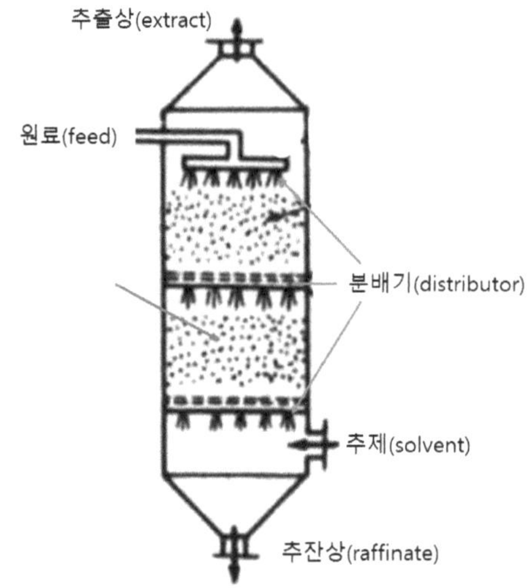

그림<7.1.7> 충전탑 추출장치

5) 방해판탑 추출 장치

방해판탑 추출 장치는 탑 안에 수평으로 설치된 방해판에서 두 용액의 접촉이 일어나게 하여 추출을 한다.(그림<7.1.8>) 방해판 종류에는 궁형(segmental), 원판-도넛형(disk-and-dough-nut type) 등이 이용되며, 부유물이 포함된 용액이나 쉽게 에멀젼(emulsion)이 되는 하는 용액에 적합하다.

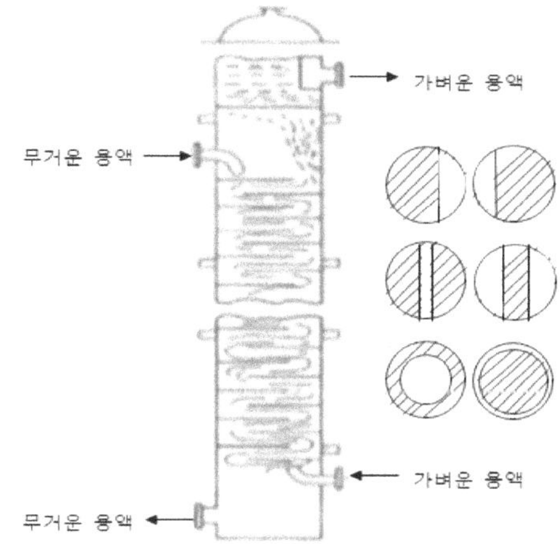

그림<7.1.8> 방해판탑 추출 장치

7.4 고-액 추출 장치

고-액 추출(solid-liquid extraction)은 고체와 액체가 접촉하여 추출이 이루어지므로 고체의 접촉 면적이 커야 추출이 잘 이루어진다. 따라서 고체는 표면적을 크게 하고, 잘 접촉할 수 있도록 분쇄, 교반 등이 중요하다.

1) 교반식 추출 장치

교반식 추출 장치는 탱크(tank) 밑바닥에 평평한 도르(Dorr) 교반기를 설치하여 교반 날개가 있어 가라앉은 고체를 가운데로 모으고, 압축 공기를 탱크(tank) 내로 불어넣어 고체를 분산시키면서 고체와 액체가 잘 접촉하도록 한다, 탱크(tank) 위의 배분 날개에서는 압축 공기에 의해 이송된 고체 분말을 탱크 내에 있는 용매 표면에 균일하게 분산시켜서 추출을 한다.(그림<7.1.9>)

교반식 추출장치에는 추출조 외에 별도의 침강 장치나 분리 장치를 설치하여 추출상과 추잔상을 분리한다.

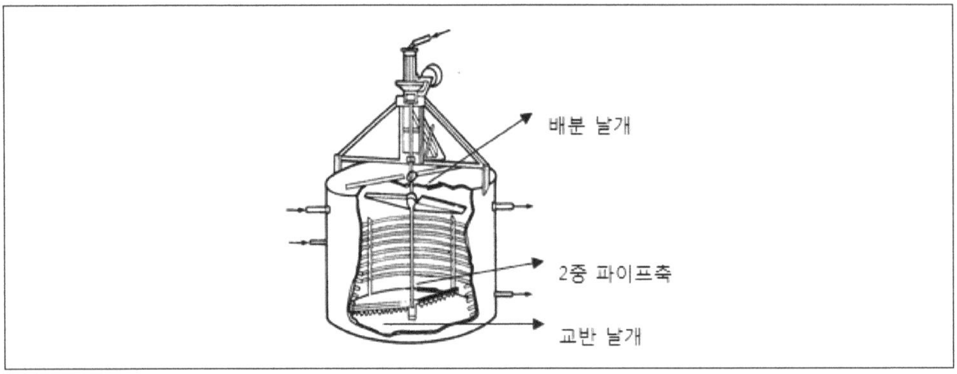

그림<7.1.9> 도르(Dorr) 교반기

2) 이동식 추출 장치

이동식 추출 장치에는 볼맨(Bollman) 침출기와 힐데브란트(Hildebrandt) 침출기가 있다. 볼맨 침출기(그림<7.1.10> (a))는 구멍 뚫린 버킷 엘리베이터를 통해 원료를 아래로 넣고, 용매를 위쪽에서 공급하여 장치 내에서 순환하는 동안에 추출이 이루어지며. 힐데브란트 침출기(그림<7.1.10> (b))는 원통 내부의 스크루컨베이어에 의해 원료를 이송시키고 반대편에서 용매를 넣어 추출한다.

이동식 침출 장치는 대규모 조작에 적합하며, 식물 종자에서 식물유를 추출하는 데 많이 사용된다.

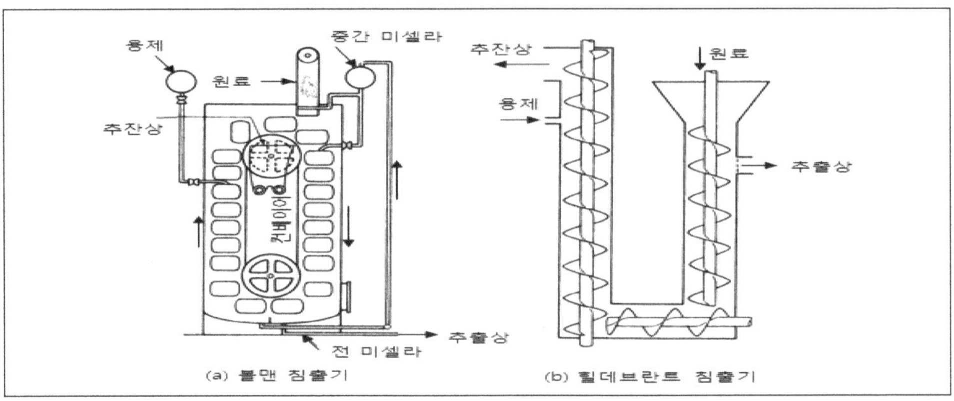

그림<7.1.10> 볼맨 및 힐데브란트 추출 장치

제8장 증 류

8.1 배경

증류는 액체 혼합물을 각 성분의 휘발도 차이를 이용하여 각각의 성분으로 분리하는 조작으로 오랜 옛날부터 수천년 동안 널리 사용한 것으로 알려져 있다. 일반적으로 화학물질은 혼합 용액에 열을 가하여 끓이고 기화시킴으로써 용액으로부터 분리되고 그 기체를 모아서 냉각시키면 액체로 응축되는 데 화학물질에 따라 끓는점이 다르기 때문에 가열온도를 조절하여 원하는 물질을 분리하는 것이 가능하다. 예로부터 증류 조작을 가장 많이 이용한 것은 바닷물을 증류해서 소금을 얻는 것이었고 기원전 2000년에는 술 제조를 위해 알고올을 증류했었고 기원후 400년에는 물을 끓여서 증기 상태로 포집하여 먼지, 소금, 박테리아등을 분리하였다. 수직 Column을 사용한 연속 증류는 1813년 프랑스 Cellier-Brumenthal에 의해 최초로 고안되었고 원유가 대량으로 생산되는 1950년대 이후부터 널리 상용화되었는데 이는 연속 증류가 원유를 정제하여 여러 석유화학제품을 만드는 데 가장 경제적으로 효과적인 방법이기 때문이다.

수백개의 성분으로 이루어진 원유는 끓는점 차이에 따라 LPG, 가솔린(나프타), 등유, 경유, 중유등 여러 석유제품으로 분리 가능한데 이는 원유 기화 시 발생하는 증기에는 끓는점이 낮은(휘발성이 높은) 성분이 끓는점이 높은(휘발성이 낮은) 성분보다 더 많이 함유하여 액체 혼합물 조성과 그것으로부터 발생하는 증기의 조성과 다르다는 데 기초를 둔다.

우리나라의 경우 2018년 기준 원유 정제능력이 3,346 MB/D로 세계 5위(참고 : 전세계 정제 능력 82,900 MB/D), 에틸렌 생산량은 8,810천톤/Year로 세계 5위, 국내 제조업종 비중 4위로 석유화학산업이 우리나라 산업의 발전과 수출에 큰 역할을 차지하고 있는 데 이 석유화학산업에서 가장 큰 비중을 차지하고 있는 공정이 연속 증류 공정이다. 연속 증류 공정 경우 그 제어방식이나 운전 조작이 복잡하고 고도의 운전 경험과 기술을 요하지만 기본 개념은 평형증류(flash distillation)나 하등의 차이가 없다.

본 장의 전반부에서는 환류(reflux)가 없는 평형증류(flash distillation)와 환류가 있는 연속 증류공정들의 설계 개념을 취급하고 후반부에서는 연속증류의 운전과 제어에 관해 취급한다.

참고 원유란 지층에서 천연적으로 산출되는 가연성 액체를 말하며, 이를 정제하여 만들어진 제품을 석유제품(Petroleum Products)이라고 하고, 원유와 석유제품을 총칭하여 석유(Petroleum)라고도 한다. 석유제품 중 Naphtha(나프타)를 원료로 합성 섬유, 합성수지, 합성고무 등 가공도가 높은 제품을 석유화학제품(Petrochemicals)이라 한다.

8.2 단일 성분 기·액 상평형

8.2.1 단일성분에서의 상태도 (Phase Diagram)

물질의 상태를 나타내는 온도, 압력, 부피, 엔탈피, 엔트로피 등의 상관관계를 도시한 것을 상태도라 한다. 그림 <8.2.1>의 상태도에서 1성분계 물질은 대개 고체, 액체, 기체(증기)중의 하나로 존재한다. 그리고 경계선에서는 2상이 동시에 평형을 이루어 공존하고, 삼중점(triple point)에는 물질의 상태가 특정 온도, 압력에서 고체상, 액체상, 기체상의 3상이 모두 평형을 이루어 공동으로 존재한다. 그림에서 임계점(critical point)은 평형상태의 물질의 두 상이 서로 같게 되어 하나의 상을 이루어 액체와 기체의 두 상태를 서로 분간할 수 없게 되는 온도와 압력을 말한다.

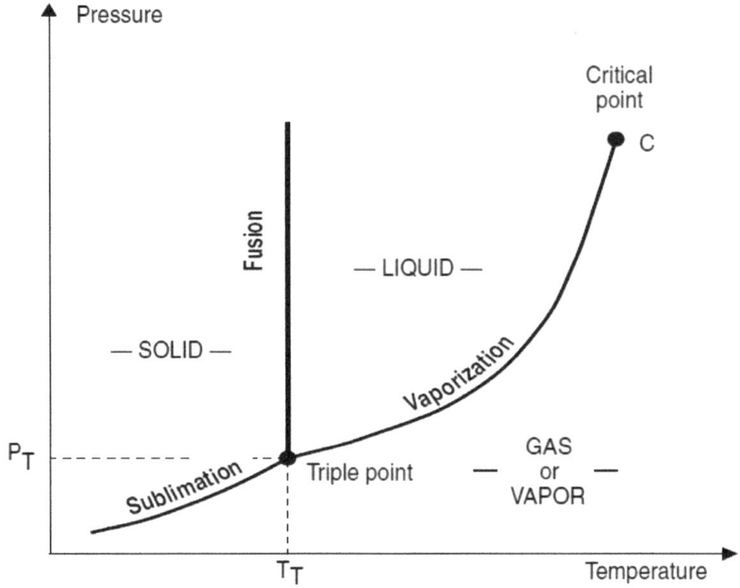

그림 <8.2.1> 물질 상태도

- 융해곡선(fusion curve) : 고체상과 액체상이 평형을 이루는 곡선으로 고체 / 액체 평형 조건을 알 수 있다.
- 승화곡선(sublimation curve) : 고체상과 기체(증기)상이 평형을 이루는 곡선
- 증발곡선(vaporization curve) : 액체상과 기체(증기)상이 평형을 이루는 곡선으로 증기압곡선(vapor pressure curve)이라고도 한다.

특별한 경우를 제외하고 대부분의 유기물질의 경우 삼중점의 압력은 대기압보다 낮고 임계 압력은 20~80atm 사이에 존재한다.

표 <8.2.1> 여러 물질의 삼중점

	TRIPLE POINT							
	Hydrogen	Oxygen	Nitrogen	Chlorine	Hydrogen sulfide	Ammonia	Carbon dioxide	Methane
	H_2	O_2	N_2	Cl_2	H_2S	NH_3	CO_2	CH_4
Temperature (℃)	-259.2	-218.8	-210.0	-101	-85.7	-77.8	-56.6	-182.5
Pressure (bar)	0.072	0.00152	0.1253	0.014	0.227	6.08 10^{-4}	5.2	0.117

참고

화학공학을 배운 학생이라면 Gas(기체)와 Vapor(증기)의 용어를 반드시 구별해서 사용해야 하는데 Vapor는 상온에서 액체나 고체 상태인 물질이 온도를 올리거나 압력을 낮춰 기체상태가 된 것을 가리킨다. 즉 물, 에탄올의 경우 상온에서 액체로 존재하는데 이런 물질의 기체 상태는 수증기, 에탄올 증기라고 호칭해야 한다. 이에 반해 Gas는 상온에서 기체 상태인 경우에 사용한다. 예를 들어, 질소의 경우는 상온에서 기체 상태로 존재하므로 "질소 Gas"라고 호칭해야 한다.

8.2.2 압력/부피 도표 (PressurePhase Diagram), 임계점

아래 그림<8.2.2>의 왼쪽그림은 n-pentane성분의 온도/압력 도표이고, 오른쪽 그림은 유체의 비체적(단위질량당 물질이 차지하는 체적, 밀도의 역수)을 표시한 압력/부피 도표이다. 예를 들어 150℃, 16atm에서 n-pentane 포화 액체의 비체적은 $2cm^3/g(L^s)$, 포화증기의 비체적은 $20cm^3/g(V^s)$ 임을 알 수 있다. 그리고 온도, 압력이 증가할수록 액체의 비체적은 점점 증가하고 증기의 비체적은 점점 감소하여 임계점에서 만나는 것을 확인할 수 있다.

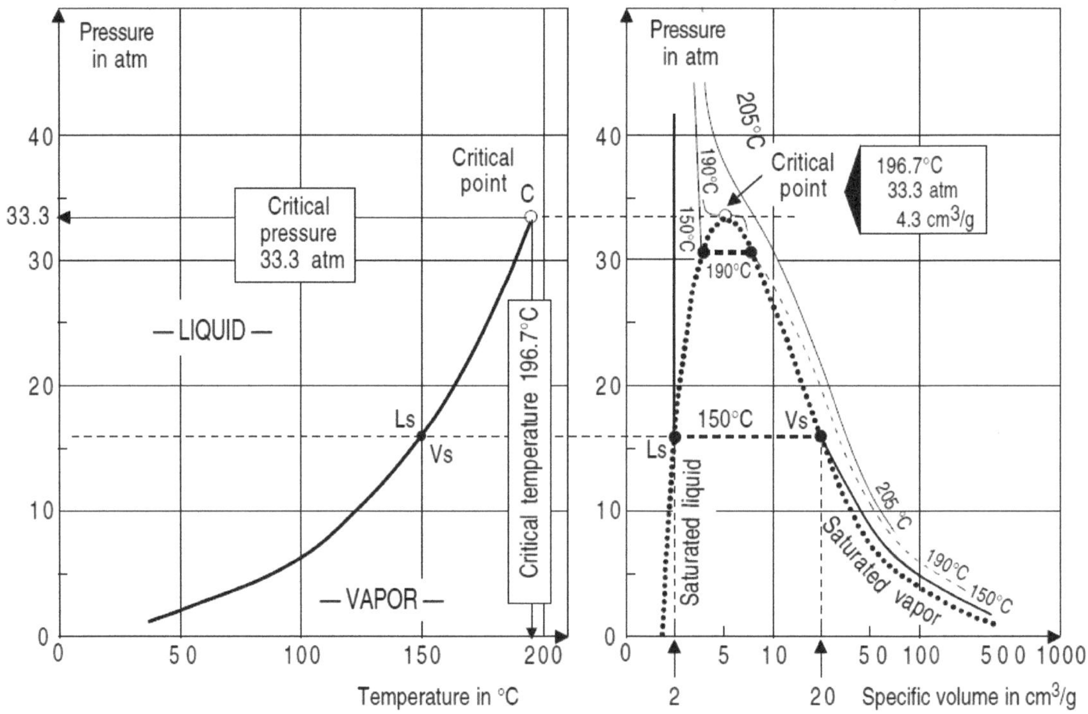

그림 <8.2.2> n-pentane 의 압력/부피 상태도

8.2.3 증기압곡선(Vapor Pressure Curves)

그림 <8.2.3>은 단일성분의 끓는점과 증기압간의 상관관계를 도시한 곡선이다. 끓는점(비등점, Boiling Point)은 액체가 표면과 내부에서 기포가 발생하면서 끓기 시작하는 온도로 액체 표면으로부터 증발이 일어날 뿐만 아니라 액체에서 기체로 물질의 상태가 변화되는 온도이다. 일정압력에서 단일물질은 끓는점 아래에서는 액체 상태로 존재하고 끓는점 이상에서는 증기상태로 존재한다. 대기압(normal atmospheric pressure, 1.013 bar)하에서 끓는점은 normal boiling point라 한다.

산 정상에서 물을 끓이면 비등점이 100℃ 이하인 것을 알 수 있는 데 이는 비등점이 외부압력에 따라 변하기 때문이다. 일반적으로 외부압력이 높으면 비등점이 높고, 외부압력이 낮으면 비등점이 낮아지는 데 이 원리를 이용하여 산업현장에 적용한 설비가 감압증류탑이다. 감압증류탑은 운전 온도가 높을 경우 발생하는 여러 문제점을 방지하기 위해 상부 배관에 스팀 이젝트(Steam Ejector)를 설치하여 운전압력을 대기압 보다 낮게 유지하는 데 이로 인해 낮은 운전온도에서 증류탑이 운전 된다.

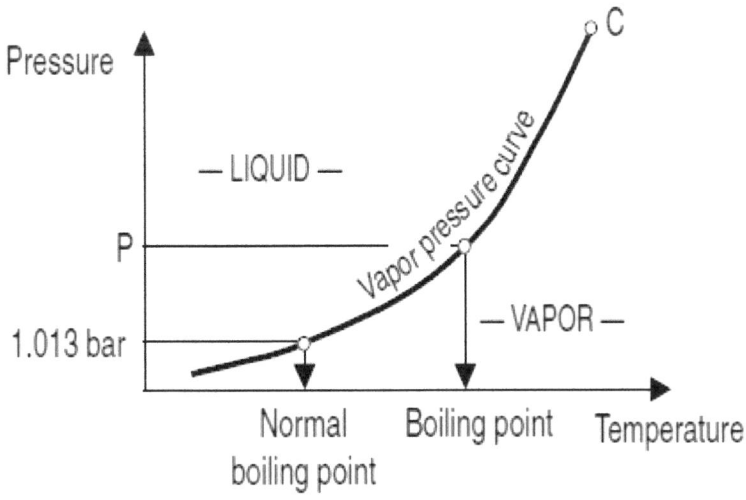

그림 <8.2.3> vaporization curves

밀폐된 용기속에서 액체의 증발속도와 증기의 응축속도가 같을 때의 증기압력을 평형압력 또는 포화압력(P^s)이라 한다. 단일물질의 증기압은 온도가 증가할수록 증가하고 같은 온도에서도 휘발성이 큰 (분자간 인력이 적은) 액체일수록 증가한다. 증기압은 여러 방법으로 구할 수 있는 데 일반적으로 1500 mmHg 이하 조건에서는 아래 식 (8.2.1)의 Antoine's equation을 사용하여 구할 수 있다.

(8.2.1) $\ln P^s = A - \frac{B}{C + T}$, 여기에서,

P^s : 순수 물질의 vapor pressure

T : ℃

A, B, C : 상수

8.3 이성분계 기·액 상평형

8.3.1 HC 혼합물의 기·액 평형 범위

HC 혼합물질의 기·액 평형은 단일물질과는 다른 상태변화를 보이는 데 그림 <8.3.1>은 HC 혼합물의 압력/부피 평형 도표이다.

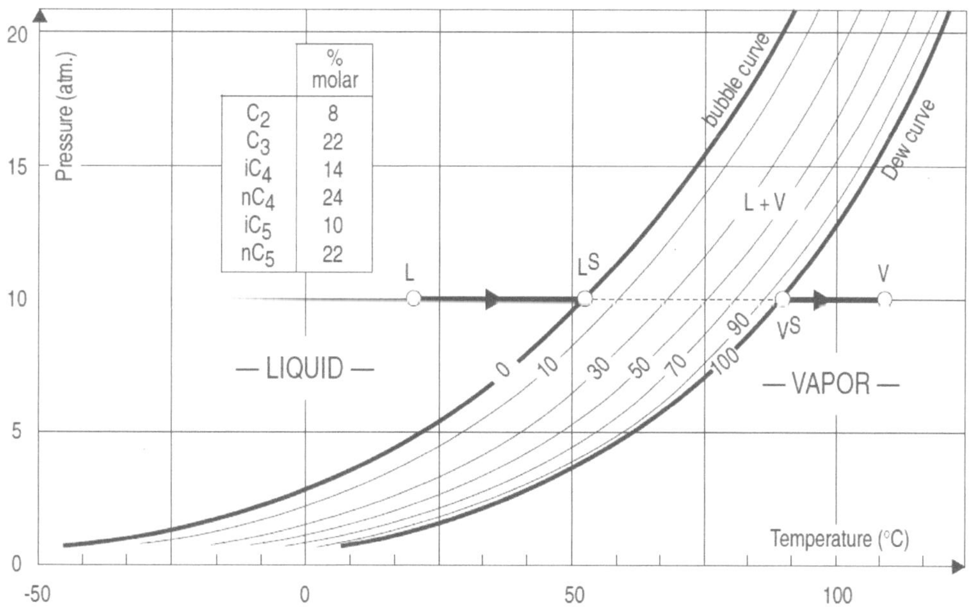

그림 <8.3.1> HC 혼합물의 압력/부피 상태도

그림 <8.3.1>에서 일정압력에서 액체상태에 있는 L점이 있는 상태에서 외부에서 열을 순차적으로 가하면(온도가 올라가면) 다음 단계에 따라 상태가 변화된다.

① L : 과냉각 액체 상태

② L → L^S : 액체 가열단계로 현열로 인한 온도상승단계

③ L^S : 포화 액체상태로 끓기 시작하는 단계(bubble point)

④ L^S → V^S : 잠열에 의한 온도 상승으로 증발이 진행되는 단계로 증기와 액체는 평형단계에 있으며 증발이 진행됨에 따라 증기 및 액체의 조성도 달라짐.

⑤ V^S : 포화 증기상태로 증발이 완료되는 단계(dew point)

⑥ V^S → V : 과열 증기 상태

단일물질의 압력/부피 상태도에서는 bubble point와 dew point가 동일하지만 HC 혼합물 경우 bubble point와 dew point가 달라 그림 <8.3.1>에서처럼 bubble point 곡선과 dew point 곡선이 각각 그려지는 데 이 두 곡선은 일반적으로 저압범위에서는 대략 나란히 평행하게 유지하다가 고압범위에 위치하는 임계점(critical point)에서 만나게 된다.

그림 <8.3.2>는 ethane-heptane의 2성분계 혼합물의 성분 비율에 따른 기·액 평형도표이다. 각 혼합물의 임계점은(점C)은 bubble point 곡선과 dew point 곡선이 만나는 부분에 위치하지만 모두 다 같은 지점에 위치하지는 않는다. 또 ethane-heptane의 2성분계 혼합물의 임계 압력(C1~C4)은 ethane 혹은 heptane 단일 물질의 임계 압력(C)보다 높은 것을 알 수 있다.

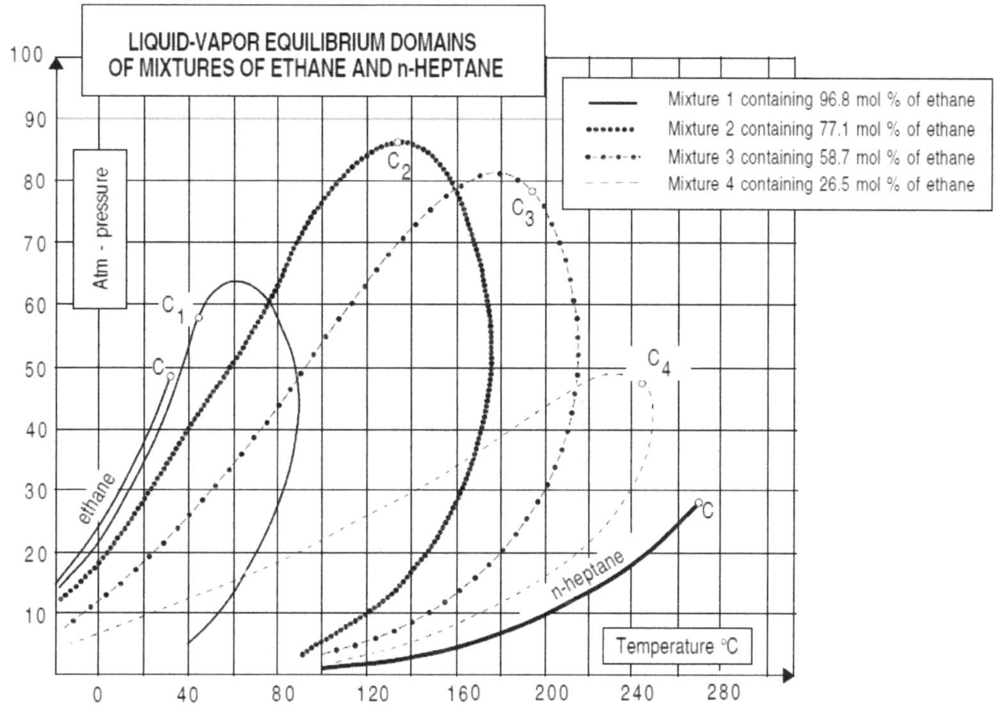

그림 <8.3.2> ethane-heptane 혼합물의 압력/부피 상태도

8.3.2 HC 혼합물의 기·액 분리

HC 액체 혼합물을 separator drum에서 일부를 증발시켜 발생한 증기상과 액상을 충분히 접촉시켜 평형에 도달하여 분리하는 것을 플래쉬(flash)라고 한다.

separator drum에서 증기상은 drum의 top으로, 액상은 bottom으로 유출되는 데 이 때 separator drum의 운전 조건(온도, 압력)은 HC 혼합물의 기화되는 정도에 따라 결정되는 데 일반적으로 온도가 높을수록, 압력이 낮을수록 증기상의 유량이 높아진다는 것을 예상할 수 있다. HC 혼합물의 feed flow rate를 A, 증기 flowrate를 V, 액체 flow rate를 L이라고 하고 각 stream의 성분

조성(mole fraction)을 각각 z_i, y_i, x_i 라고 표기한다.

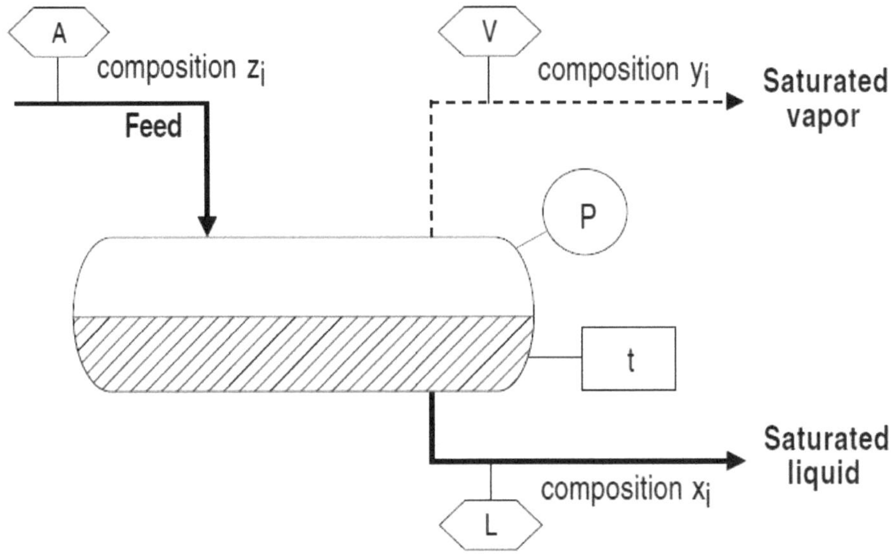

그림 <8.3.3> Separator Drum

그림 <8.3.3>에서 증기상과 액상은 같은 온도, 압력에서 접촉하고 있기 때문에 vapor/liquid 평형상태에 있는 데, 자세히 표현하면 증기상은 dew point에서의 포화 증기이고, 액체상은 boiling point에서의 포화 액체이다. 이 2상의 성분 조성 관계는 Raoult's law으로 해석이 가능하다.

8.3.3 증기압과 Raoult 법칙

그림 <8.3.3>에서 drum의 운전 압력 P는 액상 혼합물 끓는점에서의 압력(bubble point pressure)이라고 말할 수 있는 데 이 끓는점에서의 압력은 액상 혼합물의 각 **조성 물질, 조성비(molar fraction)** 그리고 **drum의 운전 온도**와 밀접한 관계가 있다.

낮은 압력상태에서 HC 혼합물의 증기압은 Raoult 법칙을 적용하여 아래 식을 이용하여 간단하게 구할 수 있는 데 Raoult의 법칙은 "용액의 증기압(P_A)은 순수한 용매의 증기압(P^o_A)과 용액 속 용매의 몰분율(X_A)을 곱한 것과 같다." 는 내용으로 1886년 프랑스 과학자 라울이 밝혔다.

(8.3.1) $P_A = P^o_A \cdot X_A$

여러 성분이 섞여있는 HC 혼합물의 drum에서의 압력경우는 아래 식으로 구할 수 있다.

(8.3.2) $P = \sum_i P^o_i \bullet X_i$

P : drum의 운전 압력

P^o_i : drum 운전 온도에서의 성부 i의 순수 증기압

X_i : 액상 혼합물 증 i 성분의 molar fraction

Raoult 법칙을 따르는 액체 혼합물을 이상 용액(ideal solution)이라고 하는데 보통 동족계 탄화수소나 같은 탄소수를 가지는 혼합물 경우 Raoult 법칙을 잘 따르나 CO_2, H_2S, water등 극성 성분을 함유하는 액체 혼합물 경우 Raoult

법칙을 잘 따르지 않는다.

Raoult 법칙을 사용하여 HC 혼합물의 증기 조성을 구할 수 있는 반면 기·액 평형상수(vapor/liquid equilibrium coefficient)를 이용하면 액상과 기상간의 조성 차이를 계산할 수 있다.

8.3.4 평형 상수

그림 <8.3.3>에서 Drum의 압력 P는 액체 HC 혼합물의 증기압에 의한 값인데 Raoult 법칙과 Dalton 법칙을 통해 이 압력 중에서 HC 혼합물을 구성하는 성분 각각의 증기압을 구할 수 있다. 예를 들어 성분 i의 부분 증기압은 P_i라고 하면, Raoult 과 Dalton 법칙을 이용하면 아래와 같은 식으로 표현된다.

(8.3.3) P_i(성분 I의 부분 증기압) = $P^{o}_{i} \cdot xi$

(8.3.4) $y_i = \dfrac{P_i}{P}$

위 두식을 연결하면 아래 식으로 유도된다.

(8.3.5) $y_i = \dfrac{P_i^{o} x_i}{P}$

위 식은 액상 각각의 성분의 부분 증기압 계산을 동해 각각 성분의 기상의 몰 조성을 알 수가 있다. 기·액 분리 시 액상, 기상을 이루는 각 성분의 몰조성을 다룰 때 y_i/x_i 로 사용하는 것이 편리한데 이 y_i/x_i는 평형을 이루고 있는 두 상에서의 성분 i의 vapor/liquid 몰비로 정의되는 데 평형 상수(K_i, equilibrium coefficient)라고도 부르며 아래 식으로 표현된다.

(8.3.6) $K_i = \dfrac{y_i}{x_i} = \dfrac{p^{o}_{i}}{p}$

K_i : equilibrium coefficient of 성분 i

y_i : 증기상에서 성분 i의 몰비율(mole fraction)

x_i : 액체상에서 성분 i의 몰비율(mole fraction)

P^o_i : Drum 온도에서의 성분 i의 순수 증기압

P : Drum 전체 압력

이상 용액 및 이상 기체 적용 하에서 평형 상수 K_i는 조성, 온도, 압력 등 3가지 항목에 따라 값이 결정되는 데 기·액 분리 공정(플래시, 증류, 흡착, stripping) 계산에 있어 이 K값은 매우 중요하다.

K값은 일정한 온도, 압력 조건하에서 특정 성분이 증기 혹은 액체 상태로 얼마나 많이 존재하는가를 의미한다. 예를 들어 어떤 성분이 $K > 1$ 경우 증기(vapor) 상태로 존재하는 경향이 크고, $K < 1$ 경우 액체(liquid) 상태로 존재하기가 쉽다. 즉 끓는점에 따라 성분 분리하는 다성분 증류계에서 만약 K값이 1보다 훨씬 크거나 1보다 훨씬 작으면 증류 분리가 매우 쉬워진다.

$K_i > 1$: 휘발성이 큰 성분

$K_i < 1$: 휘발성이 작은 성분

평형 상수 K_i 값은 여러 방법에 의해서 구할 수 있는 데 이론적으로 Raoult 법칙을 사용해서 구하나 Scheibel and Jenny nomograph 나 Maxwell "fugacity function" 인 차트를 이용하는 방법으로도 구할 수 있다.

8.3.5 증류탑 평형단 개념

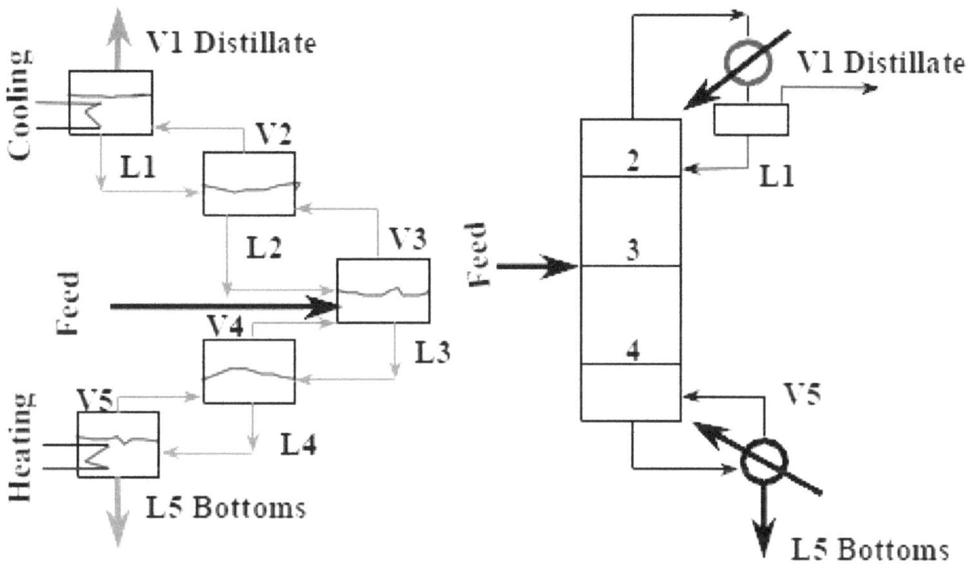

그림 <8.3.4> 증류탑의 단수

그림 <8.3.4>은 석유화학공장에서 많이 사용하는 증류탑의 평형단 개념을 이해하기 쉽게 도시한 것으로 증류탑의 평형단수는 기·액 평형 분리가 연속적으로 실시하는 것과 같은 개념임을 알 수 있다. Feed 위 부분은 rectification section(정류부)이라고 하는 데 증류탑 위쪽 단으로 갈수록 vapor 유분은 휘발성이 큰 성분들만 농축되고 Feed 아래 부분은 stripping section(스트리핑부)이라고 하는 데 증류탑 아래쪽 단으로 갈수록 liquid 유분은 휘발성이 작은 성분들만 농축이 되어 결국 성분 분리가 완성이 된다. 위 왼쪽 그림에서 우리는 증류가 vapor는 위쪽으로, liquid는 아래쪽으로 이동되면서 열원을 흡수 또는 방출하며 이로 인해 각 유분의 성분이 분리 ·농축되는 공정임을 알게 된다.

8.3.6 상대 휘발도

평형상수(K)는 특정 성분의 휘발성 정도를 의미한다. 2성분 i, j로 이루어진 혼합물에서 2성분의 휘발성 차이는 상대휘발도(α_{ij})로 표시하는 데 α_{ij}를 성분 j에 대한 성분 i의 상대 휘발도라고 정의하고 각 성분의 평형 상수의 비로서 표현한다.

(8.3.7) $\alpha_{ij} = \frac{K_i}{K_j}$, α_{ij} : 성분 j에 대한 성분 i의 상대 휘발도

만약 성분 i가 j보다 휘발도가 크면 $K_i > K_j$ 가 되어 $\alpha_{ij} > 1$이 되며, 성분 i가 j보다 휘발도가 작으면 $\alpha_{ij} < 1$ 된다. 2성분계 분리에 있어 i성분이 j 성분에 비해 휘발성이 상대적으로 크다면 K_i 값은 항상 1보다 크고, K_j 값은 항상 1보다 작게 된다. 만약 $K_i = K_j$ 된다면 공비 혼합물처럼 끓는점 차이가 없기 때문에 증류 분리가 훨씬 어려워진다.

(8.3.8) $\alpha_{ij} = \frac{K_i}{K_j} = \frac{\frac{p^\circ_i}{p}}{\frac{p^\circ_j}{p}} = \frac{p^\circ_i}{p^\circ_j}$

라울의 법칙을 이용하여 식을 유도하면 상대휘발도 α_{ij}는 결국 성분 i, j의 증기압 비와 같아지는 데 증류탑 하부와 상부의 내부 온도가 차이가 있더라도 P°_i/P°_j 비는 상대적으로 일정하다는 장점이 있기 때문에 상대휘발도는 증류공정의 성분 분리 용이성을 사전에 확인할 수 있는 지표로 많이 사용된다.

석유화학공장에서 실제로 운전되고 있는 증류탑의 상대휘발도를 표<8.3.1>에

예시하였다.

표 <8.3.1> 증류탑의 상대휘발도

성분 1	성분 2	운전압력	α_{12}	증류탑
propane	iso-butane	17bar	2.44	Depropanizer
n-butane	iso-pentane	11bar	2.07	Debutanizer
iso-pentane	n-pentane	2.5bar	1.23	Deisopentanizer
meta-xylene	ortho-xylen	1bar	1.15	Xylene Column

분리하고자하는 2성분의 상대휘발도는 운전 압력에 매우 민감한 동일한 2성분이라 하더라도 운전 압력이 감소하면 상대휘발도는 증가하는 것을 확인할 수 있다. 그러므로 증류탑 운전에 있어서 운전 압력을 되도록 낮게 유지하면 성분 분리가 더 쉬워져서 에너지비용을 줄일 수 있다.

표 <8.3.2>에서 여러 압력에서의 n-pentane에 대한 iso-pentane 성분의 상대휘발도를 표시하였다. 표에서 평균 온도는 해당 압력에서의 각 성분의 평균 끓는점을 의미한다.

표 <8.3.2> iso-pentane의 상대휘발도

압력(atm)	평균 온도	K_{ic5}	K_{nc5}	$\alpha_{ic5/nc5}$
0.2	-10	1.17	0.76	1.54
1	32	1.13	0.85	1.33
2.5	62	1.07	0.87	1.23
5	91	1.07	0.92	1.16
10	120	1.04	0.93	1.09

일반적으로 증류는 혼합물의 끓는점 차이에 의해 분리하는 공정으로 말하는데 증류 분리의 용이성을 나타내는 지표로 끓는점 차이를 사용하는 것은 올바르

지 않다. 예로 끓는점이 각각 30℃, 40℃인 2성분계와 320℃, 330℃인 2성분계를 비교하면 끓는점 차이는 다 10℃로 동일하더라도 상대휘발도는 낮은 끓는점을 가지는 첫 번째 2성분계가 1.27이고 높은 끓는점을 가지는 두 번째 2성분계 경우 대략 1.1로 낮은 끓는점을 가지는 2성분계가 훨씬 더 증류 분리가 잘된다. 따라서 **증류 공정에 있어 성분 분리 용이성을 나타내는 지표로 끓는점 차이보다는 상대휘발도를 사용하는 것이 더 바람직하다. 따라서 화학공학을 전공하는 학생들은 증류의 정의를 "분리할 성분의 휘발도 차이(상대휘발도)를 이용하여 순수 성분으로 분리하는 방법"이라고 해야 한다.**

8.3.7 T-x-y 도표

성분 a, b 성분으로 이루어진 2성분 혼합물(a: 고비점 성분, b: 저비점 성분)의 평형온도(bubble point, dew point)와 조성과의 관계를 그림<8.3.5>에서 도시하였다.

그림에서 순수 a 성분, b성분 그리고 a, b가 특정 비율에 따라 혼합된 5개 성분 등 총 7개 혼합물의 bubble point curve 와 dew point curve를 각각 실선과 점선으로 도시하였다. 특정 압력 P에서 그은 수평선과 각 curves 가 만나는 점으로부터 혼합물의 a,b 조성과 평형 온도를 구할 수 있다.

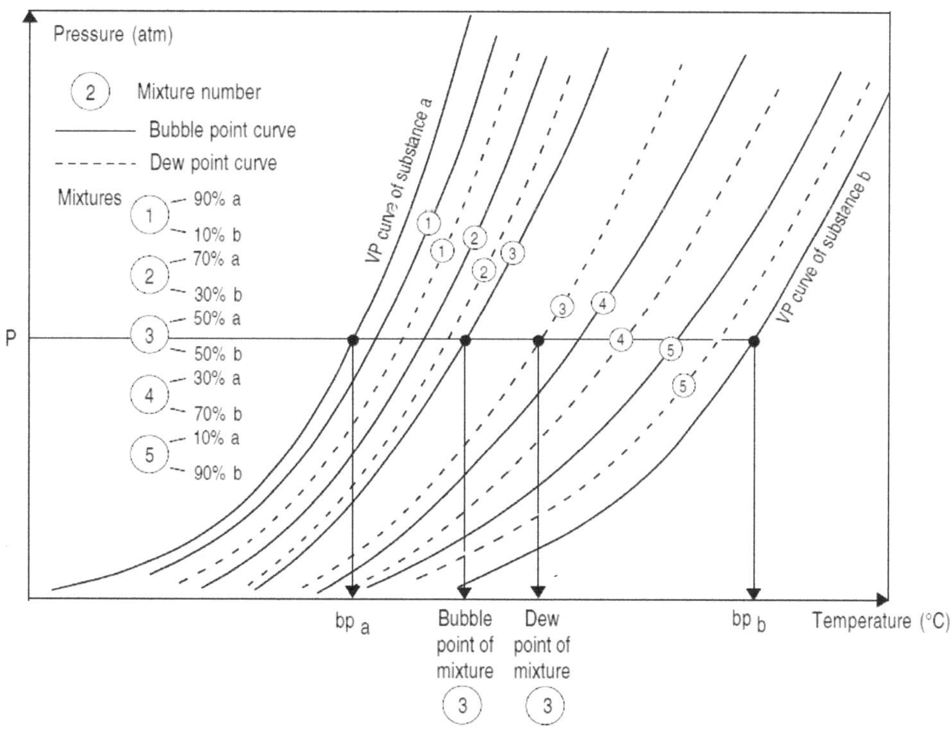

그림 <8.3.5> 2성분 혼합물의 평형온도와 조성과의 관계

그림 <8.3.5>에서 일정 압력하에서 각각의 혼합물의 조성과 이에 대응하는 1쌍의 평형 온도(끓는점, 이슬점)를 plot한 도표를 T-x-y 도표라 하며 그림 <8.3.6>으로 정의된다. 그림에서 윗 곡선이 dew point curve고 아래 곡선이 bubble point curve이다.

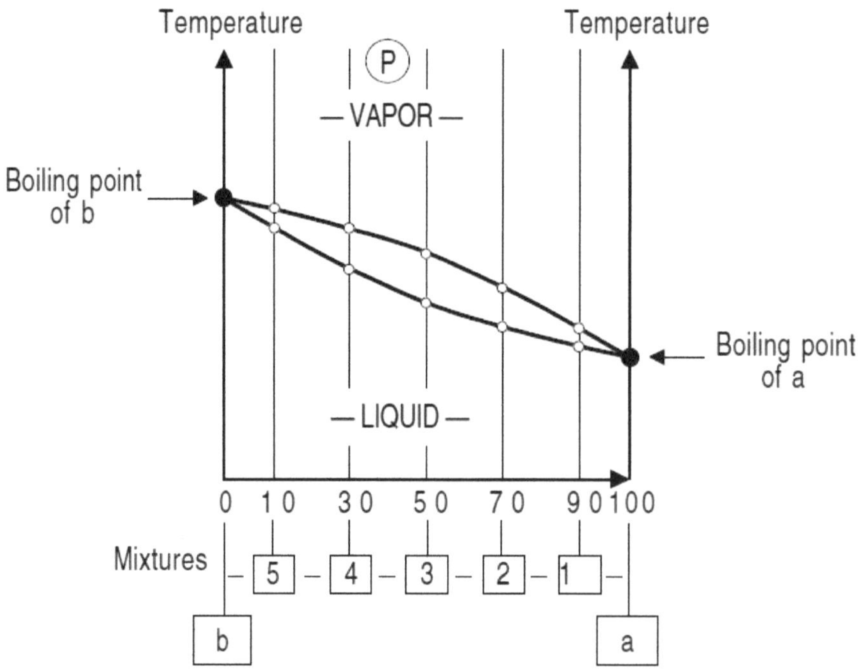

그림 <8.3.6> T-x-y 도표

T-x-y 도표는 일정압력에서 평형 온도와 포화액체(혹은 포화증기) 조성 간의 관계를 알려주기 때문에 매우 유익하다.

만약 압력 P에서 운전되고 있는 증류탑 한 tray에서의 기·액 조건이 평형이라 하면 그 조건은 T-x-y 도표에서 dew point curve와 bubble point curve 안에 있는 한 point에 위치한다. 즉 tray에 있는 liquid는 bubble point curve, vapor는 dew point curve에 존재하는 데, 그림에서 동일 온도에서 liquid의 조성과 vapor의 조성은 다르다는 것을 알 수 있고 그 관계는 평형상수 K= y/x로 표시 가능하다.

8.3.8 2성분계 Flash

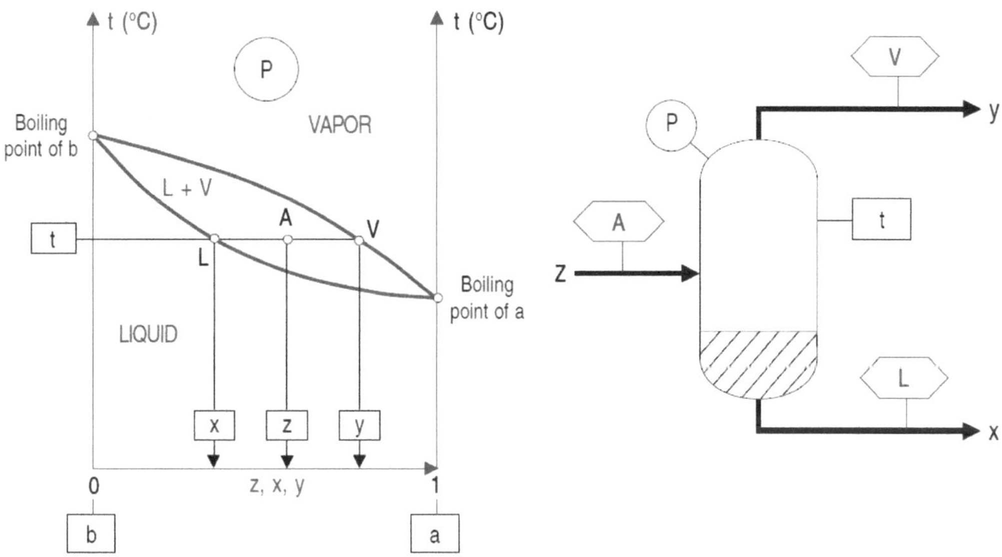

그림 <8.3.7> 2성분계 Flash

a, b 2성분계 flash를 T-x-y 도표로 그림 <8.3.7>에 표시하였다. 성분 z, y, x는 저비점 성분 a의 molar fraction을 의미한다.

온도 t에서 z molar fraction를 가지는 feed는 point A에 위치하는 데 기·액 평형 분리 시 액체는 x 조성을 가지는 점 L에 위치하고, vapor는 y조성을 가지는 점 V에 위치한다.

feed A가 flash drum으로 도입 시 vapor flow rate V와 liquid flow rate L로 분리되는 데 물질 수지식을 아래와 같이 표현가능하다.

전체 물질수지식 $A = L + V$

성분 a 물질수지식 $Az = Lx + Vy$

또는 $Az = (A-V)x + y$

위 식들을 정리하면 아래 식으로 유도된다.

(8.3.9) $V = A \cdot \frac{z-x}{y-x}$ and $L = A - V$

위 식을 지렛대의 원리를 이용하여 (z-x)는 AL구간, (y-x)는 구간 LV로 대체하면 다음 식처럼 V과 L를 유도할 수 있다.

(8.3.10) $V = A \cdot \frac{AL}{LV}$ and $L = A \cdot \frac{AV}{LV}$

T-x-y 도표 모양을 통해 2성분간의 분리 용이성을 예측할 수 있는 데 그림 <8.3.8>에서 이슬점 및 끓는점 곡선의 간격이 작으면 상대휘발도가 1에 가까워 증류 분리가 힘든 반면 곡선의 간격이 크면 상대휘발도가 1보다 크기 때문에 분리가 쉬어지는 것을 알 수 있다.

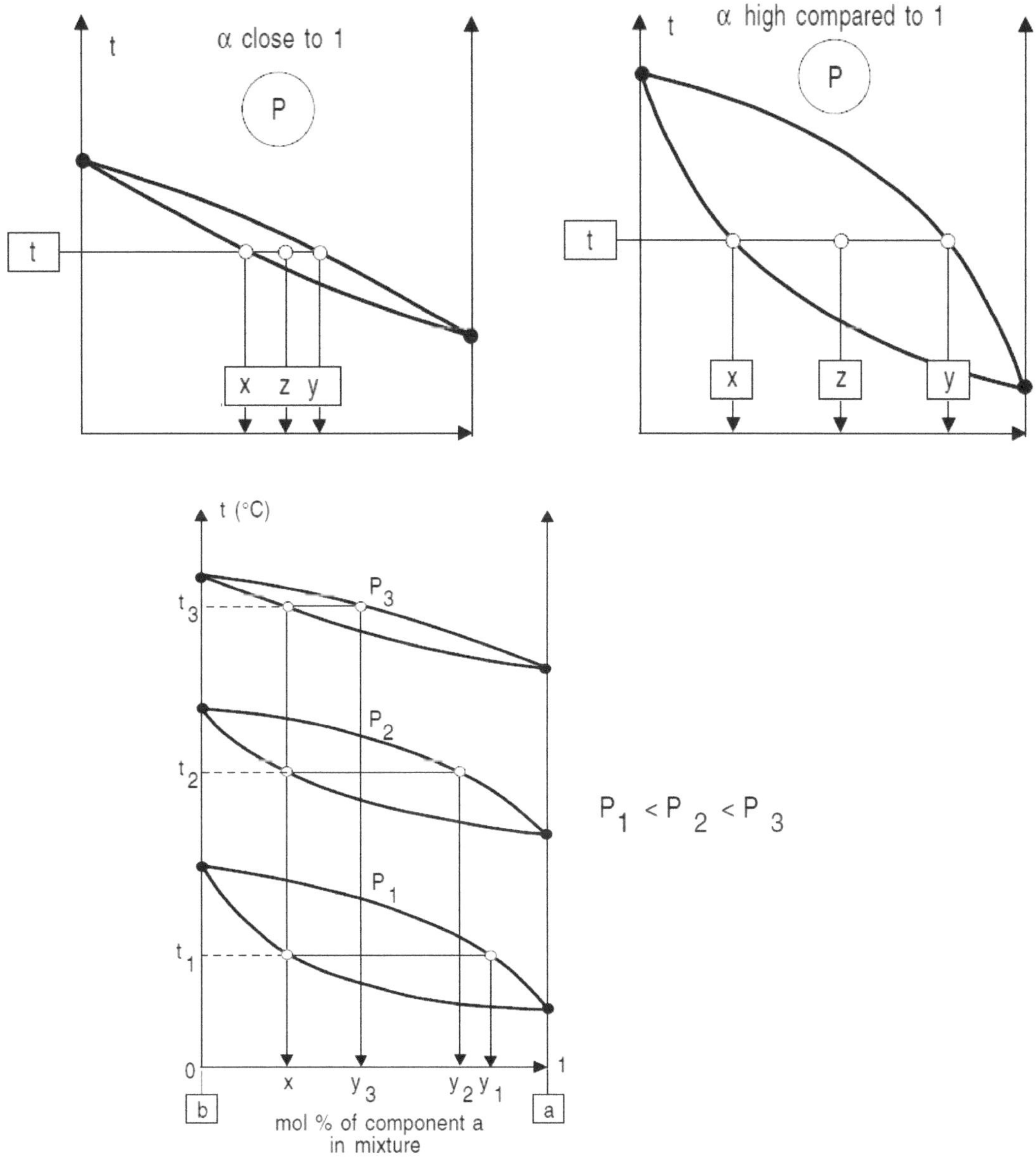

그림 <8.3.8> T-x-y도표에서 상대휘발도의 영향

동일한 2성분계에서 압력에 대한 영향을 보면 압력 상승시 대응하는 평형온도는 동일하게 상승하게 되며 곡선의 간격이 줄어드는 데 이는 증류 분리 시 운전

압력을 올리면 상대휘발도가 1에 가깝게 되어 분리가 어렵다는 것을 의미하므로 되도록 운전 압력을 낮춰야 성분 분리가 용이하다는 것을 확인 할 수 있다.

8.3.8 x-y 평형곡선

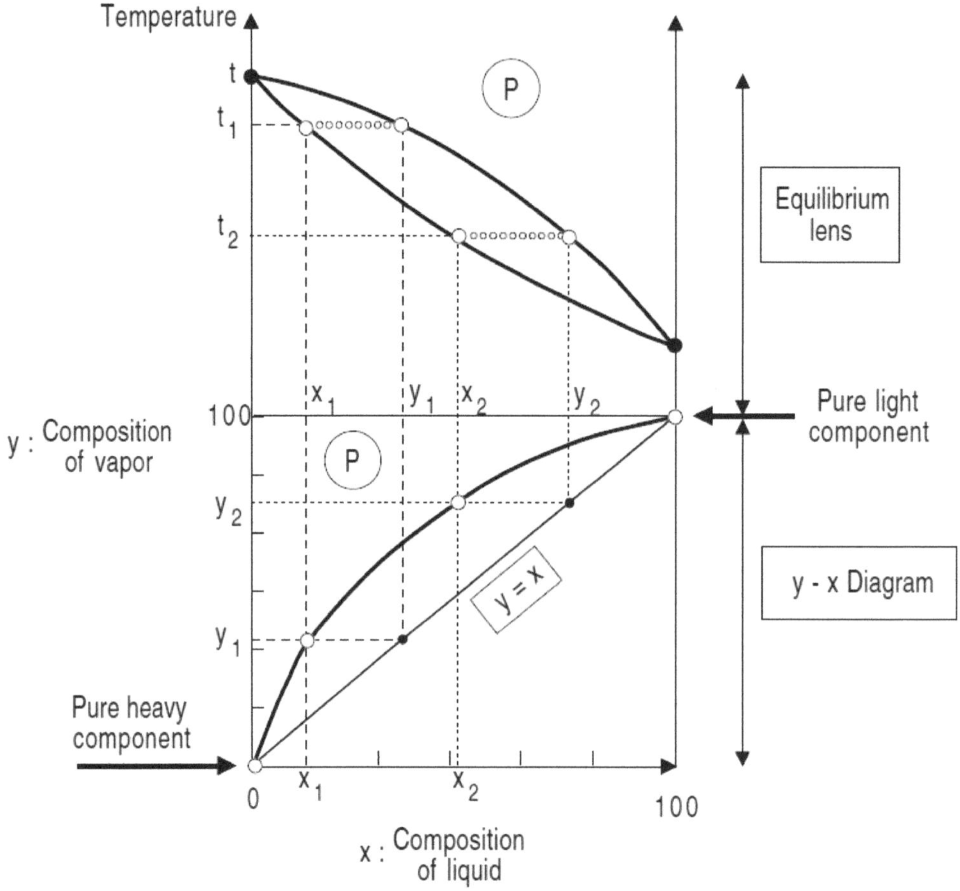

그림 <8.3.9> 기액 평형도표

기·액 평형의 선택도를 설명하기 위해서는 운전 압력에서 기상조성 y를 액상조성 x의 함수로서 표시하는 것이 편리한 그림<8.3.9>는 T-x-y 도표로부터 평형 자료를 이용하여 x-y 평형 곡선을 작성하였다. 그림에서 점선은 각각의 특정 온도(증류탑 경우 tray 온도를 의미)에서 평형에 있는 조성 x, y를 나타낸다.

x, y 값은 일반적으로 휘발 성분에 의존하므로 대개 y 값은 x값 보다 크게 되므로 x-y 평형 곡선에서 y 값은 y=x 직선보다 높은 곳에 위치한다.

x-y 평형 곡선은 대표적인 이성분계 증류 분리 방법인 McCabe-Thiele method에서 주로 사용되며, 다성분계 증류 분리에서도 Key 성분 분석에 이용된다.

위 그림에서 온도 T_1에서 liquid는 x_1, vapor는 y_1 조성을 가지는데 계속 온도를 증가시키면 vapor양은 비록 증가하지만 고비점 성분이 계속 끓어 기화되기 때문에 저비점 성분의 조성은 상대적으로 계속 작아지게 되고 결국은 고비점 성분만 남게 되어 성분 분리가 된다. 증류탑 내부 경우 top에서 bottom 쪽으로 갈수록 온도가 증가되는 데 x-y 도표를 통해 증류탑 각 tray에서 평형을 이루는 liquid와 vapor의 조성값을 알 수가 있다.

평형 자료에 의한 x-y 평형 곡선 작성 방법 말고도 상대휘발도를 이용한 다음 식을 이용하여 x-y 평형 곡선을 작성 가능하다.

(1) $y_i = K_i \ x_i$

$x_j = (1 - x_i)$

$y_j = (1 - y_i)$

(2) $(1 - y_i) = K_j \ (1 - x_i)$

(3) $\alpha_{ij} = \dfrac{K_i}{K_j}$

(1)(2)(3) 식을 정리하면 아래 식으로 유도된다.

$$(8.3.11)\ y_i = \frac{\alpha\, x_i}{1+(\alpha_i - 1)x_i}$$

그림<8.3.10>에서 상대휘발도별 x-y 평형도표를 도시하였다. 상대휘발도 값이 클수록 45° line에 멀리 떨어져 있고 1에 가까울수록 45° line에 근접함을 알 수 있어 x-y 평형도표와 45° line 간격이 증류 성분 분리 용이성을 나타내는 지표가 됨을 알 수 있다.

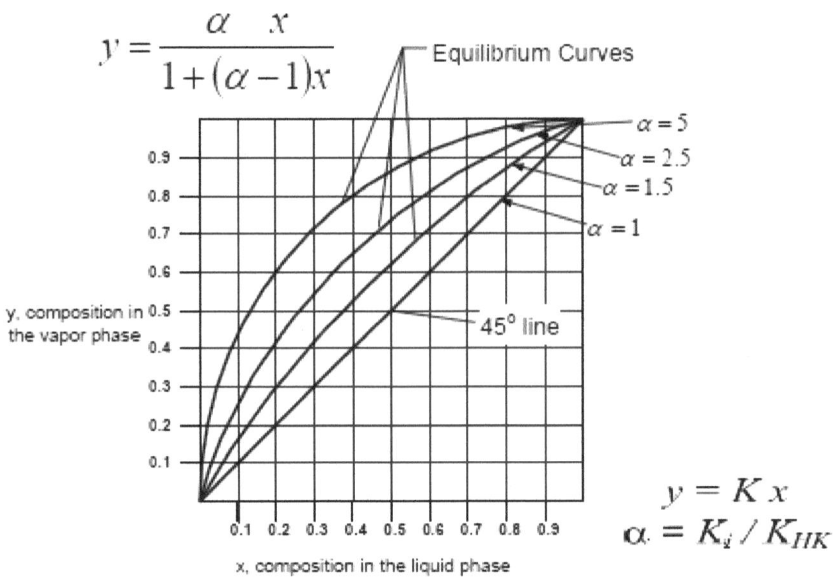

그림 <8.3.10> 상대휘발도별 x-y도표

8.4 이성분계 증류탑 설계

8.4.1 McCabe-Thiele method

증류탑 설계 방법으로 여러 방법이 있으나 이 장에서는 대표적인 이성분계 증류 설계 방법인 McCabe Thiele 방법에 대해서 설명한다.

그림<8.4.1>에서 feed 단 윗부분을 정류부(rectifying section)라 하고 아래 부분을 스트리핑부(stripping section)라고 하는 데 증류탑의 단수를 위에서부터 아래로 번호를 메기면 맨 윗단은 1단이고 두 번째는 2단이 된다. 정류부의 일반적 단을 n단이라 하면 n단 앞의 단은 n-1단이며 다음 단은 n+1단이 된다. 각 단에서의 vapor, liquid의 flow와 몰농도를 표시하기 위해 하첨자를 사용하는 데 예를 들어 V_n은 n단에서 떠나는 vapor flow rate를, L_n은 n단에서 떠나는 liqid flow rate를 의미한다. 그리고 V_n의 몰조성은 y_n으로 표시하고 L_n의 몰조성은 x_n으로 표시한다. McCabe-Thiele 방법에서는 증류탑 내부의 2성분간의 분리 현상을 간단히 표시하기 위해서 2개의 가정을 두는 데 첫 번째는 정류부/스트리핑부 각 단에서의 몰증발열과 액체의 엔탈피는 각각 같다고 본다. 수식은 다음과 같다.

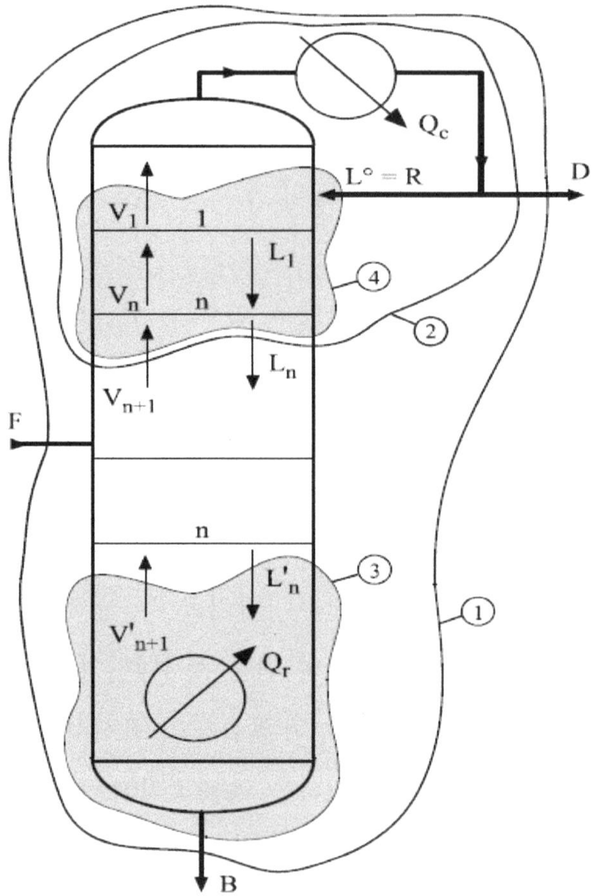

F : 원료공급량[kg-mol/h]

D : 탑상제품[kg-mol/h]

B : 탑저제품[kg-mol/h]

V, L : 정류부에서의 상승 증기 및 강하 액량[kg-mol/h]

V', L' : 스트리핑부에서의 상승 증기 및 강하 액량[kg-mol/h]

그림 <8.4.1> 증류탑

$h = h_n = h_D$

$\lambda + h = H$

따라서,

(8.4.1) $H = H_n = H_D$, 여기에서,

H : 각 단에서 상승하는 증기의 엔탈피[kcal/kg-mol]

h : 각 단에서 상승하는 액체의 엔탈피[kcal/kg-mol]

λ : 몰 증발열 [kcal/kg-mol]

두 번째 가정은 증류탑 정류부/스트리핑부 각 단에서 상승하는 증기의 몰 수와 하강하는 액체의 몰수는 각각 일정하다는 것이다. 수식은 다음과 같다.

$L_1 = L_2 = L_n = L$

$V_1 = V_2 = V_n = V$

$V'_m = V'_{m-1} = V$

$L'_m = L'_{m-1} = L'$

(1) 정류부 조작선

증류탑의 전체를 대상으로(그림 ① 영역) 물질 수지식과 성분 물질 수지식을 세우면 각각 다음과 같다

(8.4.2) $F = D + B$, $F \cdot X_F = D \cdot X_D + B \cdot X_B$

또한 정류부를 대상으로(그림 ② 영역) 물질수지식과 성분 물질 수지식을 세우면 각각 다음과 같다

$V_{n+1} = L_n + D$ - ①

$V_{n+1}\ y_{n+1} = L_n x_n + D x_D$ - ②

②식에서 양변을 V_{n+1} 로 나누어 정리하면

(8.4.3) $$y_{n+1} = \frac{L_n}{V_{n+1}} x_n + \frac{D x_D}{V_{n+1}}$$

두 번째 가정을 도입하여 정리하면 다음과 같다.

$$y_{n+1} = \frac{L}{V} x_n + \frac{D}{V} x_D (V = L + D) = \frac{L}{L+D} x_n + \frac{D}{L+D} x_D (R = \frac{L_o}{D})$$

(8.4.4) $$y_{n+1} = \frac{R}{R+1} x_n + \frac{1}{R+1} x_D$$

위 식은 정류부에서의 조작선 방정식이라고 하는 데 농축조작선에서 $x_n \rightarrow x_D$ 대입하면

$y_{n+1} = (\frac{R+1}{R+1}) x_D = x_D$로 전개되어 농축 조작선은 점 D($x_{D,}$, x_D)를 지나고 기울기 $\frac{R}{R+1}$ 와 y절편은 $\frac{x_D}{R+1}$ 가 된다.

만약 정류부 각 단에서의 액체와 증기의 몰수가 일정하다는 가정을 사용하지 않는다면 조작선은 각 단에서 기울기가 달라지므로 복잡한 곡선이 될 것이다.

(2) 스트리핑부 조작선

같은 방법으로 스트리핑부에서 물질 수지식과 성분 물질 수지식은 다음과 같다.

$$V_m = L_{m-1} - B$$

$V_m y_m = L_{m-1} x_{m-1} - B x_B$

위 식에서 양변을 V_{n+1} 로 나누어 정리하면,

$$(8.4.5) \quad y_m = \frac{L_{m-1}}{V_m} x_{m-1} - \frac{B}{V_m} x_B = \frac{L'}{V'} x_{m-1} - \frac{B}{V'} x_B$$

위 식은 정류부에서이 조작선 방정식이라고 하는 데 스트리핑조작선에서 $x_{m-1} \rightarrow x_B$ 대입하면 $y_m = (\frac{L' - B}{V'}) x_B = x_B (\because L' - B = V')$로 전개되어 스트리핑 조작선은 점 B($x_B$,$x_B$)와 y 절편 $-\frac{B x_B}{L' - B}$를 지나게 된다.

(3) q 선

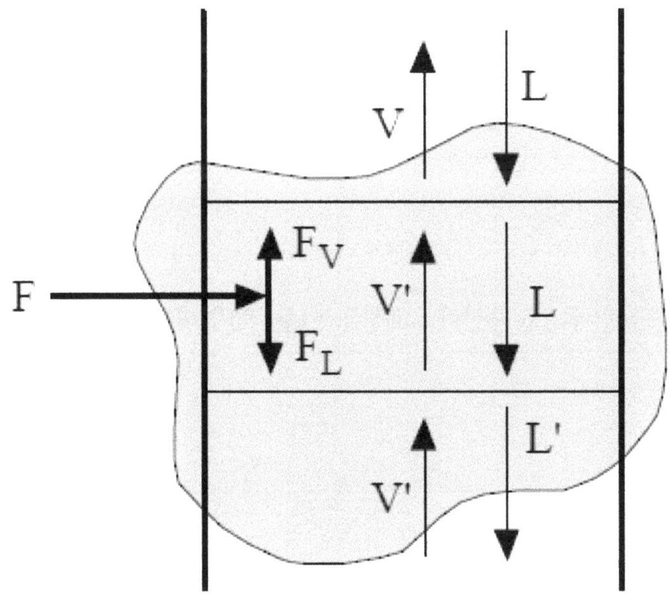

그림 <8.4.2> 증류탑

앞에서 증류탑은 정류부와 스트리핑부의 2개의 부분으로 나눌 수 있고 증류탑 내의 각각의 부분에서는 각각의 조작선 방정식을 가진다고 하였다. 이 때 그림 <8.4.2>을 보면 정류부의 조작선과 스트리핑부의 조작선은 한 점에서 만나는 것을 알 수 있다. 이 교점의 좌표를(x, y)라 하면, 이 점들은 양 조작선상에 있기 때문에 이때의 농축부와 회수부에 있어서 액의 조성은 x, 증기의 조성은 y이다. 아래 그림 빗금친 영역에서 물질 수지식을 세우면 아래와 같다.

$L' = L + F_L$

$V' = V - F_V$

F_L는 Feed 중의 액체 유량이고 F_V 는 Feed 중의 포함된 증기 유량을 의미하는 데 Feed 1몰에 중 액체가 차지하는 몰 수를 q몰로 정의하면 위 식은 아래와 같다

$L' = L + qF$ - ①

$V' = V - (1-q)F$ - ②

정류부 및 스트리핑부 조작선에 교점(x,y)를 대입하여 전개하면 다음과 같이 된다.

$Vy = Lx + Dx_D$ - ③

$V'y = L'x - Bx_B$ - ④

위 식에서 ④ - ③ 하면 아래 식으로 된다.

$(V' - V)y = (L' - L)x - (Dx_D + Bx_B)$ - ⑤

증류탑 전체 물질 수지식 $Fx_F = Dx_D + Dx_B$ 를 → ⑤ 식에 대입하면
$(V' - V)y = (L' - L)x - Fx_F$ 로 되면

위 식에 ①,②을 대입하면
$(q-1)Fy = qFx - Fx_F$ 이 되며
위 식에서 양변을 F로 나누고 정리히면 이래 식으로 된다.

(8.4.7) $y = \frac{q}{q-1}x - \frac{x_F}{q-1}$

위 식은 feed q선의 방정식이라고 하는 데 Feed 조성(x_F, y_F)을 대입하면 $(x \rightarrow x_F\ , y = x_F)$
q선은 점((x_F, y_F)를 지나고 기울기가 $\frac{q}{q-1}$ 인 직선이 된다.

여기서 우리는 Feed 단으로 들어오게 되는 Feed의 상태에 따라서 변하는 q선의 기울기에 대해서 알아볼 필요가 있다. 표<8.4.1>에서 공급되는 Feed의 상태를 5가지로 분류하엿다.

표 <8.4.1> Feed의 상태에 따른 q선의 기울기

NO	feed condition	q value	경사
1	Superheated vapor (가열증기)	〈 0	↙
2	Dew point vapor (포화증기)	0	←
3	2 phase (Mixed Liquid and vapor)	0 〈 〈 1	↖
4	Boiling point Liquid (포화액체)	1	↑
5	Subcooled Liquid	〉 1	↗

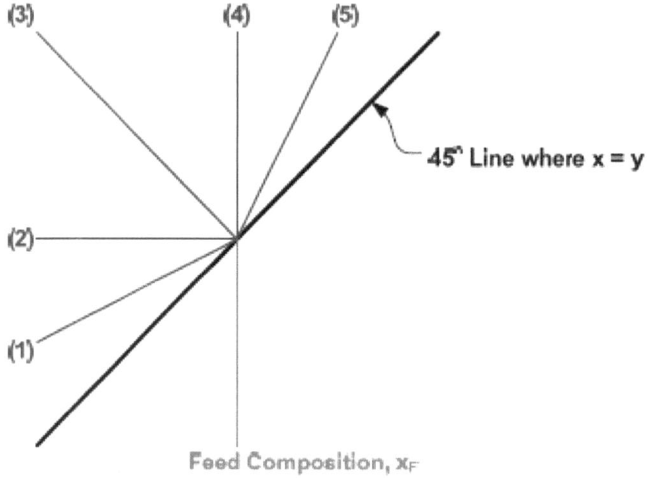

그림 <8.4.3> q선의 기울기

(4) 계단 작도법

앞에서 설명한 정류부에서의 조작선과 스트리핑부에서의 조작선, q선을 이용하여 다음과 같은 순서로 이론적 단수를 계산한다.

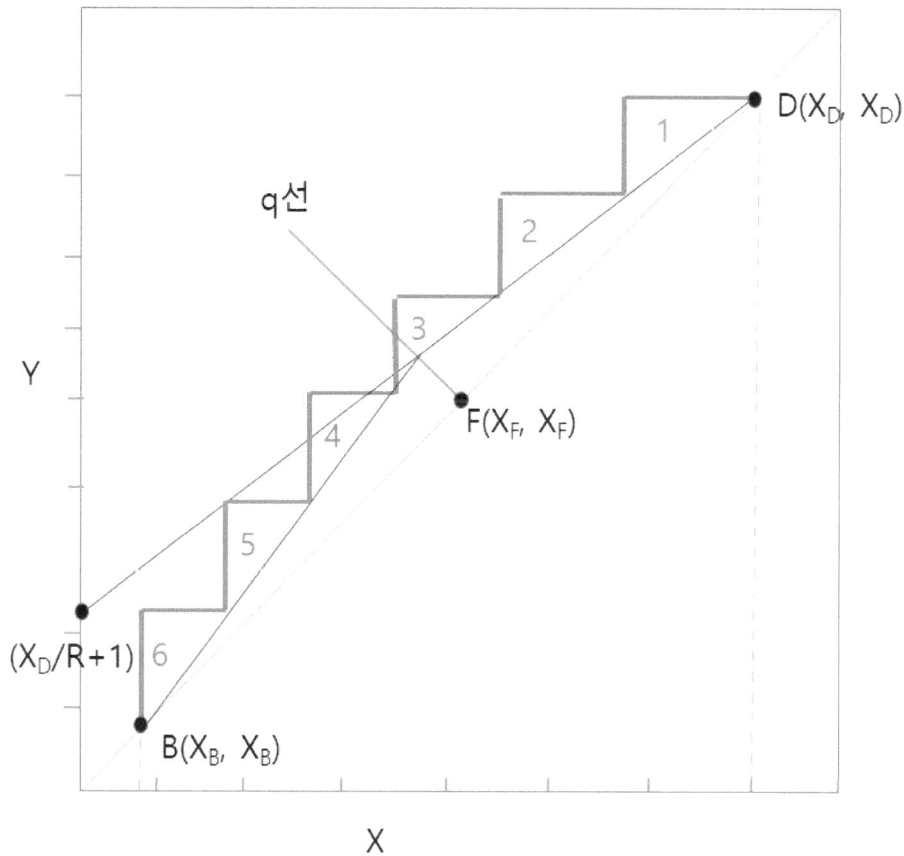

그림 <8.4.4> 이론 단수 계산과정

① x, y 평형 곡선과 x = y 직선을 그린다.

② 농축부 조작선을 그리기 위해서 점 D(x_D, x_D)와 y절편 (0, x_D/R+1)을 지나는 직선(정류부 조작선)을 그린다.

③ 원료선을 그리기 위해서 점 F(x_F, x_F)을 지나고 기울기가 $\frac{q}{q-1}$인 직선을 그린다. 그리고 나서 ②에서 그린 정류부 조작선과의 교점을 구한다. 이 때 두 직선이 만나는 교점은 정류부 조작선과 스트리핑부 조작선이 만나는 교점이기도 하다.
④ 스트리핑부 한 점 B(x_B, x_B)과 원료선과 정류부 조작선 교점을 연결하면 스트리핑부의 조작선을 얻을 수 있다.
⑤ 점 D에서 시작하여 평형 곡선을 향해 x축에 평행하게 직선을 긋는다. 또 평형 고선과 만나는 점에서 다시 조작선을 향해 t축에 평행하게 직선을 그어 조작선과 만나는 점을 구한다. (계단 작도)
⑥ ⑤의 과정을 점 B(x_B, x_B)를 지날 때 까지 계속 반복한다.
⑦ x-y도표에 작도한 삼각형의 개수가 이론단수(N)가 된다. 이 때 원료선을 지나는 단이 최적 공급단이 된다.
⑧ 증류탑 하부에 reboiler(kettle type)가 있고 상부에 condenser(partial condensing type)가 있으면 각각을 하나의 단수로 볼 수 있으므로 reboiler 혹은 condenser 둘 중에서 하나만 있을 때는 총 이론 단수는 N+1이 되면 둘 다 있을 때는 N+2가 된다.

8.4.2 Reflux

reflux는 overhead product의 순도를 올리기 위해서 이루어지는 대표적인 증류탑 운전 방법 중의 하나이다. reflux에는 external reflux와 internal reflux 두 종류가 있다. 정류부를 통해 올라가는 증기는 condenser에 의해 온도가 떨어져 응축이 된 후 receiver에 의해 포집 되어 일부는 탑정 제품(overhead product)으로 출하되고 나머지는 증류탑 맨 상부로 다시 이송되는 증류탑으로 다시 이송되는데 이 이송되는 액체 흐름을 external reflux(환류)라 한다. 또 증류탑 내부 tray에서 상부로 올라오는 증기와 위 tray에서 내려오는 액체가 접촉해서 올라오는 증기의 고비점 물질은 응축되고 내려오는 액체 중의 저비점 성분은 증발되어 순도가 올라가게 되는 데 여기서 tray에서 내려오는 액체 흐름을 internal reflux라고 한다. 보통 reflux라 하면 external reflux를 지칭한다. 만일 reflux가 없다면 Feed단에서 올라오는 증기가 성분 변화없이 증류탑 상부로 그대로 올라오기 때문에 그 증기의 순도가 그대로 overhead product의 순도가 된다. 이런 경우 증류탑 정류부 내의 단수가 아무리 많아도 제품 순도에는 도움이 되지 않는다.

reflux나 overhead product는 reboiler에서 만들어진 증기에 의해서 만들어지는데 이 때 reboiler에서 사용되는 에너지 비용은 증류탑 총 운전 비용 중의 대부분을 차지하므로 **overhead product 규격을 만족하는 범위내에서 환류비를 적게 하여 증류탑 운전 비용(reboiler비용)을 최소화하는 것이 매우 중요하다.**
아래 그림에서 overhead receiver를 중심으로 물질 수지식을 세우면 아래 1, 2식으로 나타낼 수 있다. 그리고 환류비는 식(8.4.8)로 나타낼 수 있다.

(1) $V_1 = R + D = L_1 + D$, (2) $V = L + D$

(8.4.8) $$R = \frac{L}{D} = \frac{V - D}{D}$$

이때 환류비를 변화시키면 단수가 달라지게 된다. 식 10에서 정류부 조작선의 기울기는 $\frac{L}{V}$로 나타낼 수 있고 다시 정리하면 다음과 같다.

(8.4.9) $$\frac{L}{V} = \frac{L}{L + D} = \frac{R}{R + 1}$$

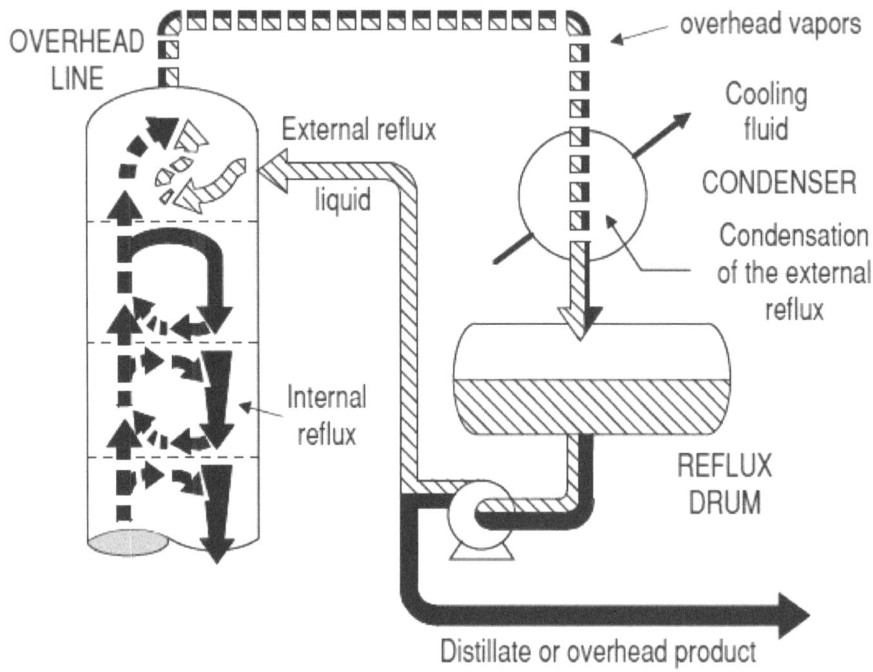

그림 <8.4.5> 증류탑에서의 Reflux

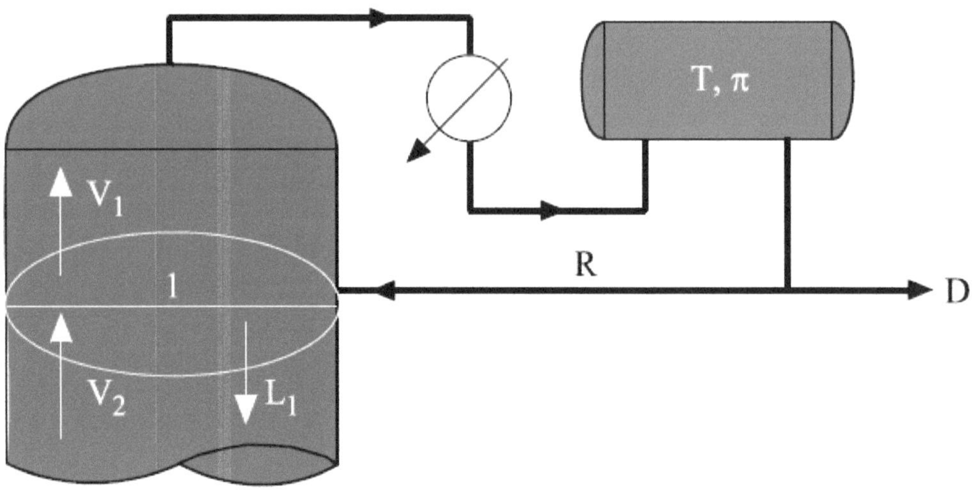

그림 <8.4.6> Refulx의 PFD

위 식에서 정류부 조작선의 기울기는 reflux(R)이 증가함에 따라 계속 증가하게 되며 R→∞로 가면 기울기가 1이 되어 정류부 조작선은 x-y 평형도표에서 대각선 45° line가 일치하게 된다. 스트리핑부 조작선 기울기 또한 R→∞ 경우 1이 되어 아래 그림 <8.4.7> x-y 평형 도표상에서 단수를 그리는 삼각형 개수가 줄어들게 되어 증류탑은 최소 단수를 가지게 된다. 이와 반대로 환류비가 감소하게 되면 각 조작선의 기울기는 감소하여 조작선은 평형선에 가까이 접근하게 된다. 이 경우 x-y 평형 도표상에 그려지는 삼각형 개수는 많아져 단수는 점점 증가하게 되는 데 즉 최소 환류비에서는 단수가 무한대가 된다. 그러므로 증류탑 운전 시 환류비를 증가시키면 단수도 줄고, 순도도 좋은 제품도 얻게 되어 환류비를 증가시키는 것이 좋다고 생각할 수 있으나 이 경우 환류비 증가를 위한 리보일러의 에너지 비용 또한 증가하므로 무조건 좋다고 말할 수는 없다.

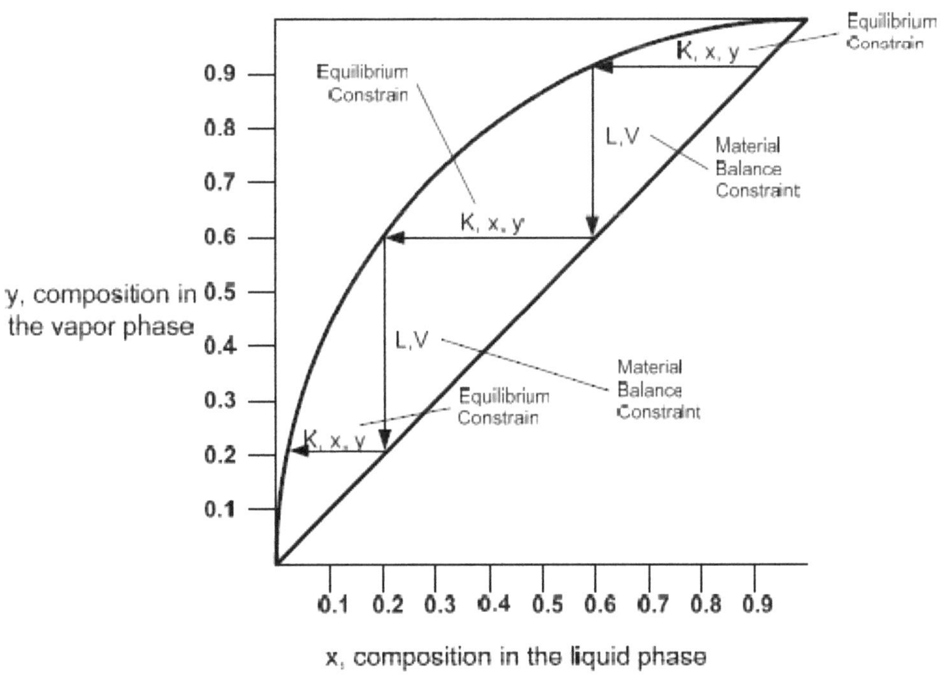

그림 <8.4.7> 평형상수로 본 기액평형도표

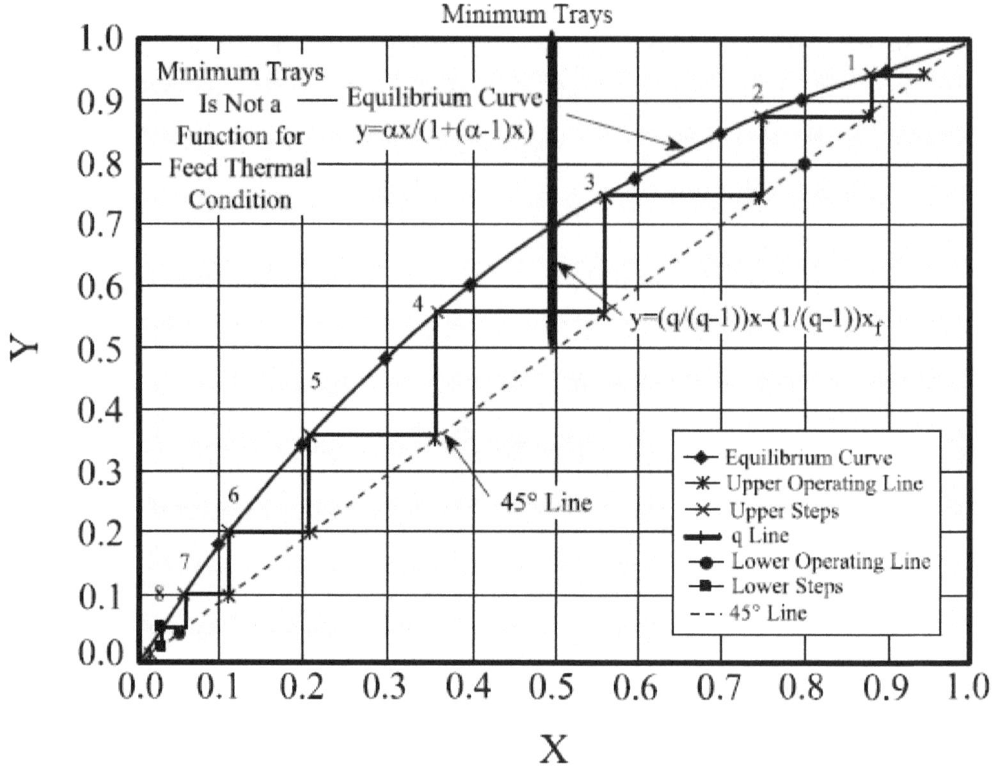

그림 <8.4.8> 기액평형도표를 통한 최소단수 계산

8.4.3 최적 환류비

아래 그림을 통해 증류탑 최적 환류비를 결정하는 개념을 이해할 수 있다. 그림에서 Operating Cost(증류탑 운전비용) 증류탑의 펌프, Air Fan Cooler등의 전기 에너지 비용과 리보일러 에너지 비용으로 구성되는 데 일반 증류탑 경우 리보일러 에너지비용이 운전비용의 대부분을(97~98%) 차지하므로 Operating Cost는 보통 리보일러 에너지 비용을 의미한다. Fixed Cost(고정비)는 증류탑 장치비용을 의미하는 데 대개 증류탑 단수가 증가하거나 증류탑 지름이 커져 증류탑 무게에 따라 증가하게 된다. 증류탑의 단면적은 대개 증류탑 내부 증기의 유량에 비례하는 데 환류비가 증가하게 되면 초기에는 증류탑 단수가 감소에 따른 효과로 Fixed Cost가 줄어들지만 더 증가시키면 단수 감소 효과보다는 증류탑 내부 증기량 증가에 따른 증류탑 단면적 증가 효과가 더 커져 결국 증가하게 된다. Total Cost는 Operating Cost와 Fixed Cost의 합한 것으로 아래 그림에서 보는 바와 같이 Total Cost의 최저점이 가장 경제적인 운전 Point로 이때의 환류를 최적 환류비라고 한다. 최적환류비는 대개 최소환류비의 1.05~1.1배의 범위에 있는데 실제로 석유화학공장에서는 운전 안정성 확보를 위해 최적환류비 이상의 환류비로 운전한다.

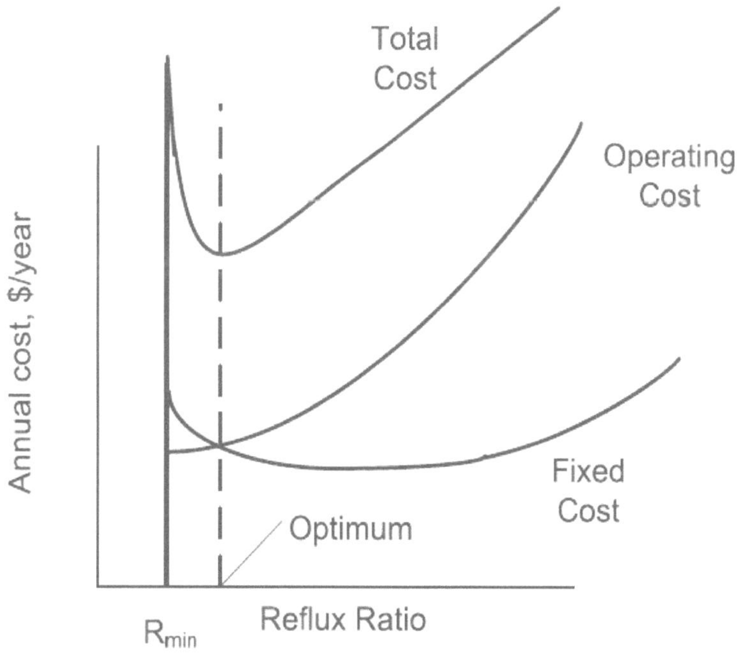

그림 <8.4.9> 증류탑운전비용에 따른 최적환류비 결정

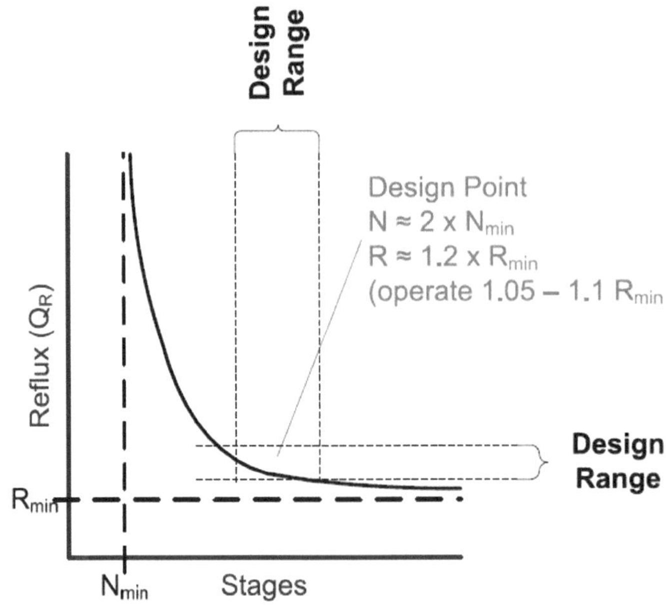

그림 <8.4.10> 환류비의 디자인

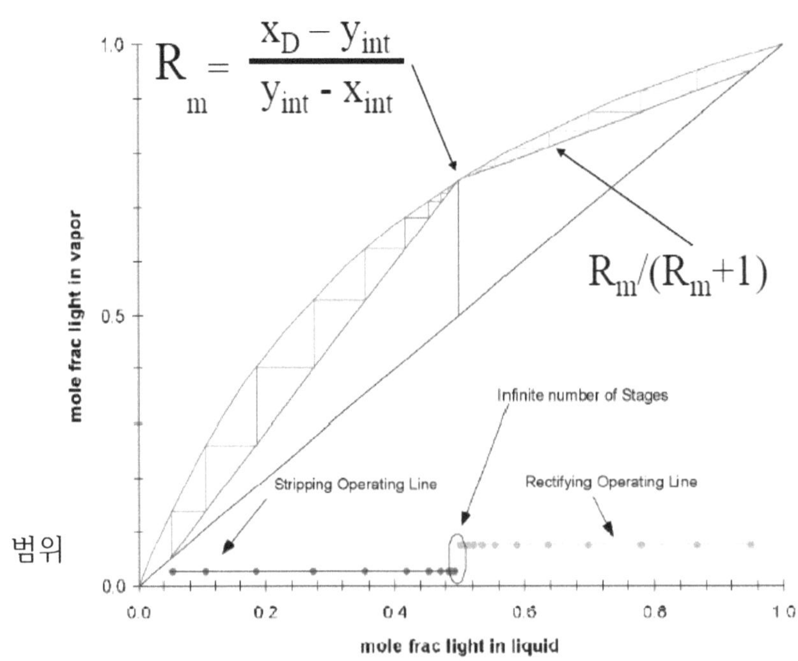

그림 <8.4.11> 환류비에 따른 기액평형도표

8.4.4 단 효율

McCabe-Thiele 방법에 의한 단수 계산은 정류부 및 스트리핑부에서의 증기 및 액체가 등몰이라는 가정과 각 단에서의 액체와 증기가 열역학적 평형이라는 가정하에 계산한 것으로 이론 단수라고도 한다. 하지만 실제 공장에서의 증류탑은 그렇지 않으므로 실제 단수는 이론단수에 증류탑 efficiency를 곱해 구한다.

(8.4.10) 증류탑 실제 단수 = 이론 단수 × 증류탑 효율(%)

증류탑 효율은 증류탑 설계자의 경험과 이론 단수 계산 방법에 의해 구해지는데 일반적인 증류탑 효율은 표 <8.4.2>와 같다.

표 <8.4.2> 증류탑의 효율

Xylene Isomer 증류탑	80-100
Deisopentanizer/Deisobutanizers	80-100
Benzene/Toluene/Xylene	75-80
Depropanizers/Debutanizers	75-80
Naphtha Fractionators	65-85
High pressure Drop Columns	50-60
Distillation Dryers	15
Gas Strippers	7-10

8.5 증류탑 운전

8.5.1 고찰

석유화학공장에서 사용되고 있는 대표적인 증류탑의 P&ID를 그림 <8.5.1> 에 나타내었다. 증류탑 내부는 external reflux에 의해 만들어진 액체와 bottom reboiler에 의해 만들어진 증기가 서로 countercurrent circulation을 형성한다. feed 유량은 feed 조건에 bottom reboiler는 증류탑 내부 bottom에서 top까지 internal reflux 및 enternal reflux에 필요한 증기를 생성하는 역할을 한다. feed 유량은 온도 압력 등 feed 운전 조건에 따라 생성된 액체와 증기는 각각 feed inlet에서 정류부 및 스트리핑부로 이송된다. Feed 중 각 성분들은 휘발도에 따라 tray에서 기액 접촉에 의해 분리된다. reboiler 및 overhead partial condensing condenser 경우 장치 구조상 분리 단수로 취급되어 총 단수는 tray개수(N)에 2단을 합한 N + 2가 된다.

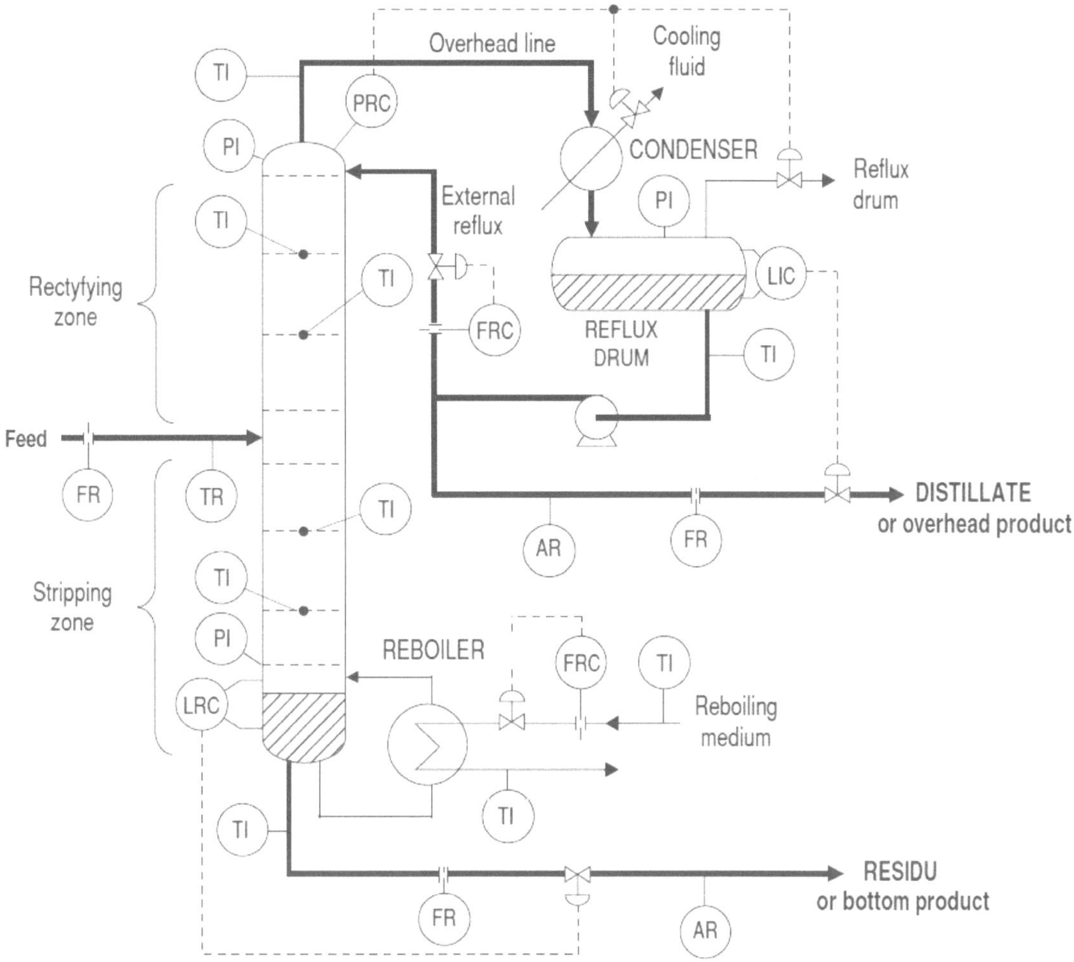

그림 <8.5.1> 증류탑의 P&ID

그림<8.5.1>에서 정상운전일 경우 맨 상단에서 올라오는 증기(light성분)는 overhead condenser에서 응축되어 액체가 된 후 일부는 distllate(탑상제품)으로 이송되고 나머지는 reflux로 증류탑 맨 상단으로 다시 이송된다. 휘발성이 작은 즉 boiling point(끓는점)가 높은 성분들을 담고 있는 bottom product는 액체 상태로 증류탑 bottom에서 이송된다.

증류탑에 설치되는 일반적인 제어기와 계기는 다음과 같다.

(1) overhead pressure controller(PC)

증류탑의 운전 압력 제어는 overhead condenser의 cooling fluid(예:냉각수)의 조절 valve 또는 reflux drum의 degassing valve를 조절하여 압력을 제어한다. overhead condenser의 cooling fluid 조절 valve opening을 올릴 경우 증류탑 상부에서 오는 증기가 액화되는 비율이 높아져서 증류탑 운전 압력이 낮아지게 되고 반대로 내릴 경우에는 증류탑 운전 압력은 올라가게 된다. 마찬가지로 reflux drum의 degassing valve opening을 올릴 경우 reflux drum에서 증기가 빠져 나가므로 압력이 낮아지고 반대일 경우 압력은 올라가게 된다.

(2) external reflux flow rate controller(FC)

환류량은 distillate(탑상제품)의 순도를 제어하는 증류탑 운전에 있어 가장 중요한 제어요소이다. 환류량을 증가시킬 경우 distillate(탑상제품)의 순도는 올라가고, 환류량을 줄일 경우 순도는 떨어진다.

(3) reflux drum level controller

보통 reflux drum의 level(액위)는 distillate(탑상제품)의 이송량을 조절하여 제어한다. 즉 level이 상승할 경우 distillate(탑상제품)의 이송량을 늘리고, level이 낮을 경우 이송량을 줄여 적정 level를 유지한다.

(4) reboiler reboiling medium flow controller

reboiler reboiling medium flow제어는 reflux flow rate 제어와 더불어 가장 중요하다. distillate(탑상제품)의 순도를 올리기 위해서는 reflux 양을 조절하는데 reflux 양으로도 순도 조절이 안 될 경우 reboiler reboiling medium flow를 조절하여 순도를 조절한다.

(5) Temperature measurements

증류탑의 아래 부위에 온도 측정 장치인 themocouple를 설치하여 증류탑 운전에 필요한 온도를 파악한다.

- reflux drum
- rectifying zone(정류부)

- stripping zone
- overhead of the column
- bottom of the column
- feed at the column inlet
- hot fluid at the reboiler inlet and outlet

(6) Analyzer(AR)

통상 analyzer(분석기)는 overhead/bottom product에 설치하여 각 제품 순도를 분석한다.

8.5.2 운전 압력

(1) Pressure Profile

증류탑의 운전 압력은 reflux drum이나 overhead condenser에서 기체가 액체로 응축되는 조건에 의해서 결정된다. 아래 그림에서 일반적으로 증류탑 운전 압력은 맨 상부 top pressure(P overhead)를 의미하는 데 이 top pressure은 압력은 증류탑 탑정물인 liquid distillate의 증기압(vapor pressure) 혹은 끓는점에서의 압력(bubble point pressure, Pdrum)과 overhead condenser 설비의 pressure drop을 합한 압력으로 결정된다.

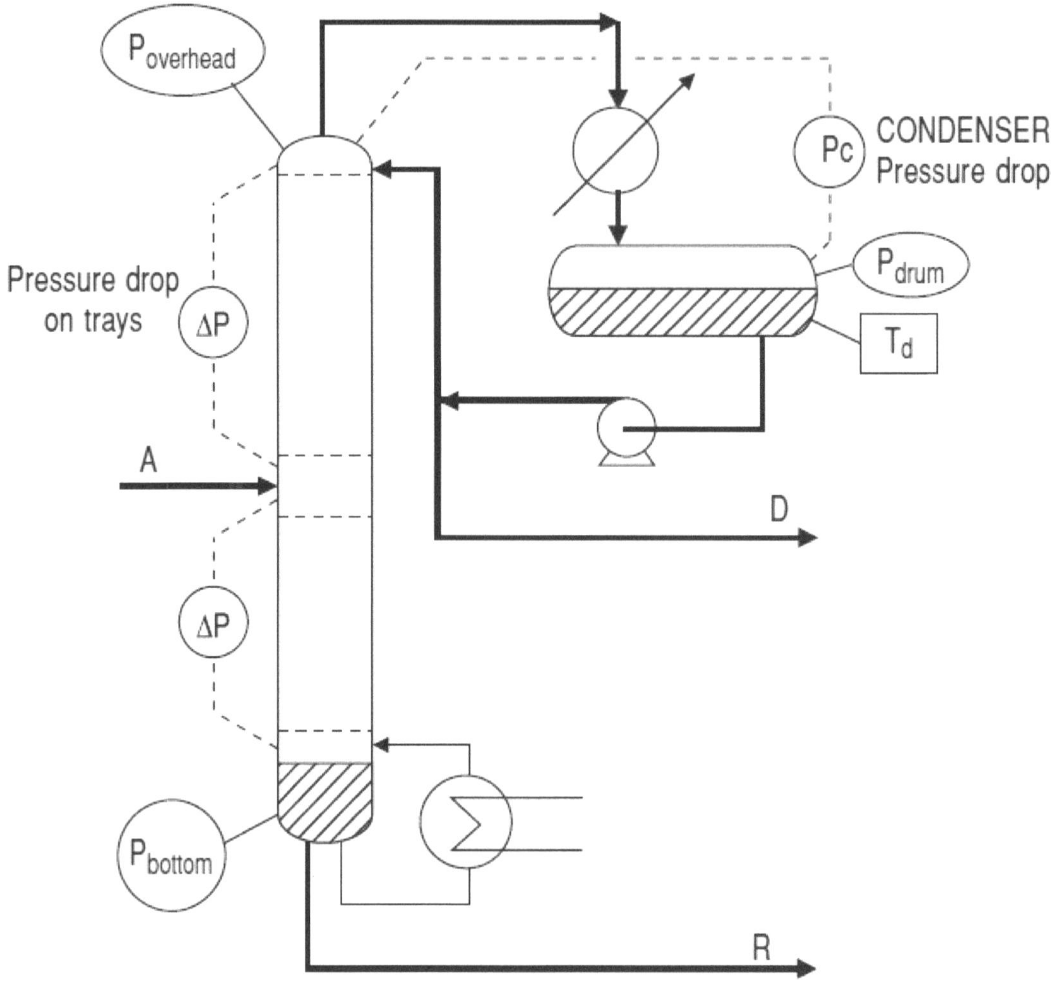

그림 <8.5.2> 증류탑에서의 Pressure Drop

일반적으로 overhead condenser의 pressure drop은 200~500 mbars 정도가 된다. 증류탑 bottom 압력은 top압력에서 각 tray에서 발생하는 pressure drop을 합한 압력이 된다.

(2) Tray Operation and pressure drop

Tray에서의 pressure drop은 각 tray를 통해 위로 올라가는 vapor velocity

와 tray weir에 발생되는 liquid의 head(hydraulic load)에 의해 발생되는 데 일반적으로 tray 당 3 ~20 mbars 정도의 pressure drop이 생기는 것으로 알려져 있다.

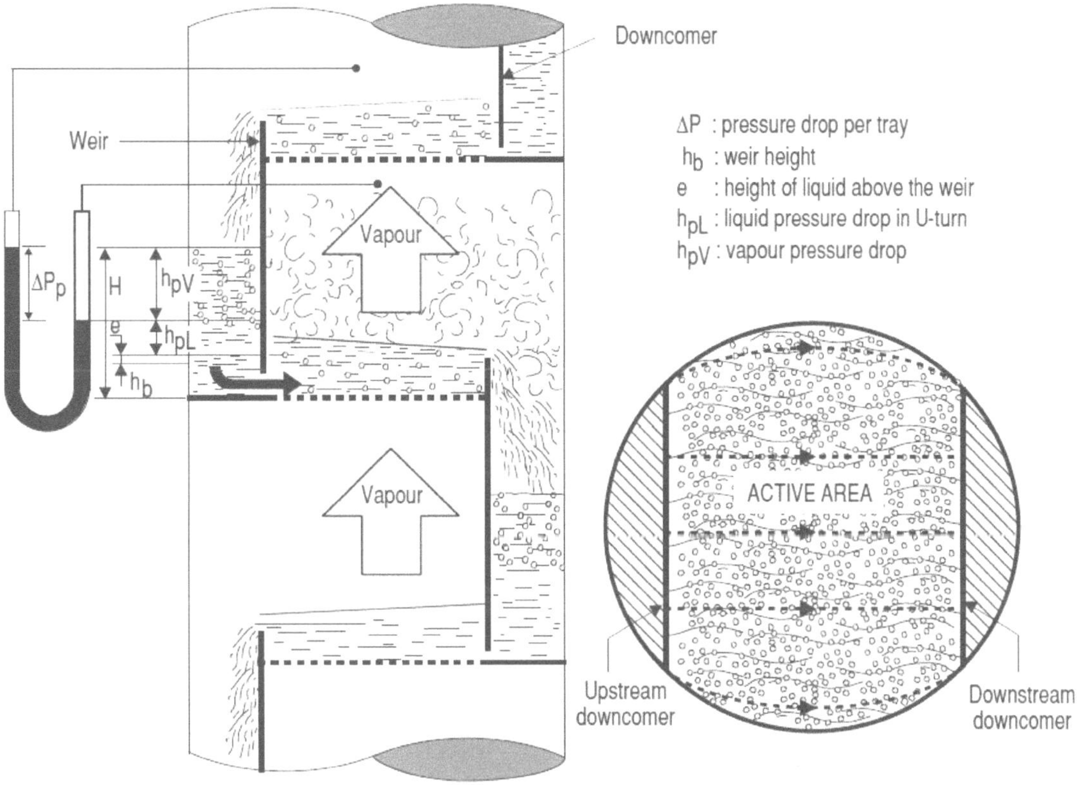

그림 <8.5.3> Tray 운전에서의 Pressure Drop

증류탑에서 성분 분리가 잘 되기 위해서는 tray에서 액체와 증기의 비율이 적절하게 있어야 하는 데 만약 이 비율이 적절하지 않을 경우 여러 가지 이상 현상이 발생하게 되며 분리 효율의 저하를 가져온다.

8.5.3 압력 제어

증류탑의 운전 압력은 증류탑 운전 온도, 증류탑 증기의 volume flow rate 및 reboiler와 condenser의 열교환에 영향을 미치는 중요한 운전 변수로 운전 중 증류탑 운전 압력에 변화가 생기면 증류탑 온도 제어 불안정을 초래한다. 따라서 압력 제어기 설치를 통해 증류탑 운전 압력를 제어하는 방법은 대략 다음과 같다.

(1) 조절변수 : condenser duty

증류탑 운전 압력을 제어하는 조절변수로 condenser duty를 시용한다. 산업현장에서는 운전 조건, 제어 응답 시간 등 여러 변수를 감안하여 그림<8.5.4>에서 보는 바와 같이 2가지 정도로 사용된다.

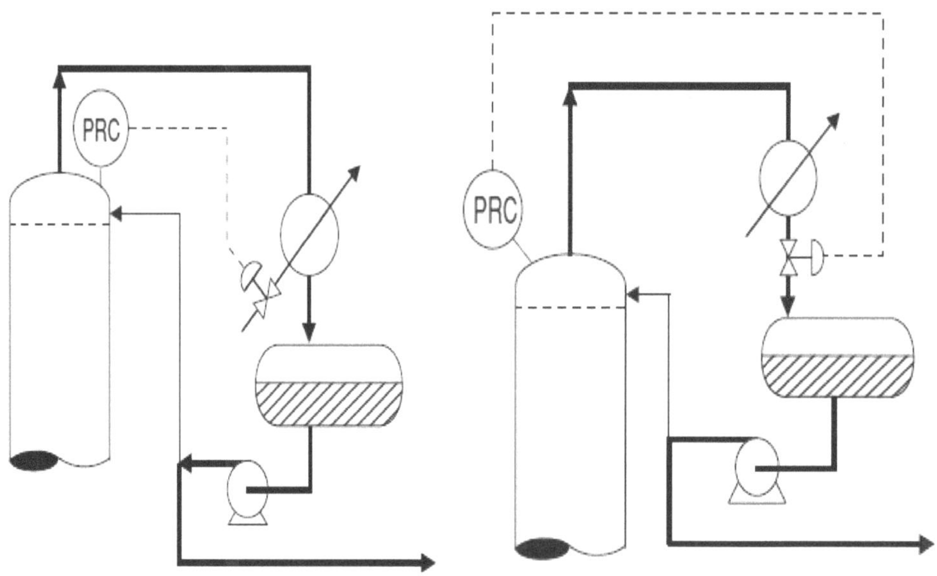

그림 <8.5.4> Condenser의 조절변수

왼쪽 그림은 condenser가 water cooler 경우는 cooling water의 양을, fan cooler 경우는 fan speed를 조절변수로 하는 경우이다. cooling water의 양을 늘리거나 fan speed를 올릴 경우 증류탑 top에서 reflux drum으로 가는 증기의 condensing 양을 늘려 압력을 떨어뜨리게 된다. 오른쪽 그림은 condenser에서 reflux로 가는 liquid 의 양을 조절변수로 하는 경우로 valve opening을 크게 할 경우 증류탑 운전 압력은 올라가게 된다.

(2) 조절변수 : reflux drum stream

기 설명한 압력 제어 구조가 condenser의 cold stream 혹은 hot stream을 조절하여 압력을 제어하는 구조인 반면 그림 <8.5.5>의 제어구조는 reflux drum에 연결되는 stream 을 조절변수로 한다.

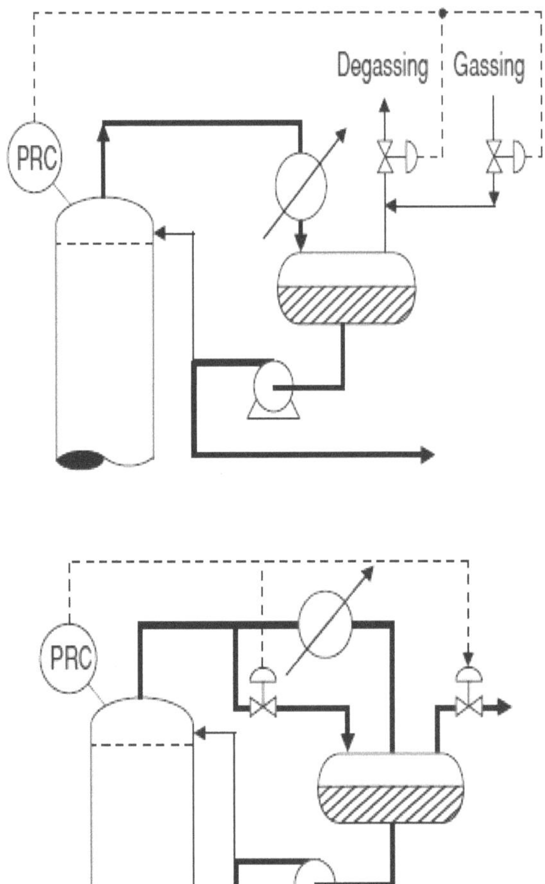

그림 <8.5.5> reflux drum stream

왼쪽 그림은 운전 압력이 set 치보다 낮을 경우 condenser bypass valve를 열거나 degassing valve를 닫아 압력을 조절한다. condenser bypass valve 경우 condenser로 가는 증기를 응축하지 않고 바로 reflux drum으로 보내 압력을 올리는 역할을 한다. degassing valve는 reflux drum에서 발생하는 증기를 방출하게 하게 압력을 낮추는 역할을 한다. 오른쪽 그림은 운전 압력이 set 치보다 낮을 경우 degassig valve를 닫거나 gassing valve를 열어 N_2을 reflux drum으로 도입케하여 압력을 올리는 기능을 한다.

8.5.4 Troubleshooting

(1) Flooding

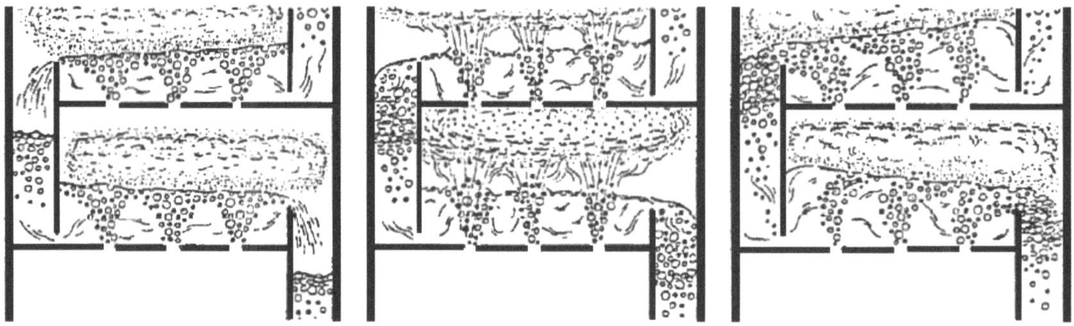

그림 <8.5.6> Flooding

Flooding은 증류탑 trouble의 대표적인 현상이다. 현장에서 distillation column의 분리효율 저하가 발생할 경우 가장 먼저 점검하게 되는 사항이며 column의 처리용량 증대를 검토할 경우에도 반드시 확인하는 사항이다. Flooding은 그림 중간에 있는 entrainment flooding과 우측에 있는 downcomer flooding으로 구분한다. entrainment flooding은 vapor load의 증가 때문에, downcomer flooding은 liquid load의 증가 때문에 발생된다. 먼저 entrainment flooding에 대해 알아보자. Entrainment flooding은 흔히 jet flooding이라고도 부르는 데 liquid load가 낮고 vapor load가 클 경우, 대부분의 liquid가 bulk liquid drop의 형태로 위쪽 tray로 딸려 넘어가 (=entrainment) 쌓이고 아래쪽 tray로는 흘러 내리지 않는 현상을 말한다.

Downcomer flooding은 downcomer를 따라 아랫단으로 내려가야 할 liquid가 밑으로 흐르지 못하고 downcomer에서 넘쳐 윗단에서 축적되는 현상을 말한다. Liquid가 downcomer를 따라 아래로 흘러 내리기 위해서는 downcomer에서의 friction loss, downcomer outle을 통과할 때의 friction loss 등 모든 저항을 이겨내야 하는데 그 힘은 downcomer내에 쌓이는 liquid 의 높이에 의해 공급된다.

따라서 liquid 양이 과다할 경우 friction loss도 커지게 되므로 downcomer 내의 liquid 높이도 높아 져 일정 수준을 넘게 되면 downcomer 밖으로 넘쳐 버리게 된다.

(2) Weeping

Weeping은 vapor load가 낮은 상태에서 liquid가 tray의 hole을 통해 밑으로 흐르는 현상이다. Weeping의 극단적인 경우를 dumping이라고 하며, 이 때는 모든 liquid가 hole을 통해 밑으로 흘러 버리고 downcomer로는 전혀 liquid가 내려 오지 못한다.

(3) Blowing

Blowing은 liquid flow가 작고 동시에 vapor flow가 큰 경우 active area상에서 vapor chimney를 만들며 vapor가 통과해 버리는 현상이다. 이럴 경우 vapor와 liquid의 접촉이 거의 없게 되어 효율이 매우 낮아지게 된다.

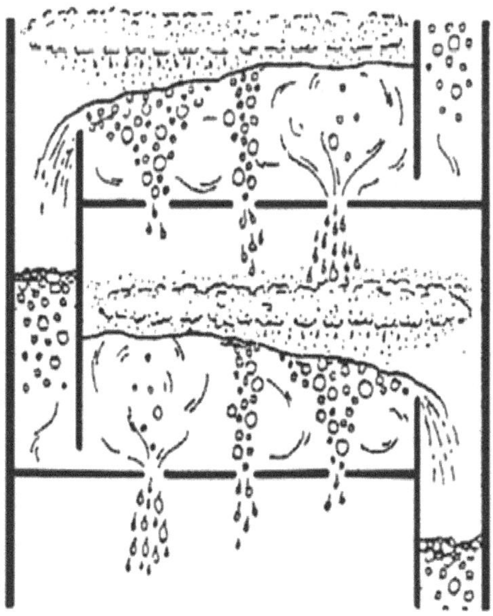

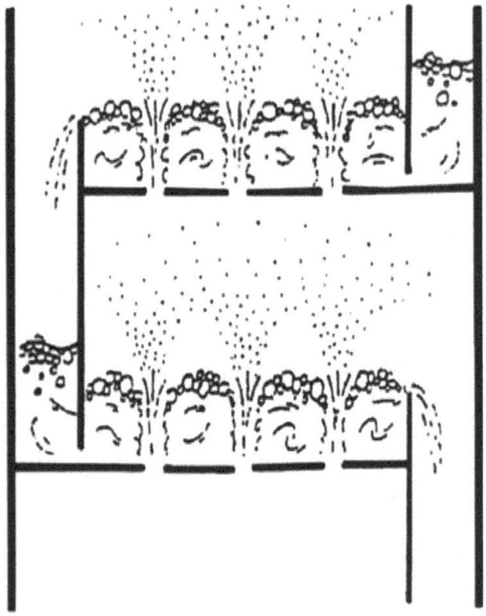

Weeping　　　　　　　　　　Blowing

그림 <8.5.7> Weeping과 Blowing

8.5.5 리보일러(Reboiler)

(1) 기능

reboiler는 증류탑의 성분 분리에 필요한 에너지를 공급하는 설비로 증류탑 bottom의 liquid를 열교환되어 발생하는 증기는 증류탑 마지막 tray 증기부터 맨 위 tray까지 상승 모든 tray에서 발생하는 기액 평형의 에너지원으로 이용이 된다.

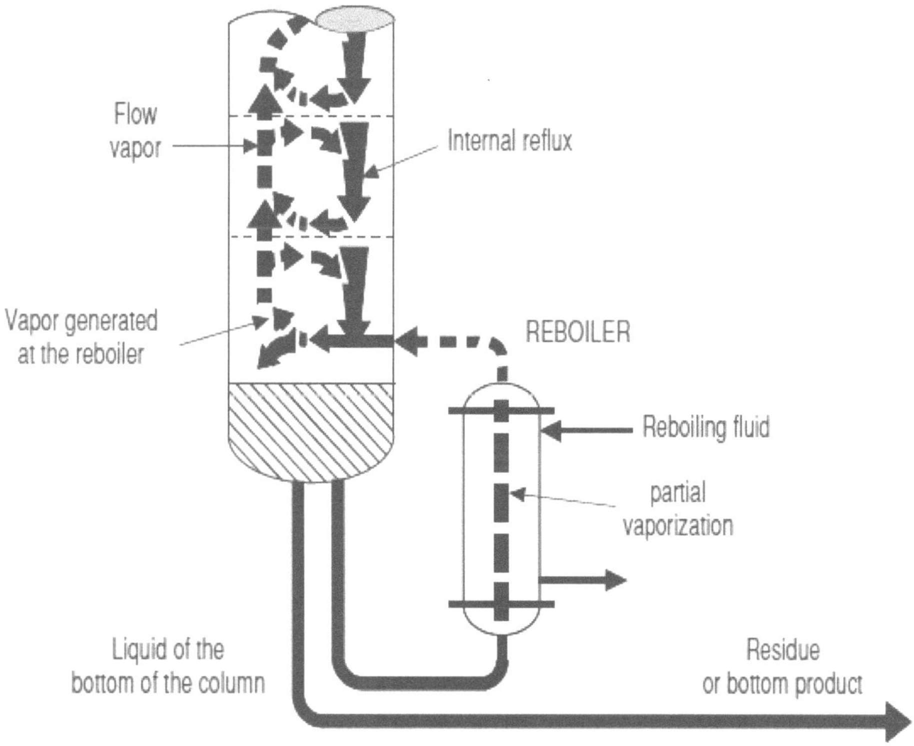

그림 <8.5.8> Reboiler

(2) 종류

산업현장에서 실제로 사용되는 증류탑 reboiler system은 부식성, 운전 압력, 설치 공간, 가격 등 여러 요소를 고려하여 아래 type중에서 결정한다.

부록

A. 석유화학제품 계통도

A.1 석유화학제품 계통도(국내 총괄)
A.2 석유화학제품 계통도(울산 Complex)
A.3 석유화학제품 계통도(여수 Complex)
A.4 석유화학제품 계통도(대산 Complex)

A.1 석유화학제품 계통도(국내 총괄) 2018.6 기준 (단위: 1000MTA)

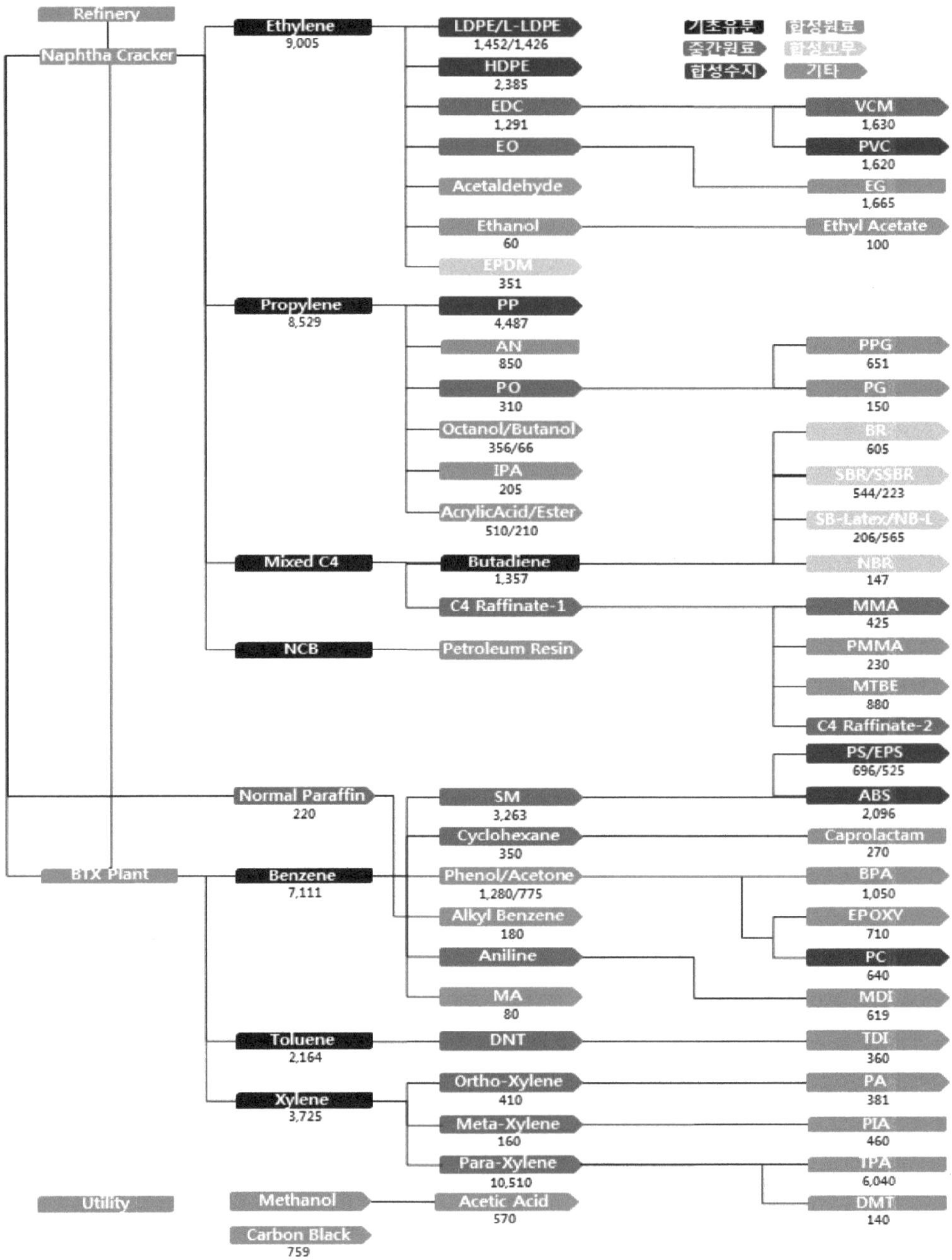

(출처 : 한국석유화학협회, http://www.kpia.or.kr/index.php/pages/view/industry/oss)

A.2 석유화학제품 계통도(울산 Complex) 2018.6 기준 (단위: 1000MTA)

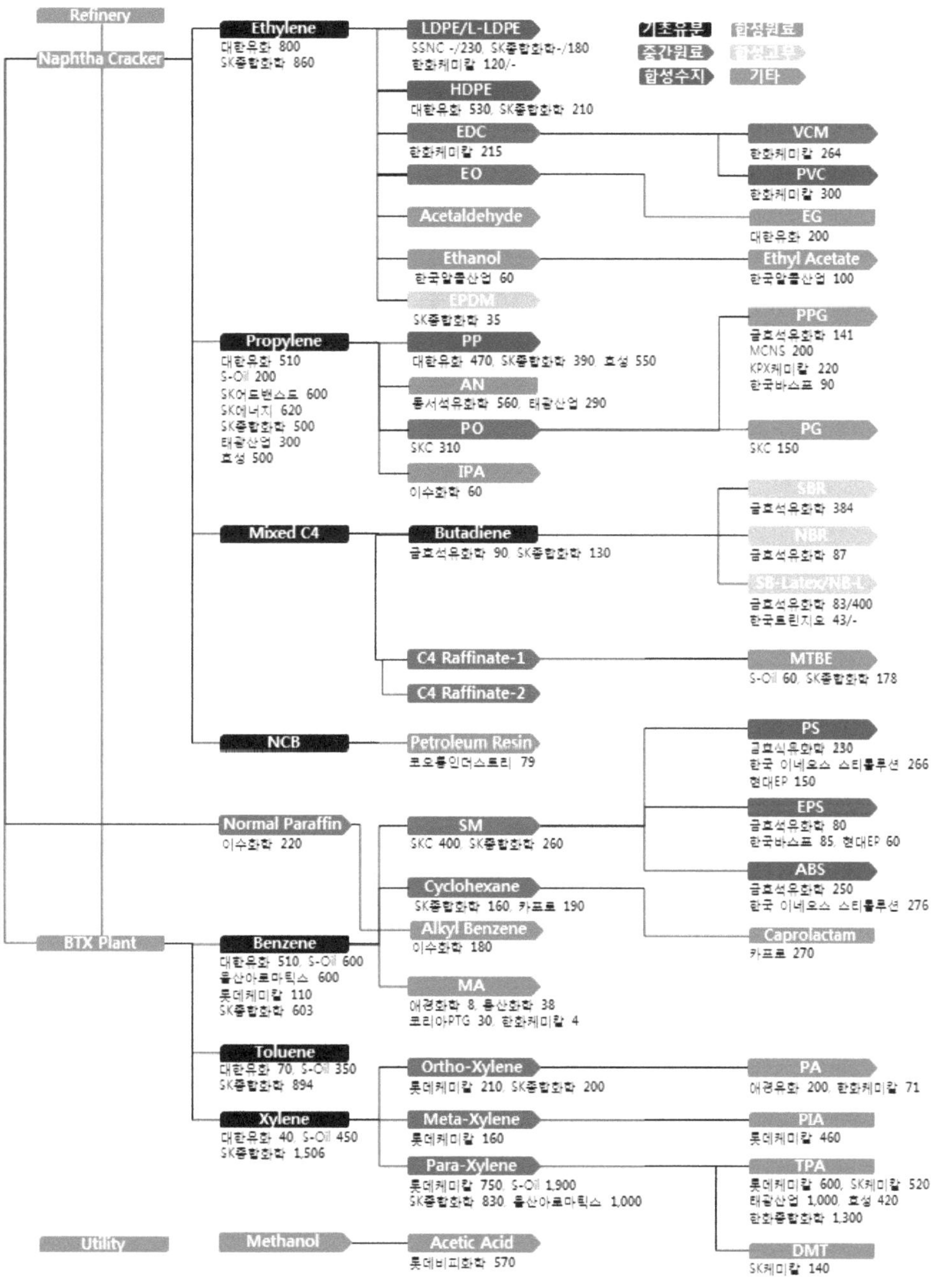

(출처 : 한국석유화학협회, http://www.kpia.or.kr/index.php/pages/view/industry/oss)

A.3 석유화학제품 계통도(여수 Complex) 2018.6 기준 (단위: 1000MTA)

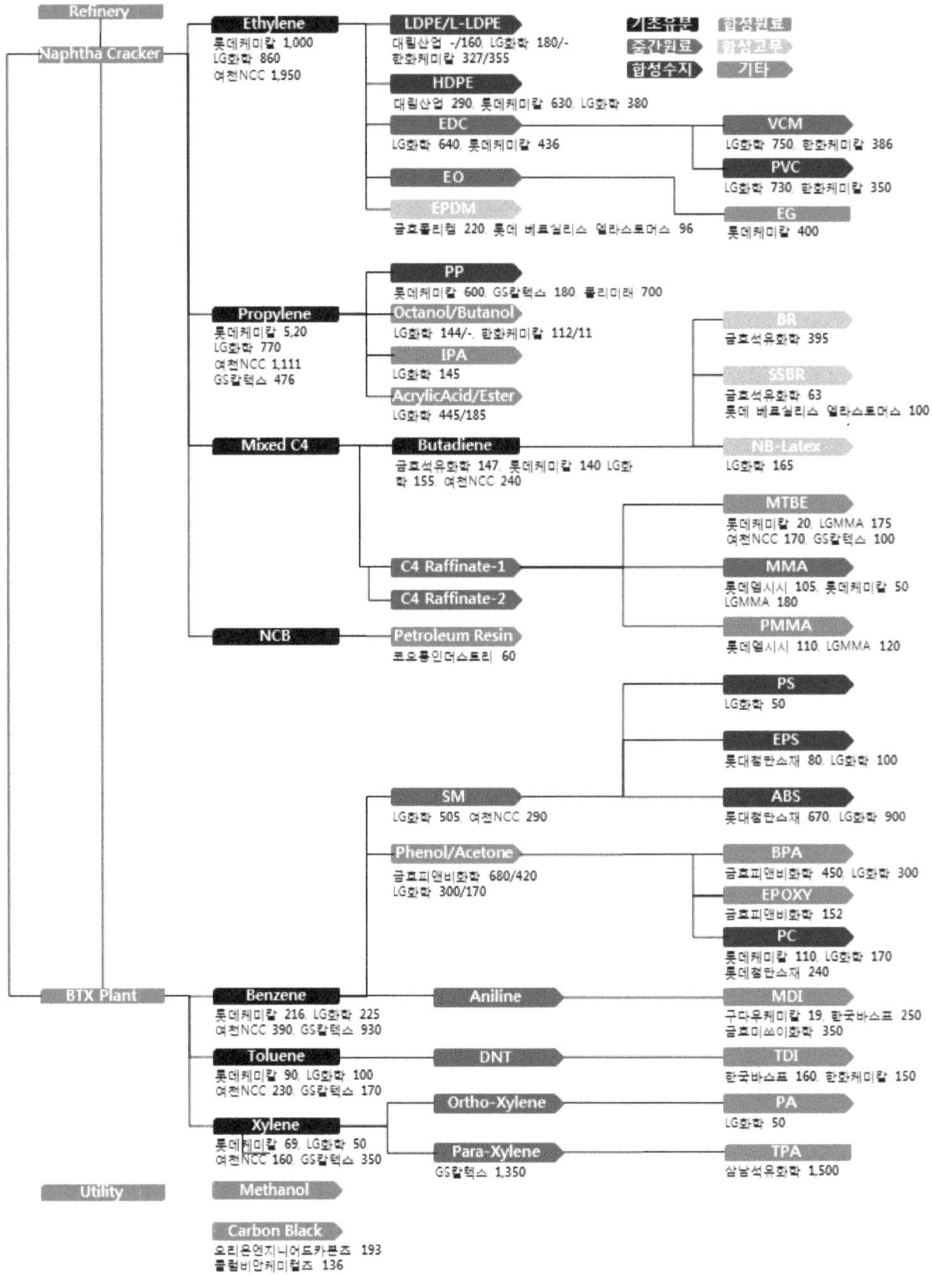

(출처 : 한국석유화학협회, http://www.kpia.or.kr/index.php/pages/view/industry/oss)

A.4 석유화학제품 계통도(대산 Complex) 2018.6 기준 (단위: 1000MTA)

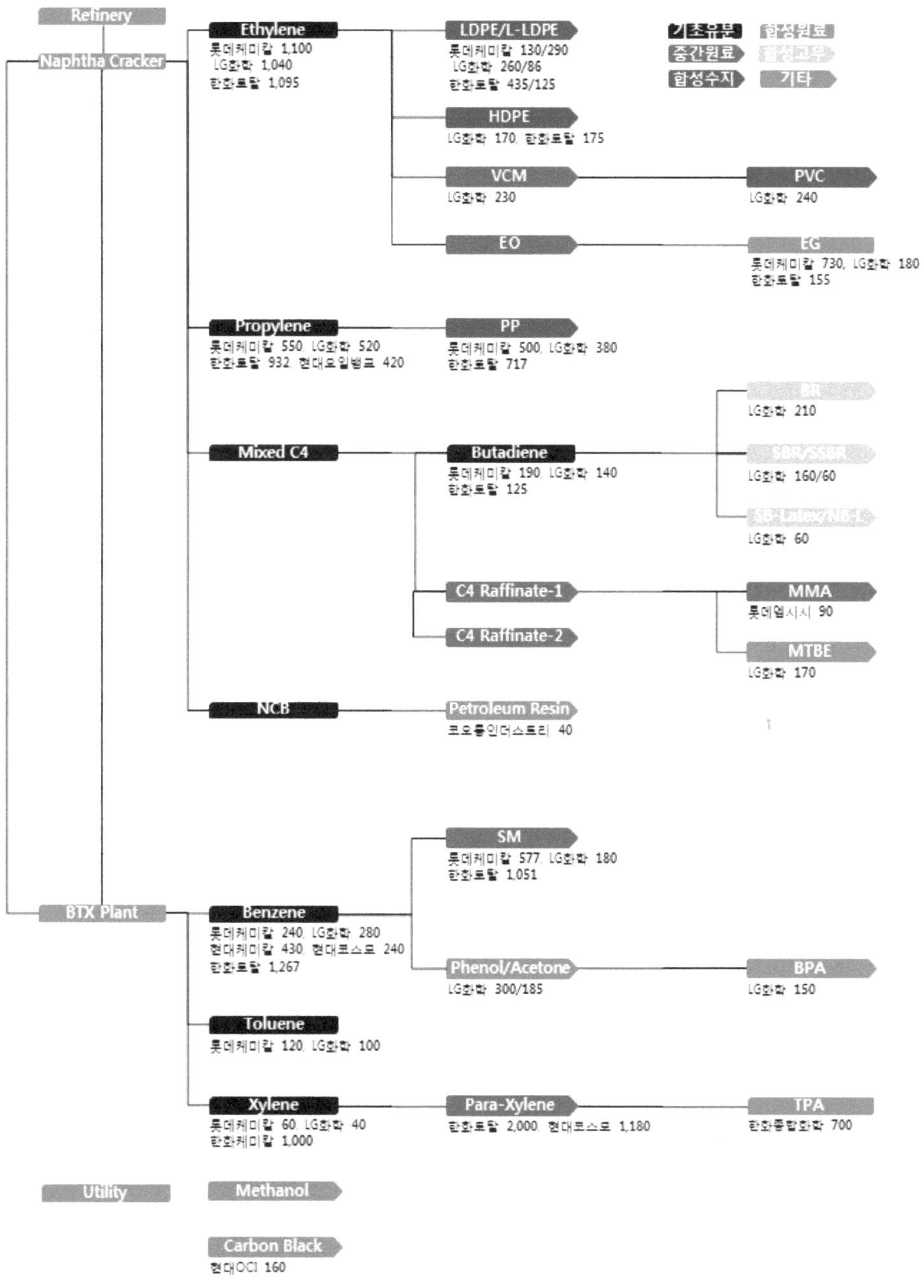

(출처 : 한국석유화학협회, http://www.kpia.or.kr/index.php/pages/view/industry/oss)

찾아보기

ㅇ

ㅈ

ㅊ

저자약력

- **이재성**
  University of California, San Diego (UCSD) (공학박사)
  현, 인하공업전문대학 화공환경과 교수
- **최진영**
  아주대학교 (공학박사)
  현, 인하공업전문대학 화공환경과 겸임교수
- **이화수**
  부산대학교 (공학박사)
  현, 동의과학대학교 화학공업과 교수
- **이주영**
  부산대학교 (공학박사)
  현, 울산과학대학교 화학공학과 교수

화공기술자를 위한 **단위조작 2판**

2판인쇄 : **2019년 8월 20일**
2판발행 : **2019년 8월 30일**
저　　자 : **이재성 · 최진영 · 이화수 · 이주영**
발 행 처 : **도서출판 한산**
서울시 서대문구 수색로6길 43번지 105-602호
TEL : (02)304-3504　FAX : (02)304-3505
발행인 : **김 기 영**
등록번호 : **제 10-1745 호**
ISBN : **979-11-87555-23-0　　93570**

정가. 18,000원